"十三五"国家重点出版物出版规划项目

现代机械工程系列精品教材

普通高等教育机电类规划教材

机械制造装备

第 4 版

主　编　黄鹤汀

副主编　王芙蓉　杨建明

参　编　林朝平　吴乃领　贾晓林
　　　　黄景飞　李鹭扬

主　审　郑　岳

机械工业出版社

本书是机械设计制造及其自动化专业用的规划教材。课程内容主要包括金属切削机床、金属切削刀具和机床夹具三部分。

书中着重介绍机械制造装备的工作原理和设计的基本知识、方法。全书主要内容包括金属切削机床、金属切削机床典型部件、机床总体设计和传动系统设计、金属切削刀具和机床夹具。

本书内容简明扼要、深入浅出，注重实用性，并适当反映制造技术与装备的新技术、新动向，着重介绍数控加工技术的有关内容。

本书适用于高等工科院校机械类专业以及相关专业的教学，也可供专业技术人员参考。

图书在版编目（CIP）数据

机械制造装备/黄鹤汀主编. —4 版. —北京：机械工业出版社，2018.12
（2025.1 重印）

"十三五"国家重点出版物出版规划项目　现代机械工程系列精品教材
普通高等教育机电类规划教材

ISBN 978-7-111-61065-6

Ⅰ.①机…　Ⅱ.①黄…　Ⅲ.①机械制造-工艺装备-高等学校-教材
Ⅳ.①TH16

中国版本图书馆 CIP 数据核字（2018）第 228543 号

机械工业出版社（北京市百万庄大街 22 号　邮政编码 100037）
策划编辑：刘小慧　责任编辑：刘小慧　王勇哲　王海霞　王小东
责任校对：陈　越　封面设计：张　静
责任印制：单爱军
北京虎彩文化传播有限公司印刷
2025 年 1 月第 4 版第 8 次印刷
184mm×260mm · 17.75 印张 · 406 千字
标准书号：ISBN 978-7-111-61065-6
定价：45.00 元

电话服务　　　　　　　　　网络服务
客服电话：010-88361066　　机　工　官　网：www.cmpbook.com
　　　　　010-88379833　　机　工　官　博：weibo.com/cmp1952
　　　　　010-68326294　　金　书　网：www.golden-book.com
封底无防伪标均为盗版　　　机工教育服务网：www.cmpedu.com

普通高等教育机电类规划教材编审委员会

序 言

进入 21 世纪以来，在社会主义经济建设、社会进步和科技飞速发展的推动下，在经济全球化、科技创新国际化、人才争夺白炽化的挑战下，我国高等教育迅猛发展，已跨入了高等教育大众化阶段，使高等教育理念、定位、目标和思路等发生了革命性变化，逐步形成了以科学发展观和终身教育思想为指导的新的高等教育体系和人才培养工作体系。本套书第 1 版就是在大批应用型本科院校和高等职业技术院校异军突起、超常发展之际，组织扬州大学、南京工程学院、河海大学常州校区、淮海工学院、南通大学、盐城工学院、淮阴工学院、常州工学院、江南大学等 12 所高校规划出版的。据调查，用户反映良好，并反映本系列教材基本上体现了下面提出的四个特点，符合地方应用型工科本科院校的教学实际，较好地满足了一般应用型工科本科院校的教学需要。用户的评价使我们很欣慰，但更是对我们的鞭策和鼓励。我们应当为过去取得的进步和成绩感到高兴。同样，我们更应为今后这些进步和成绩的进一步发展而正视自己。我们并不需要刻意去忧患，但现实中确实存在值得忧患的地方，如果不加以正视，就很难有更美好的明天。因此，我们在总结前一阶段经验教训的新起点上，坚持以国家新时期教育方针和科学发展观为指导，坚持"质量第一、多样发展、打造精品、服务教学"的方针，坚持高标准、严要求，把新一轮机电类教材修订、编写、出版工作做大、做优、做精、做强，为建设有中国特色的高水平的地方工科应用型本科院校做出新的更大贡献。

一、坚持用科学发展观指导教材修订、编写和出版工作

应用型本科院校是我国高等教育在推进大众化过程中崛起的一种重要的办学类型，它除应恪守大学教育的一般办学基准外，还应有自己的个性和特色，这就是要在培养具有创新精神、创业意识和创造能力的工程、生产、管理、服务一线需要的高级技术应用型人才方面办出自己的特色和水平。应用型本科院校人才的培养既不能简单"克隆"现有的本科院校，也不能是原有专科培养体系的相似放大。应用型人才的培养，重点仍要思考如何与社会需求对接。既要从学生的角度考虑，以人为本，以素质教育的思想贯穿教育教学的每一个环节，实现人的全面发展，又要从经济建设的实际需求考虑，多类型、多样化地培养人才，但最根本的一条还应是坚持面向工程实际，面向

岗位实务，按照"本科学历+岗位技术"的双重标准，有针对性地进行人才培养。根据这样的要求，"强化理论基础，提升实践能力，突出创新精神，优化综合素质"应当是工作在一线的本科应用型人才的基本特征，也是对本科应用型人才的总体质量要求。

培养应用型人才的关键在于建立应用型人才的培养模式，而培养模式的核心是课程体系与教学内容。应用型人才培养必须依靠应用型的课程和内容，用学科型的教材难以保证培养目标的实现。课程体系与教学内容要与应用型人才的知识、能力、素质结构相适应。在知识结构上，科学文化基础知识、专业基础知识、专业知识、相关学科知识这四类知识在纵向上应向应用前沿拓展，在横向上应注重知识的交叉、联系和衔接。在能力结构上，要强化学生运用专业理论解决实际问题的实践能力、组织管理能力和社会活动能力，还要注重思维能力和创造能力的培养，使学生能思路清晰、条理分明、有条不紊地处理头绪纷繁的各项工作，并能创造性地工作。能力培养要贯彻到教学的整个过程之中。如何引导学生去发现问题、分析问题和解决问题，应成为应用型本科教学的根本。

探讨课程体系、教学内容和培养方法，还必须服从和服务于学生全面素质的培养。要通过形成新的知识体系和能力延伸，来促进学生思想道德素质、文化素质、专业素质和身体心理素质的全面提高。因此，要在素质教育思想的指导下，对原有的教学计划和课程设置进行新的调整和组合，使学生能够适应社会主义现代化建设的需要。我们强调培养"三创"人才，就应当用"三创教育"、人文教育与科学教育的融合等适应时代的教育理念，选择一些新的课程内容和新的教学形式来实现。

研究课程体系，必须看到经济全球化与我国加入世界贸易组织以及高等教育的国际化对人才培养的影响。如果我们的课程内容缺乏国际性，那么我们所培养的人才就不可能具备参与国际事务、国际交流和国际竞争的能力。应当研究课程的国际性问题，增设具有国际意义的课程，加快与国外同类院校课程的接轨。要努力借鉴国外同类应用型本科院校的办学理念、培养模式和做法来优化我们的教学。

在教材编、修、审全过程中，必须始终坚持以人的全面发展为本，紧紧围绕培养目标和基本规格进行活生生的"人"的教育。一所大学能使师生获得自由的范围和程度，往往是衡量这所大学成功与否及其水平的标志。同样，我们修订和编写教材，提供教学用书，其最终目的是为了把知识转化为能力和智慧，使学生获得谋生的手段和发展的能力。因此，在教材编写、修订过程中，必须始终把师生的需要和追求放在首位，努力提供好教、好学的教材，努力为教师和学生留下充分展示自己教和学的风格与特色的空间，使他们游刃有余，得心应手，还能激发他们的科学精神和创造热情，为教和学的持续发展服务。教师是课堂教学的组织者、合作者、引导者、参与者，而不应是教学的权威。教学过程是教师引导学生，和学生共同学习、共同发展的双向互促过程。因此，编写、修订教材对于主编和参加编写的教师来说，也是一个重新学习，并使思想水平、学术水平不断提高的过程，绝不能丢失自我，绝不能将"枷锁"移嫁给别人，这里"关键在自己战胜自己"，关键在自己的理念、学识、经验和水平。

二、坚持质量第一，努力打造精品教材

教材是教学之本。大学教材不同于学术专著，它既是学术专著，又是教学经验之理性总结，必须经得起实践和时间的考验。学术专著的错误充其量只会贻笑大方，而教材之错误则会贻害一代青年学子。有人说："时间是真理之母。"时间是对我们所编写教材的最严厉的考官。因此我们要坚持用高标准、严要求来对教材进行再次修订，以确保教材的质量和特色。为此，必须采取以下措施：第一，高等教育的核心资源是一支优秀的教师队伍，必须重新明确主编和参加编写教师的标准和要求，实行主编负责制，把好质量第一关；第二，教材要从一般工科本科应用型院校的实际出发，强调实际、实用、实践，加强技能培养，突出工程实践，适度简练内容，跟踪科技前沿，合理反映时代要求，这就要求我们必须严格把好教材修订计划的评审关，择优而用；第三，加强教材修订的规范管理，确保编写、主审以及交付出版社等各个环节的质量和要求，实行环节负责制和责任追究制；第四，确保出版质量；第五，建立教材评价制度，奖优罚劣。对经过实践使用、用户反映好的教材要进行不断修订再版，切实培育一批名师编写的精品教材。出版的精品教材必须配有多媒体课件，并逐步建立在线学习网站。

三、坚持"立足江苏、面向全国、服务教学"的原则，努力扩大教材使用范围，不断提高社会效益

对于新一轮教材修订工作，必须加快吸收有条件、有积极性的外省市同类院校、民办本科院校、独立学院和有关企业参加，以集中更多的力量，建设好应用型本科教材。同时，要相应调整编审委员会的人员组成，特别要注意充实省内外优秀的"双师型"教师和有关企业专家。

四、建立健全用户评价制度

要在使用这套教材的省市有关高校进行教材使用质量跟踪调查，并建立

网站，以便快速、便捷、实时地听取各方面的意见，不断修改、充实和完善教材的编写和出版工作，实实在在地为培养高质量的应用型本科人才服务，同时也努力为造就一批工科应用型本科院校高素质、高水平的教师提供优良服务。

　　本套教材的编审和出版一直得到了机械工业出版社、江苏省教育厅和各位主编、主审及参加编写人员所在高校的大力支持和配合，在此，一并表示衷心感谢。今后，我们应一如既往地更加紧密地合作，共同为工科应用型本科院校教材建设做出新的贡献，为培养高质量的应用型本科人才做出新的贡献，为建设有中国特色社会主义的应用型本科教育做出新的努力。

普通高等教育机电类规划教材编审委员会

主任委员　教授　邱坤荣

第4版前言

本书自 2001 年出版以来，已有十多年的时间。这期间，特别是近几年，根据教学实践所反映的意见，编者再次对本书进行修订。

这次修订仍然保持原教材的体系和基本内容——金属切削机床、金属切削刀具和机床夹具。修订重点是对内容进行了适当增删和更正，使教材更注重应用性，力求简明、易懂和准确，以便于课堂教学和自学。

全书由主编黄鹤汀执笔修订，李鹭扬协助。参加本书编写的人员有：王芙蓉、杨建明、林朝平、吴乃领、贾晓林、黄景飞、李鹭扬等。

由于编者水平有限、难免有不妥之处，敬请读者批评指正。

编　者

第3版前言

　　本书自2001年出版以来，得到广大教师和学生的厚爱，对教材内容提出了宝贵的意见和建议，在此深表感谢。

　　本书修订后，仍保留原教材的体系和特点。内容包含金属切削机床、金属切削刀具、机床夹具三部分。有关金属切削原理和机械制造工艺学的内容划归同系列教材的《机械制造技术》中，属于手册性质的资料，则划入同系列教材的《机械工程及自动化简明设计手册》中。

　　这次修订的重点放在金属切削刀具的内容上，一是增补了一些基本内容，如钻削、铣削等，二是增加了必要的插图，以便于读者阅读学习。另外，对其他一些内容还做了进一步的修正和删减。

　　本次修订由黄鹤汀负责，参加编写的人员有：王芙蓉、杨建明、林朝平、吴乃领、贾晓林、黄景飞。

　　由于编者水平有限，难免有不妥与错误之处，敬请读者批评指正。

编　者

第 2 版前言

本书自 2001 年出版以来，经过几年的教学实践，各兄弟院校对教材也提出了宝贵的意见和建议，有必要对教材做进一步修订。

本书修订后，保留原教材的体系和特点。内容有金属切削机床概论及设计、金属切削刀具、机床夹具设计三部分。把金属切削原理和机械制造工艺的教学内容归到《机械制造技术》一书，属于手册性质的资料一律划入《机械工程及自动化简明设计手册》中。

本课程的学习目的是着重掌握金属切削机床、主要工艺装备的基本知识和基本设计知识。这次修订的重点放在第五章机床夹具部分，增加了机床夹具设计的内容和实例。对第四章金属切削刀具的一些内容做了增补。

全书修订工作由黄鹤汀负责，淮海工学院杨建明修订编写了第五章机床夹具，其他各章的编者如第 1 版。江苏理工大学郑岳担任主审。

由于编者水平有限，难免有不妥与错误之处，敬请读者批评指正。

编　者

第 1 版前言

本书是机械工程及自动化专业的专业课教材。课程内容主要包括金属切削机床、金属切削刀具和机床夹具三部分。教学时数为 55~60 学时。课程学习的目的是掌握机械制造装备的基本设计知识和主要工艺装备的基本设计能力。有关工业机器人和物流系统的内容划归《机械制造自动化技术》（周骥平主编）一书，有关组合机床设计的内容可参阅机械工业出版社出版、谢家瀛主编的《组合机床设计简明手册》和扬州大学工学院研制的"组合机床多轴箱 BOXCAD"。金属切削原理及机械制造工艺的内容划入《机械制造技术》（吉卫喜主编）一书。

本书的编写力求做到删繁就简、弃旧图新，着重说明机械制造装备的基本原理及基本设计知识，适当地反映当前先进制造技术与装备的发展趋势，属于手册性质的资料一律划入《机械工程自动化简明设计手册》。

本书由黄鹤汀任主编，王芙蓉和杨建明任副主编。具体分工如下：绪论由黄鹤汀编写，第一章由黄鹤汀、王芙蓉、吴乃领、黄景飞编写，第二章由王芙蓉、吴乃领编写，第三章由王芙蓉、黄鹤汀、黄景飞编写，第四章由林朝平、贾晓林编写，第五章由杨建明编写。在统稿过程中，王芙蓉做了许多工作。

全书由江苏理工大学郑岳教授主审。

本书在编写过程中，得到有关院校、工厂的热情支持，并得到扬州大学教材建设资金的资助。江苏理工大学张宝荣、南京工程学院周志明对教材编写提出了许多宝贵意见，在此谨致谢意。

编　者

目　　录

绪论

一、机械制造业概况及发展前景

机械制造业在国民经济中占有重要的地位，是一个国家或地区发展的重要支柱，尤其是在发达国家，它创造了当前 1/4~1/3 的国民收入。在我国，工业（主体是制造业）占国民经济比重的 45%，制造业是我国经济的战略重点。在各类机械制造部门中，金属切削机床是加工机器零件的主要设备，所担负的工作量占机械制造总工作量的 40%~60%，在其所拥有的所有装备中，机床占 50% 以上。机床及其他的制造装备是机械制造技术的重要载体，它标志着一个国家的生产能力和技术水平，担负着为国民经济各部门提供现代化技术装备的任务。

20 世纪 60 年代以来，电子技术、信息技术和计算机技术高速发展，并且在制造技术和自动化方面得到了广泛应用。同时，金属零件的无屑和切削加工，由于利用材料技术和过程控制技术的最新成就，使得加工方法进一步趋于合理化。数控技术的发展和应用使得以机床、工业机器人为代表的机械制造装备的结构发生了一系列的变化，机械结构在装备中的比重下降，而电子技术的硬、软件的比重上升。例如，机床的主传动系统采用无级调速电主轴部件，提高了主传动系统性能，简化了结构；机床的进给系统采用直流或交流伺服电动机或直线电动机驱动，简化了传动链，加快了高速化的步伐，同时也提高了机床的加工精度和自动化程度。在加工零件改换时，数控机床只需改变零件的加工程序就能完成相应工作，显示了较高的灵活性。20 世纪 80 年代以来，数控系统和数控机床得到了充分发展，当前我国要尽快发展高端数控机床。

20 世纪 70 年代末以来，柔性制造系统（FMS）和计算机集成制造系统（CIMS）得到了开发和应用，通过计算机集成制造系统，把一个企业的所有有关加工制造的生产部门都互相联系在一起，制造过程可以从全局考虑进行优化，从而可以降低成本和缩短加工周期，同时还可以提高产品的质量、柔性及生产率。

纵观几十年来的历史，制造业从早期降低成本的竞争，经过 20 世纪 70 年代、80 年代发展到 20 世纪 90 年代乃至 21 世纪初的新产品的竞争。当前面临的新形势是：知识—技术—产品的更新周期越来越短，产品的批量越来越小，人们对产品的性能和质量的要求越来越高，环保意识和绿色制造的呼声越来越高，因而以敏捷制造为代表的先进制造技术将是制造业快速响应市场需求、不断推出新产品、赢得竞争、求得生存和发展的主要手段。这一经济竞争是围绕以知识为基础的新产品竞争，是一场以信息技术为特征的新的制造业革命。制造业正从以机器为特征的传统技术时代，向以信息为特征的系统技术时代迈进。因此，加快发展先进制造技术已成为各国的共识。

当前，制造技术的发展趋势是：必须强化具有自己创新技术（独占性）的产品开发能力，缩短产品的上市时间，提高产品质量和生产率，从而提高企业的市场应变能力和综合竞争能力。工艺与装备技术的发展体现在高精度、高效率、低成本、高柔性、智能化和洁净化等方面，重视先进的基本制造工艺与特种工艺的研究，重视先进工装、刀具的研究，研制高性能的自动化制造设备，开发基于新工艺的装备等，仍是当务之急。

二、本课程的学习目的、要求与主要研究内容

机械制造装备包括加工装备、工艺装备、仓储输送装备和辅助装备四种，它与制造工艺和方法紧密联系在一起，是机械制造技术的重要载体。

1. 加工装备

加工装备主要是指金属切削机床、特种加工机床和金属成形机床等。

2. 工艺装备

工艺装备是指机械制造过程中所用的刀具、模具、夹具、量具，它们在制造过程中用以保证制造质量，提高生产率。

3. 仓储输送装备

仓储输送装备用来存储材料、外购件、半成品及工具等。

物料输送主要由流水线或自动线完成，此外，还有专为机床设计的工件上料和下料装置。

4. 辅助装备

辅助装备指各种清洗机、排屑机及各种计量装置等。

本课程作为机械制造专业的一门专业课，其学习目的是掌握机械制造装备的工作原理及其正确使用和选用方法，并具备一定的机床总体设计、传动设计、结构设计基本知识及主要工艺装备的基本设计能力。

有关机器人、仓储输送装备内容划归机械制造自动化技术课程，而机械制造技术课程则以切削理论和制造工艺方法为主要内容。

第一章
金属切削机床

一、机床的分类和型号编制

（一）机床的分类

金属切削机床是用切削、特种加工等方法将金属毛坯加工成机器零件的机器，其品种和规格繁多，为了便于区别、使用和管理，需对机床加以分类并编制型号。

机床主要是按其加工性质和所用的刀具进行分类的。根据 GB/T 15375—2008《金属切削机床　型号编制方法》，目前将机床分为 11 类：车床、钻床、镗床、磨床、齿轮加工机床、螺纹加工机床、铣床、刨插床、拉床、锯床和其他机床。

在每一类机床中，又按工艺特点、布局形式和结构特性等不同，分为若干组。每一组又细分为若干系（系列）。

除了上述基本分类方法外，机床还可按其他特征进行分类。

按照工艺范围（通用性程度），机床可分为通用机床、专门化机床和专用机床。通用机床可用于加工多种零件的不同工序，其工艺范围较宽，通用性较好，但结构较复杂，如卧式车床、万能升降台铣床、摇臂钻床等，这类机床主要适用于单件小批量生产；专门化机床则用于加工某一类或几类零件的某一道或几道特定工序，其工艺范围较窄，如曲轴车床、凸轮轴车床等；专用机床的工艺范围最窄，通常只能完成某一特定零件的特定工序，如汽车、拖拉机制造企业中大量使用的各种组合机床，这类机床适用于大批大量生产。

按照加工精度的不同，同类型机床可分为普通精度级机床、精密级机床和高精度级机床。

按照自动化程度的不同，机床可分为手动机床、机动机床、半自动机床和自动机床。

按照质量和尺寸的不同，机床可分为仪表机床、中型机床、大型机床（质量达到10t）、重型机床（质量在30t以上）和超重型机床（质量在100t以上）。

此外，机床还可以按其主要工作部件的多少，分为单轴机床、多轴机床或单刀机床、多刀机床等。

通常，机床先根据加工性质进行分类，再根据其某些特点做进一步描述，如多刀半自动车床、多轴自动车床等。

（二）机床型号的编制方法

机床型号是机床产品的代号，用以简明地表示机床的类型、用途和结构特性及主要技术参数等。我国现行的机床型号是按2008年颁布的GB/T 15375—2008《金属切削机床型号编制方法》编制的。此标准规定，机床型号由汉语拼音字母和数字按一定的规律组合而成，它适用于新设计的各类通用及专用金属切削机床、自动线，不适用于组合机床、特种加工机床。

1. 通用机床的型号

（1）型号表示方法　通用机床的型号由基本部分和辅助部分组成，中间用"／"隔开，读作"之"。基本部分需统一管理，辅助部分是否纳入型号由企业自定。型号构成如下：

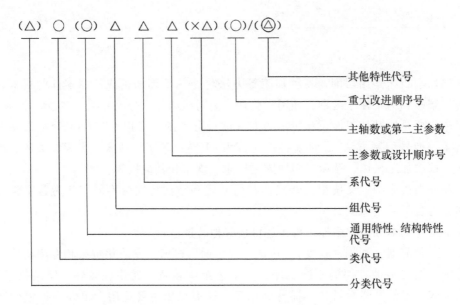

注：1. 有"（　）"的代号或数字，当无内容时，则不表示；若有内容，则不带括号。

2. 有"〇"符号者，为大写的汉语拼音字母。

3. 有"△"符号者，为阿拉伯数字。

4. 有"⬡"符号者，为大写的汉语拼音字母或阿拉伯数字，或两者兼有之。

（2）机床类、组、系的划分及其代号　机床的类代号用大写的汉语拼音字母表示。必要时，每类可分为若干分类。分类代号在类代号之前，作为型号的首位，并用阿拉伯数字表示。第一分类代号前的"1"省略，第"2""3"分类代号则应予以表示。例如，磨床类分为 M、2M、3M 三个分类。机床的类别和分类代号见表1-1。

机床按其工作原理划分为 11 类。每类机床划分为 10 个组，每个组又划分为 10 个系（系列）。在同一类机床中，主要布局或使用范围基本相同的机床，即为同一组。在同一组机床中，其主要参数相同、主要结构及布局形式也相同的机床，即为同一系。机床的组用一位阿拉伯数字表示，位于类代号或通用特性代号、结构特性代号之后。机床的系用一位阿拉伯数字表示，位于组代号之后。机床类、组划分及其代号见表1-2。

表 1-1　机床的类别和分类代号

类别	车床	钻床	镗床	磨　床			齿轮加工机床	螺纹加工机床	铣床	刨插床	拉床	锯床	其他机床
代号	C	Z	T	M	2M	3M	Y	S	X	B	L	G	Q
读音	车	钻	镗	磨	二磨	三磨	牙	丝	铣	刨	拉	割	其

表 1-2　机床类、组划分及其代号

类别＼组别	0	1	2	3	4	5	6	7	8	9
车床 C	仪表小型车床	单轴自动车床	多轴自动、半自动车床	回转、转塔车床	曲轴及凸轮轴车床	立式车床	落地及卧式车床	仿形及多刀车床	轮、轴、辊、锭及铲齿车床	其他车床
钻床 Z		坐标镗钻床	深孔钻床	摇臂钻床	台式钻床	立式钻床	卧式钻床	铣钻床	中心孔钻床	其他钻床
镗床 T			深孔镗床		坐标镗床	立式镗床	卧式铣镗床	精镗床	汽车、拖拉机修理用镗床	其他镗床
磨床 M	仪表磨床	外圆磨床	内圆磨床	砂轮机	坐标磨床	导轨磨床	刀具刃磨床	平面及端面磨床	曲轴、凸轮轴、花键轴及轧辊磨床	工具磨床
磨床 2M		超精机	内圆珩磨机	外圆及其他珩磨机	抛光机	砂带抛光及磨削机床	刀具刃磨床及研磨机床	可转位刀片磨削机床	研磨机	其他磨床
磨床 3M		球轴承套圈沟磨床	滚子轴承套圈滚道磨床	轴承套圈超精机		叶片磨削机床	滚子加工机床	钢球加工机床	气门、活塞及活塞环磨削机床	汽车、拖拉机修磨机床
齿轮加工机床 Y	仪表齿轮加工机		锥齿轮加工机	滚齿及铣齿机	剃齿及珩齿机	插齿机	花键轴铣床	齿轮磨齿机	其他齿轮加工机	齿轮倒角及检查机
螺纹加工机床 S			套丝机	攻丝机		螺纹铣床	螺纹磨床	螺纹车床		

（续）

类别 ＼ 组别	0	1	2	3	4	5	6	7	8	9
铣床 X	仪表铣床	悬臂及滑枕铣床	龙门铣床	平面铣床	仿形铣床	立式升降台铣床	卧式升降台铣床	床身铣床	工具铣床	其他铣床
刨插床 B		悬臂刨床	龙门刨床			插床	牛头刨床		边缘及模具刨床	其他刨床
拉床 L			侧拉床	卧式外拉床	连续拉床	立式内拉床	卧式内拉床	立式外拉床	键槽、轴瓦及螺纹拉床	其他拉床
锯床 G			砂轮片锯床		卧式带锯床	立式带锯床	圆锯床	弓锯床	锉锯床	
其他机床 Q	其他仪表机床	管子加工机床	木螺钉加工机		刻线机	切断机	多功能机床			

（3）机床的通用特性代号和结构特性代号　这两种特性代号用大写的汉语拼音字母表示，位于类代号之后。

通用特性代号有统一的规定含义，它在各类机床型号中表示的意义相同。

当某类型机床既有普通型又有某种通用特性时，则在类代号之后加通用特性代号予以区分。如果某类型机床仅有某种通用特性，而无普通形式，则通用特性不予表示。如C1312型单轴转塔自动车床，由于这类自动车床没有"非自动"型，所以不必用"Z"表示通用特性。当在一个型号中需同时使用两至三个通用特性代号时，一般按重要程度排列顺序。机床的通用特性代号见表1-3。

表1-3　机床的通用特性代号

通用特性	高精度	精密	自动	半自动	数控	加工中心（自动换刀）	仿形	轻型	加重型	柔性加工单元	数显	高速
代号	G	M	Z	B	K	H	F	Q	C	R	X	S
读音	高	密	自	半	控	换	仿	轻	重	柔	显	速

对主参数值相同而结构、性能不同的机床，在型号中加结构特性代号予以区分。根据各类机床的具体情况，可以对某些结构特性代号赋予一定含义。但结构特性代号与通用特性代号不同，它在型号中没有统一的含义，只在同类机床中起区分机床结构、性能的作用。当型号中有通用特性代号时，结构特性代号应排在通用特性代号之后。结构特性代号用汉语拼音字母（通用特性代号已用的字母和 I、O 两个字母不能用）A、B、C、D、E、L、N、P、T、Y 表示，当单个字母不够用时，可将两个字母组合起来使用，如AD、AE 等，或DA、EA 等。

（4）机床主参数和设计顺序号　机床主参数代表机床规格的大小，用折算值（主参数乘以折算系数）表示，位于系代号之后。常用机床型号中的主参数有规定的表示方法。

对于某些通用机床，当无法用一个主参数表示时，则在型号中用设计顺序号表示。设计顺序号由 1 开始，当设计顺序号小于 10 时，由 01 开始编号。

（5）主轴数和第二主参数的表示方法　对于多轴车床、多轴钻床、排式钻床等机床，其主轴数应以实际数值列入型号，置于主参数之后，用"×"分开，读作"乘"。

第二主参数（多轴机床的主轴数除外）一般不予表示。如有特殊情况，则需在型号中表示。在型号中表示的第二主参数，一般以折算成两位数为宜，最多不超过三位数。以长度、深度值等表示的，其折算系数为 1/100；以直径、宽度值表示的，其折算系数为1/10；以厚度、最大模数值等表示的，其折算系数为 1。

（6）机床的重大改进顺序号　当对机床的结构、性能有更高的要求，并需按新产品重新设计、试制和鉴定时，才按改进的先后顺序选用汉语拼音字母 A、B、C 等（但 I、O 两个字母不得选用），加在型号基本部分的尾部，以区别原机床型号。

（7）其他特性代号及其表示方法　其他特性代号置于辅助部分之首。其中同一型号机床的变型代号一般应放在其他特性代号之首。

其他特性代号主要用以反映各类机床的特性，例如：对于数控机床，可用以反映不同的控制系统等；对于加工中心，可用以反映控制系统、联动轴数、自动交换主轴头、自动交换工作台等；对于柔性加工单元，可用以反映自动交换主轴箱；对于一机多能机床，可用以补充表示某些功能；对于一般机床，可用以反映同一型号机床的变型等。

其他特性代号，可用汉语拼音字母（I、O 两个字母除外）来表示。其中，L 表示联动轴数，F 表示复合。当单个字母不够用时，可将两个字母组合起来使用，如 AB、AC、AD 等，或 BA、CA、DA 等。其他特性代号，也可用阿拉伯数字表示，还可用阿拉伯数字和汉语拼音字母组合表示。

根据上述通用机床型号的编制方法，举例如下：

例 1　某机床研究所生产的精密卧式加工中心，其型号为 THM6350。

例 2　某机床厂生产的经过第一次重大改进，其最大钻孔直径为 25mm 的四轴立式排钻床，其型号为 Z5625×4A。

例 3　最大回转直径为 400mm 的半自动曲轴磨床，其型号为 MB8240。根据加工需要，在此型号机床的基础上变换的第一种型式的半自动曲轴磨床，其型号为 MB8240/1，变换的第二种型式的型号为 MB8240/2。依次类推。

例 4　某机床厂设计试制的第五种仪表磨床为立式双轮轴颈抛光机，这种磨床无法用一个主参数表示，故其型号为 M0405。后来，又设计了第六种轴颈抛光机，其型号为 M0406。

2. 专用机床的型号

（1）型号表示方法　专用机床的型号一般由设计单位代号和设计顺序号组成。其型号构成如下：

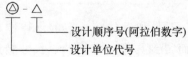

（2）设计单位代号　设计单位代号包括机床生产厂和机床研究单位代号（位于型号之首）。

（3）设计顺序号　专用机床的设计顺序号，按该单位的设计顺序号排列，由 001 起始，位于设计单位代号之后，并用"-"隔开。

例 5　上海机床厂设计制造的第 15 种专用机床为专用磨床，其型号为 H-015。

3. 机床自动线的型号

（1）机床自动线代号　由通用机床或专用机床组成的机床自动线，其代号为"ZX"（读作"自线"），它位于设计单位代号之后，并用"-"分开。

机床自动线设计顺序号的排列与专用机床的设计顺序号相同，位于机床自动线代号之后。

（2）机床自动线型号的表示方法

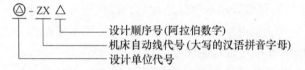

例 6　北京机床研究所以通用机床或专用机床为某厂设计的第一条机床自动线，其型号为 JCS-ZX001。

（三）新标准 GB/T 15375—2008 与 GB/T 15375—1994（此标准已作废）比较

两个标准基本相同，主要差异有：

1）新标准取消了企业代号。

2）增加了具有两类特性机床的说明。例如，铣镗床是以镗为主，铣为辅。主要特性放在后面，次要特性放在前面。

3）增加了联动轴数和复合机床的说明及示例。

4）车、钻、磨、齿轮加工、螺纹加工、铣、锯、其他类共八类机床的个别组所属的系做了增减或修改更名。例如，车床类中的组代号 6 落地及卧式车床增加系代号 6 主轴箱移动型卡盘车床。齿轮加工机床类中的组代号 5 插齿机取消系代号 2 端面插齿机。铣床类中的组代号 2 龙门铣床改其系落地龙门镗铣床为龙门移动镗铣床。

例 7　工作台最大宽度为 400mm 的五轴联动卧式加工中心，其型号为 TH6340/5L。

例 8　配置 MTC-2M 型数控系统的数控床身铣床，其型号为 XK714/C。

例 9　最大磨削直径为 400mm 的高精度数控外圆磨床，其型号为 MKG1340。

目前工厂中使用和生产的机床，有一部分型号仍是按照前几次颁布的机床型号编制方法编制的，其含义可查阅 1957 年、1959 年、1963 年、1971 年、1976 年和 1985 年历次颁布的机床型号编制方法。

二、工件的表面形状及形成

机床在切削加工过程中，刀具和工件按一定的规律做相对运动，由刀具的切削刃切除毛坯上多余的金属，从而得到具有一定形状、尺寸精度和表面质量的工件。尽管机械零件的形状是多种多样的，但它的内、外表面轮廓的构成，却不外乎是几种基本的表面元素。这些表面元素是圆柱面、平面、圆锥面、螺旋面及各种成形表面，它们都属于"线性表面"，例如：图1-1所示。任何一个表面都可以看作是一条线（曲线或直线）沿着另一条线（曲线或直线）运动的轨迹，这两条线称为该表面的发生线，前者称为母线，后者称为导线。例如：图1-1a所示平面是由直线1（母线）沿着直线2（导线）运动形成的；图1-1b、c所示圆柱面和

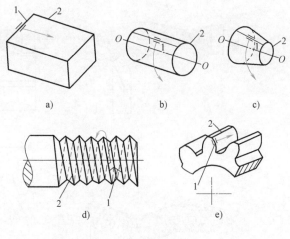

图 1-1 零件表面的形成
1—母线 2—导线

圆锥面是由直线1（母线）沿着圆2（导线）运动形成的；图1-1d所示为圆柱螺纹的螺旋面，它是由"∧"形线1（母线）沿着螺旋线2（导线）运动形成的；图1-1e所示为直齿圆柱齿轮的渐开线齿廓表面，它是由渐开线1（母线）沿着直线2（导线）运动形成的。

有些表面的两条发生线完全相同，但可以形成不同的表面。例如，母线为直线，导线为圆，所做的运动相同，但是由于母线相对于旋转轴的原始位置不同，所形成的表面也不同，可以是圆柱面、圆锥面或双曲面。

有些表面的母线和导线可以互换，如图1-1a、b所示；有些表面的母线和导线不可以互换，如图1-1c、d所示。

在机床上加工零件时，是借助一定形状的切削刃及切削刃与被加工表面之间按一定规律做相对运动，形成所需的母线和导线的。切削刃与所需形成的发生线之间的关系有三种：①切削刃的形状为一切削点；②切削刃的形状是一条切削线，它与所需形成的发生线的形状完全吻合；③切削刃的形状是一条切削线，它与所需形成的发生线的形状不吻合。因而加工时，刀具切削刃与被形成表面相切，可视为点接触，切削刃相对工件做滚动（展成运动）。

由于加工方法和使用的刀具切削刃的形状不同，机床上形成发生线的方法和需要的运动也不同，归纳起来有以下四种。

（1）轨迹法 如图1-2a所示，切削刃为切削点①，它按一定的规律做轨迹运动③，而形成所需要的发生线②。所以，采用轨迹法来形成发生线需要一个独立的成形运动。

（2）成形法 如图1-2b所示，切削刃为一条切削线①，它的形状和长度与需要形成的发生线②完全一致。因此，用成形法来形成发生线不需要专门的成形运动。

（3）相切法 如图1-2c所示，切削刃为一切削点，由于所采用加工方法的需要，该点是旋转刀具切削刃上的点①，切削时刀具的旋转中心按一定规律做轨迹运动③，切削点运动轨迹的包络线（相切线）就形成了发生线②。所以，用相切法形成发生线需要两

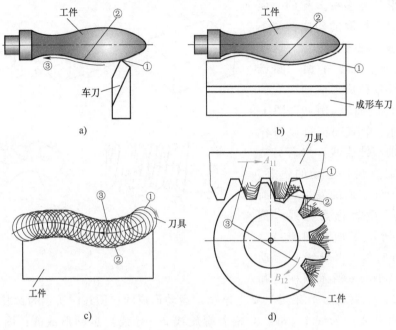

图 1-2 形成发生线的四种方法

个独立的成形运动（一个是刀具的旋转运动，另一个是刀具中心按一定规律所做的运动）。

（4）展成法 如图 1-2d 所示，刀具切削刃的形状为一条切削线①，但它与需要形成的发生线②不相吻合，发生线②是切削线①的包络线。因此，要得到发生线②（图中为渐开线）就需要使刀具做直线运动 A_{11} 和使工件做旋转运动 B_{12}，A_{11} 和 B_{12} 可看成是齿轮毛坯在齿条刀具上滚动分解得到的。因此，用展成法形成发生线时需要一个复合的成形运动，这个运动称为展成运动（即由图中 $A_{11}+B_{12}$ 组成的展成线）。

三、机床的运动

在金属切削机床上切削工件时，工件与刀具间的相对运动就其运动性质而言，有旋转运动和直线运动两种。通常用符号 A 表示直线运动，用符号 B 表示旋转运动。但就机床上运动的功用来看，则可分为表面成形运动、切入运动、分度运动、辅助运动、操纵及控制运动和校正运动等。

（一）表面成形运动

表面成形运动简称成形运动，是保证得到工件要求的表面形状的运动。表面成形运动是机床上最基本的运动，是机床上的刀具和工件为了形成表面发生线而做的相对运动。例如，图 1-3a 所示是用尖头车刀车削外圆柱面时，工件的旋转运动 B_1 产生母线（圆），刀具的纵向直线运动 A_2 产生导线（直线）。形成母线和导线的方法都属于轨迹法。B_1 和 A_2 就是两个表面成形运动。成形运动按其组成情况不同，可能是简单运动、复合运动或两者的组合。如果一个独立的成形运动，是由单独的旋转运动或直线运动构成的，则称此成形运动为简单的成形运动。如图 1-3a 所示，用尖头车刀车削外圆柱面时，工件的旋转运动 B_1 和刀具的直线运动 A_2 就是两个简单的成形运动。如图 1-3b 所示，用砂轮磨削外圆柱面时，砂轮和工件的旋转运动 B_1、B_2 以及工件的直线运动 A_3，也都是简单的成形运动。如果一个独立的成形运动，是由两个或两个以上的单元运动（旋转或直线）按照某种确定的运动关系组合而成，并且相互依存的，这种成形运动称为复合成形运动。如图 1-3c 所示，车削螺纹时，形成螺旋形发生线所需的工件与刀具之间的相对螺旋轨迹运动，为简化机床结构和保证精度，通常将其分解为工件的等速旋转运动 B_{11} 和刀具的等速直线运动 A_{12}。B_{11} 和 A_{12} 彼此不能独立，它们之间必须保持严格的运动关系，即工件每转一转，刀具直线运动的距离应等于工件螺纹的导程，B_{11} 和 A_{12} 这两个单元运动从而组成了一个复合成形运动。如图 1-3d 所示，用尖头车刀车削回转体成形面时，车刀的曲线轨迹运动通常由方向相互垂直的、有严格速比关系的两个直线运动 A_{21} 和 A_{22} 来实现，A_{21} 和 A_{22} 也组成一个复合成形运动。

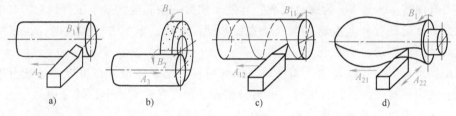

图 1-3　成形运动的组成

成形运动按其在切削加工中所起的作用，又可分为主运动和进给运动。主运动是切除工件上的被切削层，使之转变为切屑的主要运动；进给运动是依次或连续不断地把被切削层投入切削，以逐渐切出整个工件表面的运动。主运动的速度高，消耗的功率大；进给运动的速度较低，消耗的功率也较小。任何一种机床必定有主运动，且通常只有一个主运动，但进给运动可能有一个或几个，也可能没有（如拉床）。主运动和进给运动可能是简单成形运动，也可能是复合成形运动。

表面成形运动是机床上最基本的运动，其轨迹、数目、行程和方向等，在很大程度上决定着机床的传动和结构形式。显然，用不同工艺方法加工不同形状的表面，所需的表面成形运动是不同的，从而产生了各种不同类型的机床。然而，即使是用同一种工艺方法和刀具结构加工相同表面，由于具体加工条件不同，表面成形运动在刀具和工件之间的分配也往往不同。例如，车削外圆柱面时，多数情况下表面成形运动是工件旋转和刀具直线移动，但根据工件形状、尺寸和坯料形式等具体条件不同，表面成形运动也可以是工件旋转并直线移动，或者刀具旋转和工件直线移动，或者刀具旋转并直线移动，如图 1-4 所示。表面成形运动在刀具和工件之间的分配情况不同，机床结构也不同，这就决定了机床结构形式的多样化。

（二）切入运动

切入运动是用以实现使工件表面逐步达到所需尺寸的运动。

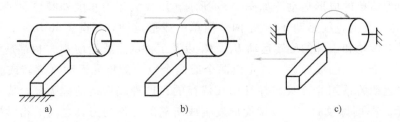

图 1-4 圆柱面的车削加工方式

（三）分度运动

当加工若干个完全相同且均匀分布的表面时，为使表面成形运动得以周期性地连续进行的运动称为分度运动。

分度运动可以是回转分度，例如，车削多线螺纹时，车削完一个螺纹表面后，工件要相对刀具回转 $1/n$ 转（ n 为螺纹线数）才能车削另一条螺纹，这个工件相对刀具的旋转运动就是分度运动。分度运动也可以是直线移动，例如，车削多线螺纹时，在车削完一条螺纹后，刀架移动一个螺距进行分度。

分度运动可以是间歇分度，如自动车床的回转刀架的转位；也可以是连续分度，如插齿机、滚齿机对工件进行分度等，此时分度运动包含在表面成形运动之中。

分度运动可以是手动、机动和自动的。

（四）辅助运动

为切削加工创造条件的运动称为辅助运动。例如，工件或刀具的调位、快速趋近、快速退出和工作行程中空程的超越运动，以及修整砂轮、排除切屑、刀具和工件的自动装卸及夹紧等。

辅助运动虽然不直接参与表面成形过程，但对机床整个加工过程来说却是不可缺少的，同时还对机床的生产率、加工精度和所加工工件的表面质量有较大的影响。

（五）操纵及控制运动

操纵及控制运动包括起动，停止，变速，换向，部件与工件的夹紧、松开、转位以及自动换刀，自动测量，自动补偿等运动。

（六）校正运动

在精密机床上，为了消除传动误差所做的运动称为校正运动，如精密螺纹车床或螺纹磨床中的螺距校正运动。

四、机床的传动联系和传动原理图

（一）机床传动的组成

为了实现加工过程中所需的各种运动，机床必须有执行件、运动源和传动装置三个基本部分。

（1）执行件 执行件是执行机床运动的部件，如主轴、刀架、工作台等，其任务是装夹刀具或工件，直接带动它们完成一定形式的运动（旋转或直线运动），并保证其运动轨迹的准确性。

（2）运动源 运动源是为执行件提供运动和动力的装置，如交流异步电动机、直流或交流调速电动机和伺服电动机等。可以几个运动共用一个运动源，也可以每个运动有单独的运动源。

（3）传动装置（传动件） 传动装置是传递运动和动力的装置，通过它把执行件和运动源或有关的执行件之间联系起来，使执行件获得具有一定速度和方向的运动，并使有关执行件之间保持某种确定的相对运动关系。机床的传动装置有机械、液压、电气、气压等多种形式。传动装置还有完成变换运动的性质、方向、速度的作用。

（二）机床的传动联系和传动链

机床上为了得到所需要的运动，需要通过一系列的传动件把执行件和运动源（如把主轴和电动机），或者把执行件和执行件（如把主轴和刀架）之间联系起来，称为传动联系。构成一个传动联系的一系列顺序排列的传动件，称为传动链。传动链中通常包含两类传动机构：一类是传动比和传动方向固定不变的传动机构，如定比齿轮副、蜗杆副、丝杠螺母副等，称为定比传动机构；另一类是根据加工要求可以变换传动比和传动方向的传动机构，如交换齿轮变速机构、滑移齿轮变速机构、离合器换向机构等。传动链可以分为以下两类。

1. 外联系传动链

它是联系运动源（如电动机）和执行件（如主轴、刀架、工作台等）之间的传动链，使执行件得到运动，而且能改变运动的速度和方向，但不要求运动源和执行件之间有严格的传动比关系。如图 1-5 所示，车圆柱螺纹时，从电动机传到车床主轴的传动链"1—2—u_v—3—4"就是外联系传动链，它只决定车螺纹速度的快慢，而不影响螺纹表面的成形。

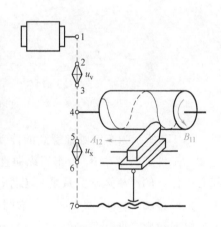

图 1-5 车削圆柱螺纹的传动原理图

2. 内联系传动链

当表面成形运动为复合的成形运动时，它由保持严格的相对运动关系的几个单元运动（旋转或直线运动）所组成，为完成复合的成形运动，必须有传动链把实现这些单元运动的执行件与执行件联系起来，并使其保持确定的运动关系，这种传动链称为内联系传动链。如图1-5 所示，车削圆柱螺纹时，需要工件旋转运动 B_{11} 和车刀直线移动 A_{12} 组成的复合运动，这两个做单元运动应保持严格的运动关系：工件每转一转，车刀准确地移动工件螺纹一个导程的距离。为保证这一运动关系，需要用传动链"4—5—u_x—6—7"将两个做单元运动的执行件（主轴和刀架）联系起来，并且这条传动链的总传动比必须准确地满足上述运动关系的要求。改变传动链中的换置机构 u_x，可以改变工件和车刀之间的相对运动关系，以满足车削不同导程螺纹的需要。上例这种联系复合成形运动内部两个单元运动的执行件的传动链，即是内联系传动链。由于内联系传动链本身不能提供运动和动力，为使执行件获得运动，还需要有一条外联系传动链将运动源的运动和动力传到内联系传动链上来，如图 1-5 中的由电动机至主轴的主运动传动链。换置机构 u_v 用于改变整个复合运动的速度。

内联系传动链必须保证复合运动的两个单元运动之间有严格的运动关系，其传动比是否准确以及由其确定的两个单元运动的相对运动方向是否正确，将会直接影响被加工表面的形状精度。因此，内联系传动链中不能有传动比不确定或瞬时传动比变化的传动机构，如带传动、链传动和摩擦传动等。

（三）传动原理图

为了便于研究机床的传动联系，常用一些简单的符号表示运动源与执行件及执行件与执行件之间的传动联系，这就是传动原理图。传动原理图仅表示形成某一表面所需的成形、分度和与表面成形直接相关的运动及其传动联系。图 1-6 所示为传动原理图常用的一些示意符号。

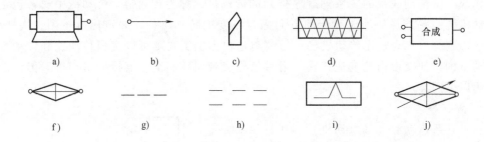

图 1-6　传动原理图常用的一些示意符号

a）电动机　b）主轴　c）车刀　d）滚刀　e）合成机构　f）传动比可变换的换置机构
g）传动比不变的机械联系　h）电联系　i）脉冲发生器　j）快调换置机构——数控系统

图 1-7 所示为车削圆锥螺纹的传动原理图。车圆锥螺纹需要三个单元运动组成的复合运动：工件旋转运动 B_{11}、车刀纵向直线移动 A_{12} 和横向直线移动 A_{13}。这三个单元运动之间必须保持的严格运动关系是：工件每转一转，车刀纵向移动工件螺纹一个导程 Ph 的距离，横向移动 $Ph\tan\alpha$ 的距离（α 为圆锥螺纹的斜角）。为保证上述运动关系，需在主轴与刀架纵向溜板之间用传动链"4—5—u_x—6—7"进行联系，在刀架纵向溜板与横向溜板之间用传动链"7—8—u_y—9"进行联系，这两条传动链都是内联系传动链。传动链中的 u_x 是为适应加工不同导程螺纹的需要，u_y 是为适应加工不同锥度螺纹的需要。外联系传动链"1—2—u_v—3—4"使主轴和刀架获得具有一定速度和方向的运动。为实现一个复合运动，必须有一条外联系传动链和一条或几条内联系传动链。

数控车床的传动原理图基本上与卧式车床相同，所不同的是许多地方用电联系代替机械联系，如图 1-8 所示。车削螺纹时，脉冲发生器 P 通过机械传动装置（通常是一对齿数相等的齿轮）与主轴相联系，主轴每转一转，发出 N 个脉冲，经 3—4 至纵向快调换置机构 u_{c1} 和伺服系统 5—6 控制伺服电动机 M_1，它或经机械传动装置 7—8 或直接与滚珠丝杠连接传动滚珠丝杠，使刀架做纵向直线运动 A_2，并保证主轴每转一转，刀架纵向移动工件螺纹一个导程的距离。改变 u_{c1}，可使其输出脉冲发生变化，以满足车削不同导程的螺纹的要求。

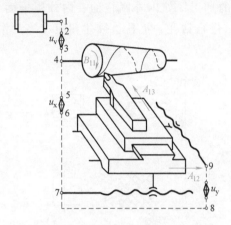

图 1-7　车削圆锥螺纹的传动原理图

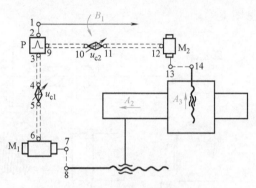

图 1-8　数控车床的螺纹链和进给链

此外，车削螺纹时，脉冲发生器 P 还发出另一组脉冲，即主轴每转发出一个脉冲，称为"同步脉冲"。由于在加工螺纹时，必须经过多次重复车削才能完成，为了保证螺纹不乱扣，数控系统必须控制刀具的切削相位，以保证在螺纹上的同一切削点切入。同步脉冲是保证在螺纹车削中不产生乱扣的唯一控制信号。

车削端面螺纹时，脉冲发生器 P 发出的脉冲经 "9—10—u_{c2}—11—12—M_2—13—14—丝杠" 使刀具做横向移动 A_3。

车削成形曲面时，主轴每转一转，脉冲发生器 P 发出的脉冲同时控制纵向移动 A_2 和横向移动 A_3。这时，联系纵、横向运动的传动链 "A_2—纵向丝杠—8—7—M_1—6—5—u_{c1}—4—3—脉冲发生器 P—9—10—u_{c2}—11—12—M_2—13—14—横向丝杠—A_3" 形成一条内联系传动链，u_{c1} 和 u_{c2} 同时不断地变化，以保证刀尖沿着要求的轨迹运动，从而得到所需的工件表面形状，并使 A_2、A_3 的合成线速度的大小基本保持恒定。

车削圆柱面或端面时，主轴的旋转运动 B_1 和刀具的移动 A_2 或 A_3 是三个独立的简单运动，u_{c1} 和 u_{c2} 用以调整转速的高低和进给量的大小。

第二节　车床

一、概述

车床主要用于加工各种回转表面，如内外圆柱面、内外圆锥面、成形回转面和回转体的端面等。有的车床还能加工螺纹面。

车床的种类很多，按其结构和用途的不同，主要可以分为以下几类：落地及卧式车床、立式车床、回转及转塔车床、单轴和多轴自动和半自动车床、仿形及多刀车床、数控车床以及车削中心等。除此以外，还有各种专门化车床，如曲轴车床、凸轮轴车床、铲齿车床等。在大批大量生产中还使用各种专用车床。在所有车床类型中，以卧式车床的应用最广。

卧式车床的工艺范围很广，能进行多种表面的加工，如内外圆柱面、内外圆锥面、环槽、成形回转面、端平面及各种螺纹等，还可以进行钻孔、扩孔、铰孔和滚花等工作（见图1-9）。

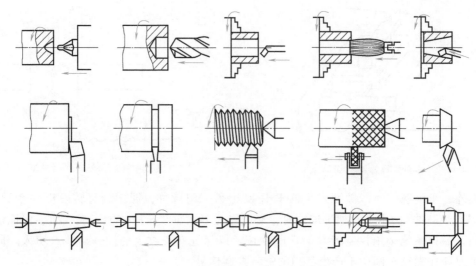

图1-9　卧式车床所能加工的典型表面

卧式车床主要对各种轴类、套类和盘类零件进行加工，其外形如图1-10所示。它的主要部件由以下几部分组成。

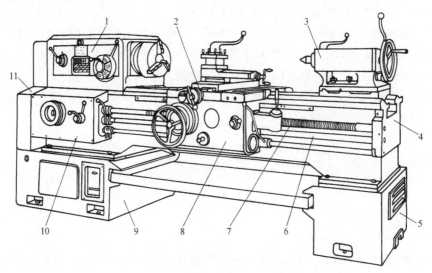

图1-10　卧式车床的外形

1—主轴箱　2—刀架　3—尾座　4—床身　5—右床腿　6—光杠　7—丝杠　8—溜板箱
9—左床腿　10—进给箱　11—交换齿轮变速机构

1. 主轴箱

主轴箱 1 固定在床身 4 的左端，主轴箱内装有主轴和变速传动机构。主轴前端装有卡盘，用以夹持工件，电动机经变速机构把动力传给主轴，使主轴带动工件按规定的转速旋转，以实现主运动。

2. 刀架

刀架 2 位于床身 4 的刀架导轨上，并可沿此导轨纵向移动。刀架部件由几层刀架组成，它用于装夹车刀，并使车刀做纵向、横向或斜向运动。

3. 尾座

尾座 3 安装在床身 4 右端的尾座导轨上，可沿导轨纵向调整位置。尾座的功用是用后顶尖支承长工件。尾座上还可以安装钻头等孔加工刀具进行孔加工。

4. 床身

床身 4 固定在左床腿 9 和右床腿 5 上。床身是车床的基本支承件。在床身上安装着车床的各个主要部件，使它们在工作时保持准确的相对位置或运动轨迹。

5. 溜板箱

溜板箱 8 固定在刀架 2 的底部，可带动刀架一起做纵向运动。溜板箱的功用是把进给箱传来的运动传递给刀架，使刀架实现纵向进给、横向进给、快速移动或车螺纹。在溜板箱上装有各种操纵手柄或按钮。

6. 进给箱

进给箱 10 固定在床身 4 的左前侧，进给箱内装有进给运动的变换机构，用于改变机动进给的进给量或改变被加工螺纹的导程。

卧式车床的主参数是床身上最大工件回转直径，第二主参数是最大工件长度。这两个参数表明了车床加工工件的上极限尺寸，同时也反映了机床的尺寸大小。因为主参数决定了主轴轴线距离床身导轨的高度，第二主参数决定了床身的长度。CA6140A 型卧式车床的主参数为 400mm，但在加工较长的轴、套类工件时，由于受到中滑板的限制，刀架上最大工件回转直径为 $\phi210$mm，如图1-11所示，这也是一个重要的参数。

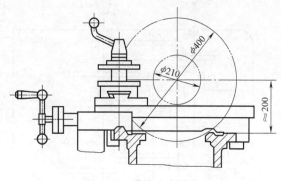

图 1-11　最大车削直径

卧式车床的最大工件长度有 750mm、1000mm、1500mm、2000mm 四种。机床除床身、丝杠和光杠的长度不同外，其他的部件均可通用。

二、CA6140A 型车床

CA6140A 型车床是普通精度的卧式车床。图 1-12 所示是其传动系统图。传动系统包

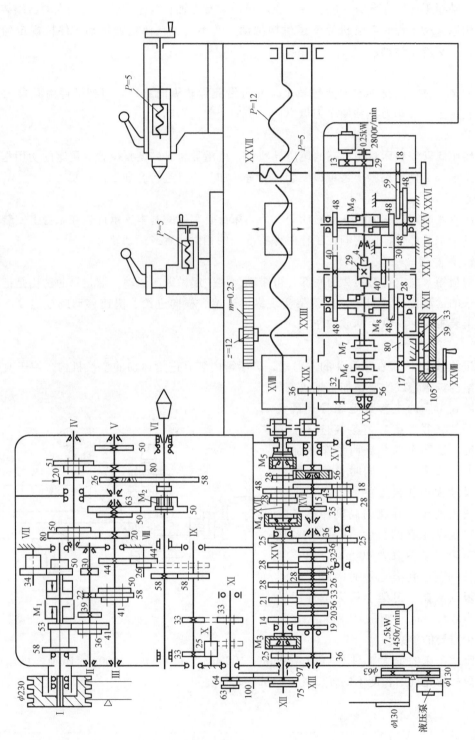

图 1-12 CA6140A 型卧式车床的传动系统图

括主运动传动链和进给运动传动链两部分。

（一）主运动传动链

主运动传动链的两端件是电动机和主轴。它的功用是把动力源（电动机）的运动及能量传给主轴，使主轴带动工件旋转。卧式车床的主轴应能变速及换向。

1. 传动路线

运动由电动机经 V 带传至主轴箱中的轴 I。在轴 I 上装有双向多片离合器 M_1。M_1 的功用为控制主轴（轴 VI）正转、反转或停止。M_1 的左、右两部分分别与空套在轴 I 上的两个齿轮连在一起。当离合器 M_1 向左接合时，主轴正转，轴 I 的运动经 M_1 左部的摩擦片及齿轮副 58/36 或 53/41 传给轴 II。当离合器 M_1 向右接合时，主轴反转，轴 I 的运动经 M_1 右部的摩擦片及齿轮 z_{50} 传给轴 VII 上的空套齿轮 z_{34}，然后再传给轴 II 上的齿轮 z_{30}，使轴 II 转动。这时，由轴 I 传到轴 II 的运动多经过了一个中间齿轮 z_{34}，因此，轴 II 的转动方向与经离合器 M_1 左部传动时相反。离合器 M_1 处于中间位置，左、右都不接合时，主轴停转。轴 II 的运动可分别通过三对齿轮副 22/58、30/50 或 39/41 传至轴 III。运动由轴 III 到主轴可以有两种不同的传动路线：

1）当主轴需高速运转（$n_主 = 450 \sim 1400\mathrm{r/min}$）时，如图 1-12 所示，主轴上的滑动齿轮 z_{50} 处于左端位置，轴 III 的运动经齿轮副 63/50 直接传给主轴。

2）当主轴需低速运转（$n_主 = 10 \sim 500\mathrm{r/min}$）时，主轴上的滑动齿轮 z_{50} 移到右端位置，使齿形离合器 M_2 啮合，于是轴 III 上的运动就经齿轮副 20/80 或 50/50 传给轴 IV，然后再由轴 IV 经齿轮副 20/80 或 51/50、26/58 及齿形离合器 M_2 传至主轴。

下面是 CA6140A 型卧式车床主运动传动链的传动路线表达式

2. 主轴的转速级数与转速计算

根据传动系统图和传动路线表达式，主轴可以得到 30 级转速，但由于轴 III - V 间的 4 种传动比为

$$u_1 = \frac{50}{50} \times \frac{51}{50} \approx 1 \qquad\qquad u_3 = \frac{20}{80} \times \frac{51}{50} \approx \frac{1}{4}$$

$$u_2 = \frac{50}{50} \times \frac{20}{80} = \frac{1}{4} \qquad\qquad u_4 = \frac{20}{80} \times \frac{20}{80} = \frac{1}{16}$$

其中 u_2 和 u_3 基本相同，所以实际上只有 3 种不同的传动比，故主轴正转的实有级数为 $2\times3\times(2\times2-1)=18$，加上经齿轮副 63/50 直接传动的 6 级高速，主轴正转时实际上只能获得 24 级不同转速。

同理，主轴反转时也只能获得 $3+3\times(2\times2-1)=12$ 级不同转速。

主轴的转速可用运动平衡式计算，即

$$n_{主} = 1450\text{r/min} \times \frac{130}{230}(1-\varepsilon)u_{\text{I-II}}u_{\text{II-III}}u_{\text{III-VI}}$$

式中　　　　　$n_{主}$——主轴转速，单位为 r/min；

　　　　　　　ε——V 带传动的滑动系数，$\varepsilon=0.02$；

$u_{\text{I-II}}$、$u_{\text{II-III}}$、$u_{\text{III-VI}}$——轴 I - II 、II - III 、III - VI 间的可变传动比。

根据图 1-12 所示的齿轮啮合位置，主轴的转速为

$$n_{主} = 1450 \times \frac{130}{230} \times 0.98 \times \frac{53}{41} \times \frac{22}{58} \times \frac{63}{50}\text{r/min} = 496\text{r/min}$$

主轴反转时，轴 I - II 间的传动比大于正转时的传动比，所以反转转速高于正转转速。主轴反转主要用于车螺纹时退回刀架，在不断开主轴和刀架间传动链的情况下退刀，使刀架退至起始位置，采用较高转速，可以节省辅助时间。

（二）进给运动传动链

进给运动传动链是使刀架实现纵向或横向运动的传动链。传动链的两端件是主轴和刀架。卧式车床在车削螺纹时，进给传动链是内联系传动链，即主轴每转一转，刀架的移动量等于被加工工件螺纹的导程。在车削圆柱面和端面时，进给传动链是外联系传动链。

1. 车削螺纹

CA6140A 型卧式车床能车削常用的米制、寸制、模数制及径节制四种标准螺纹；此外，还可以车削加大螺距、非标准螺距及较精密的螺纹。它既可以车削右旋螺纹，也可以车削左旋螺纹。

车削各种不同螺距的螺纹时，主轴与刀具之间必须保持严格的运动关系，即主轴每转一转，刀具应均匀地移动一个（被加工螺纹）导程 Ph 的距离，也就是

主轴转一转—刀架移动 Ph

上述关系称为车削螺纹时进给运动传动链的"计算位移"。

车削螺纹的运动平衡式为

$$1_{(主轴)} \times u_\text{o}u_\text{x}Ph_{丝} = Ph_{工}$$

式中　　u_o——主轴至丝杠之间全部定比传动机构的固定传动比，是一个常数；

　　　　u_x——主轴至丝杠之间换置机构的可变传动比；

$Ph_{丝}$——机床丝杠的导程，CA6140A 型车床中 $Ph_{丝}=12\text{mm}$；

$Ph_{工}$——被加工螺纹的导程，单位为 mm。

不同标准的螺纹用不同的参数来表示其螺距。表1-4列出了米制、模数制、寸制和径节制四种螺纹的螺距参数及其与螺距、导程的换算关系。车削螺纹时都以毫米（mm）为单位。

表1-4 螺距参数及其与螺距、导程的换算关系

螺纹种类	螺距参数	螺距/mm	导程/mm
米制螺纹	螺距 P/mm	P	$Ph = nP$
模数螺纹	模数 m/mm	$P_m = \pi m$	$Ph_m = nP_m = n\pi m$
寸制螺纹	每英寸牙数 a/(牙/in)	$P_a = \dfrac{25.4}{a}$	$Ph_a = nP_a = \dfrac{25.4n}{a}$
径节螺纹	径节 DP/(牙/in)	$P_{DP} = \dfrac{25.4}{DP}\pi$	$Ph_{DP} = nP_{DP} = \dfrac{25.4n}{DP}\pi$

注：n 为螺纹线数；$1\text{in} = 0.0254\text{m}$。

（1）车削米制螺纹 米制螺纹是我国常用的螺纹，其标准螺距值在国家标准中有规定。表1-5所列为CA6140A型车床米制螺纹表。由此表可以看出，表中的螺距值是按分段等差数列的规律排列的，行与行之间成倍数关系。

表1-5 CA6140A型车床米制螺纹表

$U_{倍}$ / Ph/mm / $U_{基}$	$\dfrac{26}{28}$	$\dfrac{28}{28}$	$\dfrac{32}{28}$	$\dfrac{36}{28}$	$\dfrac{19}{14}$	$\dfrac{20}{14}$	$\dfrac{33}{21}$	$\dfrac{36}{21}$
$\dfrac{18}{45}\times\dfrac{15}{48}=\dfrac{1}{8}$	—	—	1	—	—	1.25	—	1.5
$\dfrac{28}{35}\times\dfrac{15}{48}=\dfrac{1}{4}$	—	1.75	2	2.25	—	2.5	—	3
$\dfrac{18}{45}\times\dfrac{35}{28}=\dfrac{1}{2}$	—	3.5	4	4.5	—	5	5.5	6
$\dfrac{28}{35}\times\dfrac{35}{28}=1$	—	7	8	9	—	10	11	12

车削米制螺纹时，进给箱中的齿形离合器 M_3 和 M_4 脱开，M_5 接合，这时的传动路线为：运动由主轴Ⅵ经齿轮副58/58、三星轮换向机构33/33（车削左螺纹时经 33/25×25/33）、交换齿轮63/100×100/75传至进给箱的轴Ⅻ，然后由移换机构的齿轮副25/36传至轴ⅩⅢ，由轴ⅩⅢ经两轴滑移变速机构（基本螺距机构）的齿轮副传至轴ⅩⅣ，再由移换机构的齿轮副25/36×36/25传至轴ⅩⅤ，再经过轴ⅩⅤ与轴ⅩⅦ间的两组滑移齿轮变速机构（增倍机构）传至轴ⅩⅦ，最后由齿形离合器 M_5 传至丝杠ⅩⅧ，当溜板箱中的开合螺母与丝杠相啮合时，就可带动刀架车削米制螺纹。

车削米制螺纹时传动链的传动路线表达式为

$$
\text{主轴 VI} - \frac{58}{58} - \text{IX} \begin{bmatrix} \dfrac{33}{33} \\[2pt] (\text{右旋螺纹}) \\[6pt] \dfrac{33}{25} \times \dfrac{25}{33} \\[2pt] (\text{左旋螺纹}) \end{bmatrix} - \text{XI} \begin{bmatrix} \dfrac{63}{100} \times \dfrac{100}{75} \\[2pt] (\text{米制螺纹}) \\[6pt] \dfrac{64}{100} \times \dfrac{100}{97} \\[2pt] (\text{模数螺纹}) \end{bmatrix} - \text{XII}
$$

$$
- \frac{25}{36} - \text{XIII} - u_{\text{基}} - \text{XIV} - \frac{25}{36} \times \frac{36}{25} - \text{XV} - u_{\text{倍}} - \text{XVII} - M_5 - \text{XVIII}(\text{丝杠}) - \text{刀架}
$$

$u_{\text{基}}$ 为轴 XIII - XIV 间变速机构的可变传动比，共八种：

$$u_{\text{基}1} = \frac{26}{28} = \frac{6.5}{7} \qquad u_{\text{基}5} = \frac{19}{14} = \frac{9.5}{7}$$

$$u_{\text{基}2} = \frac{28}{28} = \frac{7}{7} \qquad u_{\text{基}6} = \frac{20}{14} = \frac{10}{7}$$

$$u_{\text{基}3} = \frac{32}{28} = \frac{8}{7} \qquad u_{\text{基}7} = \frac{33}{21} = \frac{11}{7}$$

$$u_{\text{基}4} = \frac{36}{28} = \frac{9}{7} \qquad u_{\text{基}8} = \frac{36}{21} = \frac{12}{7}$$

这些传动副的传动比成等差级数的规律排列，改变轴 XIII - XIV 间的传动副，就能够车削出导程值按等差数列排列的螺纹，这样的变速机构称为基本螺距机构，是进给箱的基本变速组，简称基本组。

$u_{\text{倍}}$ 为轴 XV - XVII 间变速机构的可变传动比，共四种：

$$u_{\text{倍}1} = \frac{18}{45} \times \frac{15}{48} = \frac{1}{8} \qquad u_{\text{倍}3} = \frac{18}{45} \times \frac{35}{28} = \frac{1}{2}$$

$$u_{\text{倍}2} = \frac{28}{35} \times \frac{15}{48} = \frac{1}{4} \qquad u_{\text{倍}4} = \frac{28}{35} \times \frac{35}{28} = 1$$

上述四种传动比成倍数关系排列，因此，改变 $u_{\text{倍}}$ 就可使车削的螺纹导程值成倍数关系变化，扩大了机床能车削的导程种数。这种变速机构称为增倍机构，是增倍变速组，简称增倍组。

车削米制（右旋）螺纹的运动平衡式为

$$Ph = nP = 1_{(\text{主轴})} \times \frac{58}{58} \times \frac{33}{33} \times \frac{63}{100} \times \frac{100}{75} \times \frac{25}{36} \times u_{\text{基}} \times \frac{25}{36} \times \frac{36}{25} \times u_{\text{倍}} \times 12$$

式中　Ph——螺纹导程（对于单线螺纹，螺纹导程 Ph 即为螺距 P），单位为 mm；

　　　$u_{\text{基}}$——轴 XIII - XIV 间基本螺距机构的传动比；

　　　$u_{\text{倍}}$——轴 XV - XVII 间增倍机构的传动比。

将上式化简后可得

$$Ph = 7 u_{\text{基}} \, u_{\text{倍}}$$

由表 1-5 可以看出，能车削的米制螺纹的最大导程是 12mm。当机床需要加工导程大于 12mm 的螺纹时，如车削多线螺纹和拉油槽时，就得使用扩大螺距机构。这时应将轴 IX 上的滑移齿轮 z_{58} 移至右端（图 1-12 中的虚线）位置，与轴 VIII 上的齿轮 z_{26} 相啮合。于是主轴 VI 与丝杠通过下列传动路线实现传动联系

$$\text{主轴 VI} - \frac{58}{26} - \text{V} - \frac{80}{20} - \text{IV} - \left[\frac{\frac{50}{50}}{\frac{80}{20}}\right] - \text{III} - \frac{44}{44} - \text{VIII} - \frac{26}{58}$$

（常用螺纹传动路线）
$$\text{IX} \cdots \text{XVIII（丝杠）}$$

此时，主轴 VI-IX 间的传动比 $u_{扩}$ 为

$$u_{扩1} = \frac{58}{26} \times \frac{80}{20} \times \frac{50}{50} \times \frac{44}{44} \times \frac{26}{58} = 4$$

$$u_{扩2} = \frac{58}{26} \times \frac{80}{20} \times \frac{80}{20} \times \frac{44}{44} \times \frac{26}{58} = 16$$

而车削常用螺纹时，主轴 VI-IX 间的传动比 $u_{正常} = 58/58 = 1$。这表明，当螺纹进给传动链其他调整情况不变时，做上述调整可使主轴与丝杠间的传动比增大 4 倍或 16 倍，车出的螺纹导程也相应地扩大 4 倍或 16 倍。因此，一般把上述传动机构称为扩大螺距机构。

必须指出，扩大螺距机构的传动齿轮就是主运动的传动齿轮，所以只有当主轴上的 M_2 合上，即主轴处于低速状态时，才能用扩大螺距机构；主轴转速为 10～32r/min 时，导程扩大 16 倍；主轴转速为 40～125r/min 时，导程扩大 4 倍。大导程螺纹只能在主轴低转速时车削，这是符合工艺上的需要的。

（2）车削模数螺纹　模数螺纹主要用在米制蜗杆中。例如，Y3150E 型滚齿机的垂直进给丝杠就是模数螺纹。

标准模数螺纹的导程（或螺距）排列规律和米制螺纹相同，但导程（或螺距）的数值不一样，而且数值中含有特殊因子 π。所以车削模数螺纹时的传动路线与车削米制螺纹时基本相同，唯一的差别就是这时的交换齿轮换成 64/100×100/97，移换机构的滑移齿轮传动比为 25/36，以消除特殊因子 π（其中 64/97×25/36 ≈ 7π/48）。

导出计算公式为

$$m = \frac{7}{4n} u_{基} \, u_{倍}$$

（3）车削寸制螺纹　寸制螺纹又称英寸制螺纹，在采用寸制的国家中应用广泛。我国的部分管螺纹目前也采用寸制螺纹。

寸制螺纹的螺距参数为每英寸长度上的螺纹牙（扣）数，以 a 表示。因此寸制螺纹的导程为

$$Ph_a = \frac{25.4n}{a} \text{mm}$$

a 的标准值也是按分段等差数列的规律排列的，所以寸制螺纹的螺距（或导程）是

分段调和数列（分母是分段等差数列）。此外，还有特殊因子 25.4。车削寸制螺纹时，应对传动路线做如下两点变动：

1）将上述车削米制螺纹时的基本组的主动与从动传动关系颠倒过来，即轴 XIV 为主动，轴 XIII 为从动，这样基本组的传动比数列变成了调和数列，与寸制螺纹螺距（或导程）数列的排列规律相一致。

2）在传动链中改变部分传动副的传动比，使其包含特殊因子 25.4。

为此，将进给箱中的离合器 M_3 和 M_5 接合，M_4 脱开，交换齿轮用 $\frac{63}{100} \times \frac{100}{75}$，同时将轴 XV 左端的滑移齿轮 z_{25} 左移，与固定在轴 XIII 上的齿轮 z_{36} 啮合。于是运动便由轴 XII 经离合器 M_3 传至轴 XIV，从而使基本组的传动方向恰好与车削米制螺纹时相反，其余部分传动路线与车削米制螺纹时相同。此时传动路线表达式为

$$主轴\,VI\!-\!\frac{58}{58}\!-\!IX\!\left[\begin{array}{c}\dfrac{33}{33}\\(右旋螺纹)\\\dfrac{33}{25}\times\dfrac{25}{33}\\(左旋螺纹)\end{array}\right]\!-\!XI\!\left[\begin{array}{c}\dfrac{63}{100}\times\dfrac{100}{75}\\(寸制螺纹)\\\dfrac{64}{100}\times\dfrac{100}{97}\\(径节螺纹)\end{array}\right]\!-\!XII\!-\!M_3$$

$$-\!XIV\!-\!\frac{1}{u_基}\!-\!XIII\!-\!\frac{36}{25}\!-\!XV\!-\!u_倍\!-\!XVII\!-\!M_5\!-\!XVIII(丝杠)\!-\!刀架$$

其运动平衡式为

$$Ph_a = \frac{25.4n}{a} = 1_{(主轴)} \times \frac{58}{58} \times \frac{33}{33} \times \frac{63}{100} \times \frac{100}{75} \times \frac{1}{u_基} \times \frac{36}{25} \times u_倍 \times 12$$

上式中，$\dfrac{63}{100} \times \dfrac{100}{75} \times \dfrac{36}{25} \approx \dfrac{25.4}{21}$，代入上式化简得

$$Ph_a = \frac{25.4n}{a} = \frac{4}{7} \times 25.4\,\frac{u_倍}{u_基}$$

$$a = \frac{7n}{4} \frac{u_基}{u_倍}$$

改变 $u_基$ 和 $u_倍$，就可以车削各种规格的寸制螺纹，见表 1-6。

(4) 车削径节螺纹　径节螺纹主要用于寸制蜗杆。它是用径节 DP 来表示的。径节 $DP = z/d$（z 为齿轮齿数，d 为分度圆直径，单位为 in），即蜗轮或齿轮折算到每英寸（in）分度圆直径上的齿数。

寸制蜗杆的轴向齿距即为螺距 P_{DP}，径节螺纹的导程为

$$Ph_{DP} = \frac{\pi n}{DP}$$

式中，Ph_{DP} 的单位为 in。

或

$$Ph_{DP} \approx \frac{25.4\pi n}{DP}$$

式中，Ph_{DP} 的单位为 mm。

表 1-6　CA6140A 型车床寸制螺纹表

$u_{倍}$ ＼ $a/$（牙/in） ＼ $u_{基}$	$\dfrac{26}{28}$	$\dfrac{28}{28}$	$\dfrac{32}{28}$	$\dfrac{36}{28}$	$\dfrac{19}{14}$	$\dfrac{20}{14}$	$\dfrac{33}{21}$	$\dfrac{36}{21}$
$\dfrac{18}{45} \times \dfrac{15}{48} = \dfrac{1}{8}$	—	14	16	18	19	20		24
$\dfrac{28}{35} \times \dfrac{15}{48} = \dfrac{1}{4}$	—	7	8	9		10	11	12
$\dfrac{18}{45} \times \dfrac{35}{28} = \dfrac{1}{2}$	$3\dfrac{1}{4}$	$3\dfrac{1}{2}$	4	$4\dfrac{1}{2}$		5		6
$\dfrac{28}{35} \times \dfrac{35}{28} = 1$		2						3

注：1in = 0.0254m，后同。

车削径节螺纹的传动路线与车削寸制螺纹相同，利用交换齿轮 64/100×100/97 及移换机构齿轮 36/25 以消除 25.4π。

因为

$$\frac{64}{97} \times \frac{36}{25} \approx \frac{25.4\pi}{84}$$

导出计算公式为

$$DP = 7n\frac{u_{基}}{u_{倍}}$$

车削四种螺纹时，传动路线特征归纳为表 1-7。车削螺纹时，M_5 要接合。

表 1-7　车削四种螺纹时的传动路线特征

螺纹种类	螺距参数	$u_{交换}$	M_3	M_4	基本组 $u_{基}$	XV 轴上 z_{25}
米制螺纹	$P/$mm	63/100　100/75	开	开	$u_{基}$	在右端（图 1-12）
模数螺纹	$m/$mm	64/100　100/97	开	开	$u_{基}$	在右端
寸制螺纹	$a/$（牙/in）	63/100　100/75	合	开	$1/u_{基}$	在左端
径节螺纹	$DP/$（牙/in）	64/100　100/97	合	开	$1/u_{基}$	在左端

（5）车削非标准螺距和较精密螺纹　当需要车削非标准螺距螺纹时，利用上述传动路线是无法得到的。这时，需要将齿形离合器 M_3、M_4 和 M_5 全部啮合，进给箱中的传动路线是轴 XII 经轴 XIV 及轴 XVII 直接传动丝杠 XVIII，被加工螺纹的导程 Ph 依靠调整交换齿轮的传动比 $u_{交换}$ 来实现。运动平衡式为

$$Ph = 1_{主轴} \times \frac{58}{58} \times \frac{33}{33} u_{交换} \times 12$$

将上式化简后，得交换齿轮的换置公式为

$$u_{交换} = \frac{a}{b}\frac{c}{d} = \frac{Ph}{12}$$

应用此换置公式，适当地选择交换齿轮 a、b、c 及 d 的齿数，就可车削出所需导程 Ph 的螺纹。

这时，由于主轴至丝杠的传动路线大为缩短，减少了传动件制造误差和装配误差对工件螺纹螺距精度的影响，如选用较精确的交换齿轮，也可车削出较精密的螺纹。

2. 机动进给

车削外圆柱或内圆柱表面时，可使用机动的纵向进给。车削端面时，可使用机动的横向进给。

（1）传动路线　为了避免丝杠磨损过快以及便于工人操纵，机动进给运动是由光杠经溜板箱传动的。这时将进给箱中的离合器 M_5 脱开，齿轮 z_{28} 与轴 XVI 上的齿轮 z_{56} 啮合。运动由进给箱传至光杠 XIX，再由光杠经溜板箱中的传动机构，分别传至齿轮齿条机构和横向进给丝杠 XXVII，使刀架做纵向或横向机动进给。其传动路线表达式为

$$主轴（VI）\left\{ \begin{array}{l} 米制螺纹 \\ 传动路线 \\ 寸制螺纹 \\ 传动路线 \end{array} \right\} — XVI —\frac{28}{56}— XIX（光杠）—\frac{36}{32}\times\frac{32}{56}— M_6（超越离合器）—$$

$$M_7（安全离合器）— XX —\frac{4}{29}— XXI —$$

$$\left\{ \begin{array}{l} \frac{40}{48}—M_8\uparrow \\ \frac{40}{30}\times\frac{30}{48}—M_8\downarrow \end{array} \right\} — XXII —\frac{28}{80}— XXIII —z_{12}—齿条$$

$$\left\{ \begin{array}{l} \frac{40}{48}—M_9\uparrow \\ \frac{40}{30}\times\frac{30}{48}—M_9\downarrow \end{array} \right\} — XXV —\frac{48}{48}\times\frac{59}{18}— XXVII（横向丝杠）$$

为了避免两种运动同时产生而发生事故，纵向机动进给、横向机动进给及车削螺纹三种传动路线，只允许接通其中一种，这是由操纵机构及互锁机构来保证的。

溜板箱中的双向牙嵌离合器 M_8 及 M_9 用于变换进给运动的方向。

（2）纵向机动进给量　机床的64种纵向机动进给量是由四种类型的传动路线来实现的。当机床运动经正常螺距的米制螺纹的传动路线传动时，可得到进给范围为 0.08 ~ 1.22mm/r 的32种进给量，其运动平衡式为

$$f_{纵} = 1_{主轴} \times \frac{58}{58} \times \frac{33}{33} \times \frac{63}{100} \times \frac{100}{75} \times \frac{25}{36} \times u_{基} \times \frac{25}{36} \times \frac{36}{25} \times$$

$$u_{倍} \times \frac{28}{56} \times \frac{36}{32} \times \frac{32}{56} \times \frac{4}{29} \times \frac{40}{48} \times \frac{28}{80} \times \pi \times 2.5 \times 12$$

化简后可得

$$f_{纵} = 0.71 u_{基} u_{倍}$$

纵向进给运动的其余32种进给量可分别通过寸制螺纹传动路线和扩大螺距机构获得。

（3）横向机动进给量　横向机动进给在其与纵向进给传动路线一致时，所得的横向

进给量是纵向进给量的一半。横向进给量的种数有 64 种。

3. 刀架的快速移动

刀架的快速移动是为了减轻工人的劳动强度和缩短辅助时间。

当刀架需要快速移动时,按下快速移动按钮,使快速电动机(0.25kW,2800r/min)接通。这时,快速电动机的运动经齿轮副 13/29 传至轴XX,使轴XX高速转动,于是运动便经蜗杆副 4/29 传至溜板箱内的传动机构,使刀架实现纵向或横向的快速移动。移动方向由溜板箱中的双向牙嵌离合器 M_8 和 M_9 控制。

为了节省辅助时间及简化操作,在刀架快速移动过程中,不必脱开进给运动传动链。这时,为了避免转动的光杠和快速电动机同时传动轴XX,在齿轮 z_{56} 与轴XX之间装有超越离合器 M_6。图 1-13 所示是超越离合器的结构。

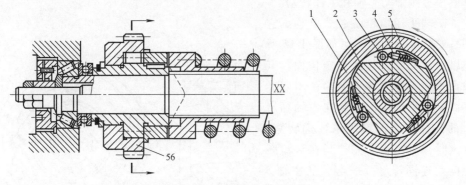

图 1-13 超越离合器的结构

1—外环 2—星形体 3—滚子 4—顶销 5—弹簧

超越离合器是由外环 1(即溜板箱中的空套齿轮 z_{56})、星形体 2、滚子 3、顶销 4 和弹簧 5 组成的。当刀架机动进给时,由光杠传来的运动通过超越离合器传给溜板箱。这时,齿轮 z_{56} 按图 1-13 所示的逆时针方向转动,三个短圆柱滚子 3 分别在弹簧 5 的弹力和摩擦力的作用下,被楔紧在外环 1 和星形体 2 之间,外环 1 通过滚子 3 带动星形体 2 一起转动,于是运动便经过安全离合器 M_7 传至轴XX,使轴XX旋转,实现机动进给。当快速电动机转动时,运动由齿轮副 13/29 传至轴XX,轴XX及星形体 2 得到一个与齿轮 z_{56} 转向相同而转速却快得多的旋转运动。这时,由于摩擦力的作用,滚子 3 压缩弹簧 5 而离开楔缝狭端,外环 1 与星形体 2(轴XX)脱开联系。光杠XIX和齿轮 z_{56} 虽然仍在旋转,但不再传动XX,因此刀架快速移动时无需停止光杠的运动。

(三)机床的主要机构

1. 主轴箱

机床主轴箱的装配图包括展开图、各种向视图和断面图。图 1-14 所示为 CA6140A 型卧式车床主轴组件。

(1)主轴组 CA6140A 型卧式车床的主轴是一个空心的阶梯轴,其内孔可用来通过棒料或卸顶尖时穿入所用的铁棒,也可用于通过气动、电动或液压夹紧装置机构。主轴前端的锥孔为莫氏 6 号锥度,用来安装顶尖套及前顶尖,有时也可安装心轴,利用锥面配

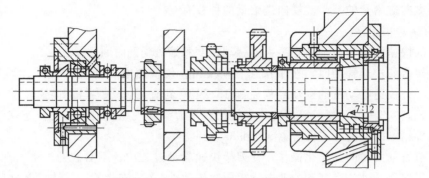

图 1-14　CA6140A 型卧式车床主轴组件

合的摩擦力直接带动心轴和工件转动。

主轴前端采用短锥法兰式结构。它的作用是安装卡盘和拨盘，如图 1-15 所示。它以短锥和轴肩端面做定位面。卡盘、拨盘等夹具通过卡盘座 4，用四个螺栓 5 固定在主轴 3 上，装在主轴轴肩端面上的圆柱形端面键用来传递转矩。安装卡盘时，只需将预先拧紧在卡盘座上的螺栓 5 连同螺母 6 一起，从主轴 3 轴肩和锁紧盘 2 上的孔中穿过，然后将锁紧盘转过一个角度，使螺栓进入锁紧盘上宽度较小的圆弧槽内，把螺母卡住（如图 1-15 中所示位置），然后再把螺母 6 拧紧，就可把卡盘等夹具紧固在主轴上。这种主轴轴端结构的定心精度高，

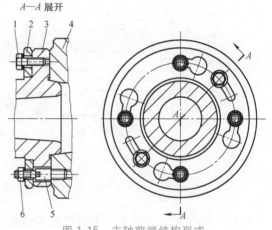

图 1-15　主轴前端结构形式

1—螺钉　2—锁紧盘　3—主轴
4—卡盘座　5—螺栓　6—螺母

连接刚度高，卡盘悬伸长度短，装卸卡盘也比较方便，因此，在新型车床上应用很普遍。

主轴安装在两支承上，前支承为 P5 级精度的双列圆柱滚子轴承，用于承受径向力。轴承内环和主轴之间通过 1：12 的锥度相配合。当内环与主轴在轴向相对移动时，内环可产生弹性膨胀或收缩，以调整轴承的径向间隙大小，调整后用圆形螺母锁紧。前支承处装有阻尼套筒，内套装在主轴上，外套装在前支承座孔内。内、外套在径向上有 0.2mm 的间隙，其中充满了润滑油，能有效地抑制振动，提高主轴的动态性能。

后轴承由一个推力球轴承和一个角接触球轴承组成，分别用以承受轴向力（左、右）和径向力。同理，轴承的间隙和预紧可以用主轴尾端的螺母调整。

主轴前后支承的润滑都是由润滑油泵供油。润滑油通过进油孔对轴承进行充分的润滑，并带走轴承运转所产生的热量。为了避免漏油，前后支承采用油沟式密封。主轴旋转时，由于离心力的作用，油液就沿着斜面（朝箱内方向）被甩到轴承端盖的接油槽内，然后经回油孔流向主轴箱。

主轴上装有三个齿轮，右端的斜齿圆柱齿轮 z_{58}（$m=4$mm，$\beta=10°$，左旋）空套在主

轴上。采用斜齿轮可以使主轴运转比较平稳，传动时此齿轮作用在主轴上的轴向力与进给力 F_f 的方向相反，因此，可以减小主轴前支承所承受的轴向力。中间的齿轮 z_{50} 可以在主轴的花键上滑移。当齿轮 z_{50} 处于中间不啮合位置（"空档"位置）时，主轴与轴Ⅲ和轴Ⅴ的传动联系被断开，这时可用手转动主轴，以便进行测量主轴回转精度及装夹时找正等工作。左端的齿轮 z_{58} 固定在主轴上，用于传动进给箱。

（2）变速操纵机构　主轴箱共设置三套变速操纵机构。

图 1-16 所示为 CA6140A 型车床主轴箱中的一种变速操纵机构。它用一个手柄同时操纵轴Ⅱ、Ⅲ上的双联滑移齿轮和三联滑移齿轮，变换轴Ⅰ-Ⅲ间的六种传动比。转动手柄，通过链传动使轴 4 转动，轴 4 上固定着盘形凸轮 3 和曲柄 2。凸轮 3 上有一条封闭的曲线槽，它由两段不同半径的圆弧和直线组成。凸轮上有 1~6 个变速位置。如图 1-16 所示，在位置 1、2、3 时，杠杆 5 上端的滚子处于凸轮槽曲线的大半径圆弧处。杠杆 5 经拨叉 6 将轴Ⅱ上的双联滑移齿轮移向左端位置，位置 4、5、6 则将双联滑移齿轮移向右端位置。

曲柄 2 随轴 4 转动，带动拨叉 1 拨动轴Ⅲ上的三联滑移齿轮，使它处于左、中、右三个位置，依次转动手柄至各个变速位置，就可使两个滑移齿轮的轴向位置实现六种不同的组合，使轴Ⅲ得到六种不同的转速。

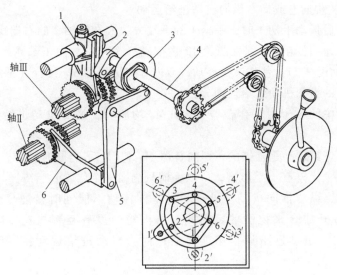

图 1-16　轴Ⅱ-Ⅲ滑移齿轮变速操纵机构

1、6—拨叉　2—曲柄　3—凸轮　4—轴　5—杠杆

滑移齿轮移至规定的位置后，都必须可靠地定位。本操纵机构中采用钢球定位装置。

2. 溜板箱

为了实现溜板箱的功能，并使其在机床过载时具有保护功能，溜板箱中应设置如下主要机构。

（1）纵、横向机动进给操纵机构　如图 1-17 所示，在溜板箱右侧，有一个集中操纵手柄 1。当向左或向右扳动手柄 1 时，可使刀架相应地做纵向向左或向右运动；若向前或向后扳动手柄 1，刀架也相应地向前或向后横向运动。手柄的顶端有快速移动按钮，当手柄 1 扳至左、右或前、后任一位置时，起动快速电动机，刀架即在相应方向上快速移动。

当向左或向右扳动手柄 1 时，手柄 1 的下端缺口拨动拉杆 3 向右或向左轴向移动，通过杠杆 4，拉杆 5 使圆柱凸轮 6 转动，凸轮上有螺旋槽，槽内嵌有固定在滑杆 7 上的滚子，由于螺旋槽的作用，使滑杆 7 轴向移动，与滑杆相连的拨叉 8 也移动，导致控制纵向进给运动的双向牙嵌离合器 M_8 接合（见图 1-12），刀架实现向左或向右纵向机动进给运动。

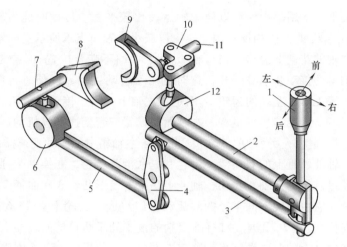

图 1-17 纵、横向机动进给操纵机构
1—手柄 2—转轴 3、5—拉杆 4、10—杠杆 6、12—凸轮 7、11—滑杆 8、9—拨叉

当向前或向后扳动手柄 1 时，手柄 1 的下端方块嵌在转轴 2 的右端缺口内，于是转轴 2 向前或向后转动一个角度，圆柱凸轮 12 也摆动一个角度，由于凸轮螺旋槽的作用，杠杆 10 摆动，拨动滑杆 11，使拨叉 9 移动，双向牙嵌离合器 M_9 接合（见图 1-12），从而实现了相应方向上的横向机动进给运动。

当手柄 1 在中间位置时，离合器 M_8 和 M_9 均脱开，这时机动进给运动和快速移动断开。

纵向、横向进给运动是互锁的，即离合器 M_8 和 M_9 不能同时接合，手柄 1 的结构可以保证互锁（手柄上开有十字形槽，所以手柄只能在一个位置）。

机床工作时，纵、横向机动进给运动和丝杠传动不能同时接通。丝杠传动是由溜板箱的开合螺母开或合来控制的。因此，溜板箱中设有互锁机构，以保证车螺纹时开合螺母合上时，机动进给运动不能接通；而当机动进给运动接通时，开合螺母不能合上。

（2）安全离合器　机动进给时，当进给力过大或刀架移动受阻时，为了避免损坏传动机构，在进给运动传动链中设置安全离合器 M_7（见图 1-12）来自动停止进给。安全离合器的工作原理如图 1-18 所示。由光杠传来的运动经齿轮 z_{56}（见图 1-12）及超越离合器 M_6 传至安全离合器 M_7 左半部 1，通过螺旋形端面齿传至离合器右半部 2，再经花键传至轴 XX。离合器右半部 2 后端弹簧 3 的弹力克服离合器在传递转矩时所产生的轴向分力，使离合器左、右部分保持啮合。

机床过载时，蜗杆轴 XX（见图 1-12）的转矩增大，安全离合器传递的转矩也增大，因而作用在端面螺旋齿上的轴向力也将加大。当轴向力超过规定值后，弹簧 3 的弹力不再能保持离合器的左、右两半部相啮合而产生打滑，使传动链断开。当过载现象消失后，由于弹簧 3 的弹力作用，安全离合器恢复啮合，使传动链重新接通。

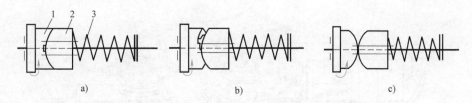

a)   b)   c)

图 1-18 安全离合器的工作原理

1—离合器左半部 2—离合器右半部 3—弹簧

三、车床的主要类型和品种

（一）回转、转塔车床

回转、转塔车床与卧式车床的主要不同之处是，前者没有尾座和丝杠。回转、转塔车床床身导轨右端有一个可纵向移动的多工位刀架，此刀架可装几组刀具。多工位刀架可以转位，将不同刀具依次转至加工位置，对工件轮流进行多刀加工。每组刀具的行程终点，是由可调整的挡块来控制的，加工时不必对每个工件进行测量和反复装卸刀具。因此，在成批加工形状复杂的工件时，它的生产率高于卧式车床。这类机床由于没有丝杠，所以加工螺纹时只能使用丝锥、板牙或螺纹梳刀等。这类机床分为转塔式和回转式两种。图 1-19 所示为适合在该类机床上加工的典型零件。

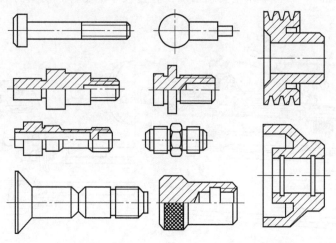

图 1-19 适合在回转、转塔车床上加工的典型零件

转塔车床（见图 1-20）除有前刀架 2 外，还有一个转塔刀架 3（立式）。前刀架 2 可做纵、横向进给，以便车削大直径圆柱面，内、外端面和沟槽。转塔刀架 3 只能做纵向进给，主要是车削外圆柱面及对内孔进行钻、扩、铰或镗削等加工。转塔车床由于没有丝杠，加工螺纹时只能使用丝锥和板牙，因此所加工螺纹精度不高。

回转车床如图 1-21 所示，它没有前刀架，只有一个轴线与主轴轴线相平行的回转刀架 4。在回转刀架 4 的端面上有许多安装刀具的孔（通常有 12 个或 16 个）。当刀具孔转

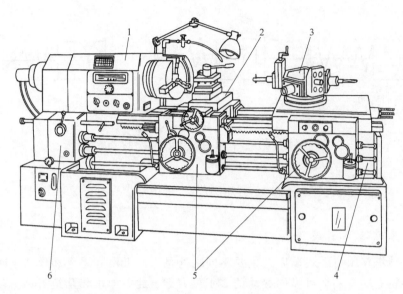

图 1-20 转塔车床

1—主轴箱 2—前刀架 3—转塔刀架 4—床身 5—溜板箱 6—进给箱

到最上端位置时，其轴线与主轴轴线正好在同一直线上。回转刀架4可沿床身6导轨做纵向进给运动。机床进行成形车削、切槽及切断加工时所需的横向进给，是靠回转刀架4做缓慢的转动来实现的。回转车床主要用来加工直径较小的工件，所用的毛坯通常是棒料。

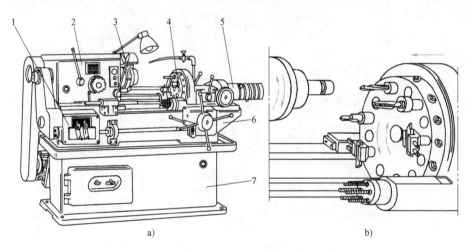

a)   b)

图 1-21 回转车床

1—进给箱 2—主轴箱 3—夹料夹头 4—回转刀架 5—挡块轴 6—床身 7—底座

（二）落地车床和立式车床

1. 落地车床

在车削直径大而短的工件时，不可能充分发挥卧式车床的床身和尾座的作用。而这类大直径的短零件上通常也没有螺纹，这时，可以在没有床身的落地车床上对其进行加工。

图 1-22 所示是落地车床的外形。主轴箱 1 和滑座 8 直接安装在地基或落地平板上。工件装夹在花盘 2 上，刀架（滑板）3 和小刀架 6 可做纵向移动，小刀架座 5 和刀架座 7 可做横向移动，当转盘 4 转到一定角度时，可利用小刀架座 5 或小刀架 6 车削圆锥面。主轴箱和刀架由单独的电动机驱动。

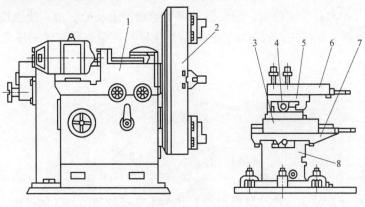

图 1-22　落地车床

1—主轴箱　2—花盘　3—刀架（滑板）　4—转盘　5—小刀架座
6—小刀架　7—刀架座　8—滑座

2. 立式车床

立式车床用于加工径向尺寸大，而轴向尺寸小且形状复杂的大型或重型零件。这种车床的主轴垂直布置，安装工件的圆形工作台直径大，台面呈水平布置，因此装夹和找正笨重的零件时比较方便。它分为单柱式和双柱式两种，如图 1-23 所示，图 1-23a 所示的单柱式车床用于加工直径较小的零件，而图 1-23b 所示的双柱式车床用于加工直径较大的零件。

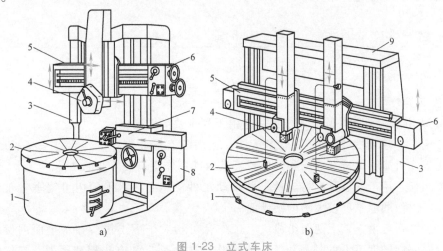

图 1-23　立式车床

1—底座　2—工作台　3—立柱　4—垂直刀架　5—横梁　6—垂直刀架进给箱
7—侧刀架　8—侧刀架进给箱　9—顶梁

图 1-23a 所示为单柱式立式车床，它有一个箱形立柱与底座固定连接成为一个整体。工作台 2 安装在底座 1 的圆环形导轨上，工件由工作台 2 带动绕垂直主轴轴线旋转以完成主运动。垂直刀架 4 安装在横梁 5 的水平导轨上，刀架可沿其做横向进给及沿床鞍的导轨做垂直进给。垂直刀架 4 还可偏转一定角度，使刀架做斜向进给。侧刀架 7 安装在立柱 3 的垂直导轨上，可做垂直和水平进给运动。中小型立式车床的垂直刀架通常带有转塔刀架，可以安装几把刀具轮流使用。进给运动可由单独的电动机驱动，能做快速移动。

图 1-23b 所示为双柱式立式车床，它有两个立柱与顶梁连成封闭式框架，横梁上有两个垂直刀架。

第三节 磨床

一、概述

用磨料磨具（砂轮、砂带和研磨剂等）作为工具进行切削加工的机床，统称磨床。

磨床可以磨削各种表面，如内外圆柱面、内外圆锥面、平面、渐开线齿廓面、螺旋面以及各种成形面，还可刃磨刀具和进行切断等工作，应用范围十分广泛。

磨床主要应用于零件精加工，尤其是淬硬钢和高硬度特殊材料零件的精加工。目前也有不少用于粗加工的高效磨床。现代机械产品对机械零件的精度和表面质量的要求越来越高，各种高硬度材料的应用日益增多，以及精密毛坯制造工艺的发展，使得很多零件有可能由毛坯直接磨成成品。因此，磨床的应用范围日益扩大，在金属切削机床总量中所占的百分比也不断上升。

磨床的种类繁多，主要类型有各类内、外圆磨床，各类平面磨床，工具磨床，刀具刃磨床以及各种专业化磨床。

二、M1432B 型磨床

（一）机床的布局、用途及运动

1. 机床的布局

图 1-24 所示为万能外圆磨床外形，它由下列主要部件组成：

（1）床身 床身是磨床的基础支承件，上面装有砂轮架、工作台、头架、尾架等，使它们在工作时能够保持准确的相对位置，其内部用作盛装液压油的油池。

（2）头架 用于安装及夹持工件，并带动工件旋转。在水平面内可绕垂直轴线转动一定角度，以便磨削锥度较大的内圆锥面。

（3）工作台 由上、下两层组成。上工作台可相对于下工作台在水平面内偏转一定角度，以便磨削锥度不大的外圆锥面。上工作台的台面上装有头架和尾架，它们随工作台一起，沿床身导轨做纵向往复运动。

（4）内磨装置 用于支承磨削内孔用的砂轮主轴。该主轴由单独的电动机驱动。

（5）砂轮架 用于支承并传动高速旋转的砂轮主轴。砂轮架装在床鞍上，利用横向进给机构可实现横向进给运动。当需磨削短圆锥面时，砂轮架可在水平面内绕垂直轴线转动一定角度。

（6）尾架 和头架的前顶尖一起支承工件。

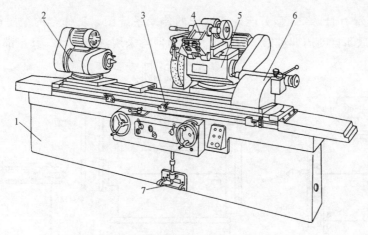

图 1-24　万能外圆磨床外形

1—床身　2—头架　3—工作台　4—内磨装置　5—砂轮架　6—尾架

7—脚踏操纵板

2. 机床的用途

M1432B 型机床是普通精度级万能外圆磨床。它可以磨削内外圆柱面、内外圆锥面、端面等。这种机床的通用性好，但生产率较低，适用于单件小批量生产。

3. 机床的运动

图 1-25 所示为万能外圆磨床加工示意图。由图 1-25 可以看出，机床必须具备以下运

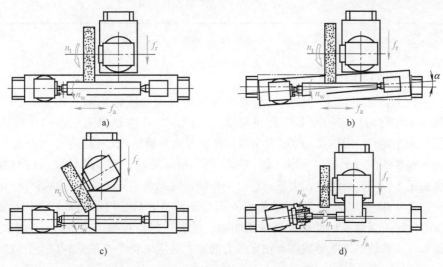

图 1-25　万能外圆磨床加工示意图

a）磨外圆柱面　b）扳转工作台磨长圆锥面　c）扳转砂轮架磨短圆锥面　d）扳转头架磨内圆锥面

动：砂轮的旋转主运动 n_t，工件的圆周进给运动 n_w，工件的往复纵向进给运动 f_a，砂轮的周期或连续横向进给运动 f_r。此外，机床还有砂轮架快速进退和尾架套筒缩回两个辅助运动。

（二）机床的传动系统

图 1-26 所示为 M1432B 型万能外圆磨床的传动系统图。工作台的纵向往复运动、砂轮架的快速进退和自动周期进给、尾架套筒的缩回均采用液压传动，其余都由机械传动。

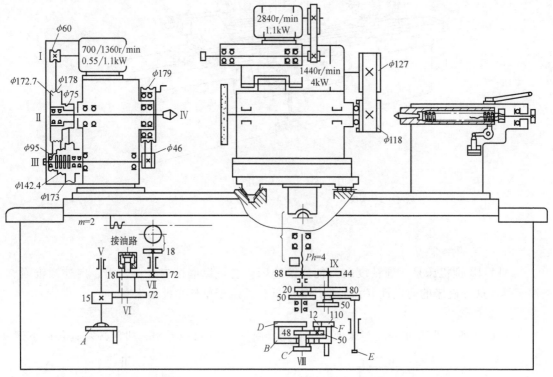

图 1-26   M1432B 型万能外圆磨床的传动系统图

（三）砂轮架的结构

砂轮架由壳体、主轴及其轴承以及传动装置等组成。砂轮主轴及其支承的刚度和精度将直接影响工件的加工精度和表面粗糙度，因此应保证主轴具有较高的旋转精度、刚度、抗振性和耐磨性。图 1-27 所示为 M1432B 型万能外圆磨床砂轮架。

砂轮主轴 8 的前后支承均采用"短四瓦"动压滑动轴承。每个滑动轴承由均布在圆周上的四块轴瓦 5 组成，每块轴瓦由球头螺钉 4 和轴瓦支承头 7 支承。主轴轴颈与轴瓦之间的间隙（一般为 0.01~0.02mm）用球头螺钉 4 调整，调整好后，用通孔螺钉 3 和拉紧螺钉 2 锁紧，以防止球头螺钉 4 松动而改变轴承间隙，最后用封口螺塞 1 密封。当主轴高速旋转时，在轴承与主轴轴颈之间形成四个楔形压力油膜，将主轴悬浮在轴承中心而呈纯液体摩擦状态。

砂轮主轴向右的轴向力通过主轴右端轴肩作用在轴承盖 9 上，向左的轴向力通过带轮

13 中的六个螺钉 12，经弹簧 11 和销 10 以及推力球轴承，最后传到轴承盖 9 上。弹簧 11 用来给推力球轴承预加载荷。

砂轮架壳体内装润滑油以润滑主轴轴承，主轴两端用橡胶油封实现密封。

砂轮的圆周速度很高，为保证砂轮运转平稳，装在主轴上的零件能校静平衡的都要校静平衡，整个主轴部件还要校动平衡。此外，砂轮必须安装防护罩，以防止砂轮意外碎裂时伤害工人及损坏设备。

三、其他磨床

1. 无心外圆磨床

无心外圆磨床磨削时，工件放置在砂轮和导轮之间，由托板和导轮支承，以工件被磨削的外圆表面本身作为定位基准面，因此无定位误差，用于成批、大量生产，如图 1-28 所示。为了加快成圆过程和提高工件圆度，磨削时，工件的中心必须高于砂轮和导轮的中心连线，使工件与砂轮及工件与导轮间的接触点不在同一直径线上，工件上的某些凸起表面在多次转动中被逐渐磨圆。

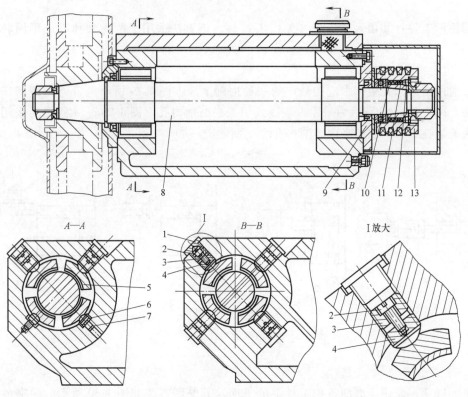

图 1-27　M1432B 型万能外圆磨床砂轮架

1—封口螺塞　2—拉紧螺钉　3—通孔螺钉　4—球头螺钉　5—轴瓦　6—密封圈　7—轴瓦支承头
8—砂轮主轴　9—轴承盖　10—销　11—弹簧　12—螺钉　13—带轮

无心外圆磨床有两种磨削方式：①贯穿磨削法（见图 1-28b），该方法适用于不带台

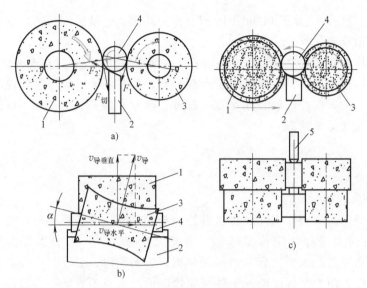

图 1-28　无心外圆磨床工作原理

1—砂轮　2—托架　3—导轮　4—工件　5—挡块

阶的圆柱形工件；②切入磨削法（见图 1-28c），该方法适用于阶梯轴和有成形回转表面的工件。

2. 内圆磨床

普通内圆磨床是生产中应用最广的一种内圆磨床。图 1-29 所示为普通内圆磨床的磨削方法。图 1-29a、b 所示为采用纵磨法或切入法磨削内孔。图 1-29c、d 所示为采用专门的端磨装置在工件一次装夹中磨削内孔和端面。

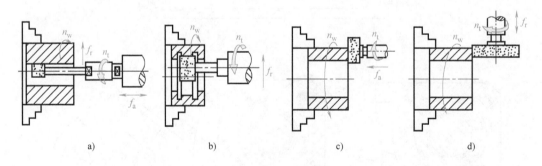

图 1-29　普通内圆磨床的磨削方法

3. 平面磨床

平面磨床主要用于磨削各种工件上的平面，其磨削方法如图 1-30 所示。根据砂轮工作表面和工作台形状的不同，它主要分为四种类型：卧轴矩台型、卧轴圆台型、立轴矩台型和立轴圆台型。

圆台型只适于磨削小零件和大直径的环形零件端面，不能磨削长零件。矩台型可方便地磨削各种零件，工艺范围较宽。卧轴矩台型磨床除了用砂轮的周边磨削水平面外，还可用砂轮磨削沟槽、台阶等侧平面。

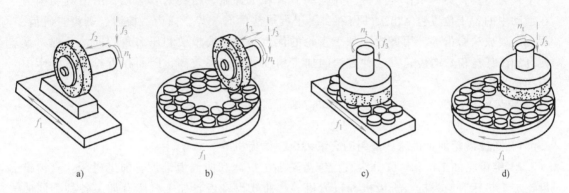

图 1-30　平面磨床的磨削方法
a）卧轴矩台型　b）卧轴圆台型　c）立轴矩台型　d）立轴圆台型

第四节　滚齿机　插齿机

一、概述

齿轮是最常用的传动件。齿轮的加工可采用铸造、锻造、冲压、切削加工等方法。齿轮加工机床是指利用专用切削刀具来加工齿轮轮齿的机床。

1. 齿轮加工机床的加工原理

切削齿轮的方法很多，按形成轮齿的原理可分为成形法和展成法两大类。

（1）成形法　成形法加工齿轮所采用的刀具称为成形刀具。其切削刃为一条切削线，且切削刃形状与被切齿轮的齿槽及轮齿形状相吻合。属于成形法的有铣齿、拉齿、冲齿、压铸、成形磨齿等。例如，在铣床上用盘形齿轮铣刀或指形齿轮铣刀铣削齿轮。形成母线的方法是成形法，不需要表面成形运动；形成导线的方法是相切法，需要两个成形运动，一个是铣刀绕自身轴线的回转运动，另一个是铣刀回转中心沿齿坯轴向的直线移动。当铣完一个齿槽后，退回原处，进行分度，直到铣完所有齿槽为止。这种方法的优点是不需要专门的齿轮加工机床，可以在通用机床上进行加工。但由于轮齿齿廓渐开线的形状与齿轮的齿数和模数有关，即使模数相同，若齿数不同，其齿廓渐开线形状也不同，这就要使用不同的成形刀具。而在实际生产中，为了减少成形刀具的数量，每一种模数通常只配有 8 把一套或 15 把一套的成形铣刀。每把刀具适应一定的齿数范围，这样加工出来的渐开线齿廓是近似的，加工精度低，且加工过程中需要周期分度，生产率低。因此，成形法常用于单件小批量生产和加工精度要求不高的修配行业中。

在大批量生产中，也有采用多齿廓成形刀具加工齿轮的，如用成形拉刀拉制内齿轮，在机床的一个工作循环中即可完成全部齿槽的加工，生产率高，但刀具制造工艺复杂且成本较高。

（2）展成法　展成法加工齿轮是应用齿轮的啮合原理进行的，即把齿轮啮合副中的一个作为刀具，另一个作为工件，并强制刀具和工件做严格的啮合运动，由刀具切削刃在运动中的若干位置包络出工件齿廓。属于展成法的有滚齿、插齿、梳齿、剃齿、研齿、珩齿、展成法磨齿等。用展成法加工齿轮的优点是，只要模数和压力角相同，一把刀具便可加工任意齿数的齿轮。这种方法的加工精度和生产率较高，因而在齿轮加工机床中应用最为广泛。

2. 齿轮加工机床的类型及常用加工方法

（1）按被加工齿轮种类分类

1）圆柱齿轮加工机床。常用的有滚齿机、插齿机等。

2）锥齿轮加工机床。又分为直齿锥齿轮加工机床和曲线齿锥齿轮加工机床。直齿锥齿轮加工机床有刨齿机、铣齿机和拉齿机等，曲线齿锥齿轮加工机床有加工各种不同曲线齿锥齿轮的铣齿机和拉齿机等。

锥齿轮加工有成形法和展成法两种。成形法常以单片铣刀或指形齿轮铣刀作为刀具，用分度头在卧式铣床上进行加工。由于锥齿轮沿齿线方向不同位置的法向渐开线齿廓形状是变化的，而铣刀形状是不变的，因此难以达到要求的精度。成形法加工精度低，只限于粗加工。

在锥齿轮加工机床中普遍采用展成法。它是根据一对锥齿轮的啮合传动原理演变而来的，为了方便刀具制造和简化机床结构，将其中作为刀具的锥齿轮转化成平面齿轮。

图 1-31a 所示为一对普通直齿锥齿轮的展成原理。当量圆柱齿轮分度圆半径分别为 $\overline{O_1a}$ 和 $\overline{O_2a}$，当锥齿轮的分锥角 δ_2 变大并达到 90°时，当量圆柱齿轮的节圆半径变为无穷大，这时齿轮 2 的分锥变成环形截面，这样的锥齿轮称为冠轮或平面齿轮，如图 1-31b 所示，它的轮齿任意截面上的齿廓都是直线。

两个锥齿轮若能分别与同一个平面齿轮相啮合，则这两个锥齿轮能够彼此啮合，锥齿轮加工机床的切削方法就是根据这一原理实现的。齿轮齿线形状取决于平面齿轮齿线形状，如果齿线形状是径向直线或斜线，则加工的是直齿或斜齿锥齿轮；如果齿线形状是弧线，则加工的是弧齿锥齿轮。平面齿轮在锥齿轮加工机床上实际并不存在，是假想的，是用刀具的轨迹代替平面齿轮的一个齿的两个侧面。

图 1-31c 所示是在直齿锥齿轮刨齿机上加工锥齿轮时刀具与工件的运动情况。用两把直线形刨刀 3 代替假想的平面齿轮 2′ 的一个齿槽，刨刀的往复直线运动是主运动，摇盘摆动 B_{21} 和工件旋转运动 B_{22} 是形成渐开线齿廓的展成运动。由刨刀 3 的切削刃形成的两个齿侧面和工件 2 啮合代替平面齿轮一个齿槽的两个直线齿廓，并做直线切削运动就可加工出一个齿，一个齿槽切削完成后，工件进行分度运动 B_3。

加工弧齿锥齿轮的工作原理基本上与此相同，弧齿锥齿轮的齿线是圆弧，故将刨刀换成切齿刀盘，并能在摇台上做旋转切削运动。

（2）按切削方法分类　常用的有滚齿机、插齿机、剃齿机、磨齿机、珩齿机等。其中，剃齿机、磨齿机、珩齿机是用来精加工齿轮齿面的机床。

1）滚齿机。滚齿机是齿轮加工机床中应用最为广泛的一种，主要用于滚切圆柱齿轮及蜗轮。滚齿是一种高效的切齿方法，主要用于软齿面的加工。硬齿面滚齿机床采用硬

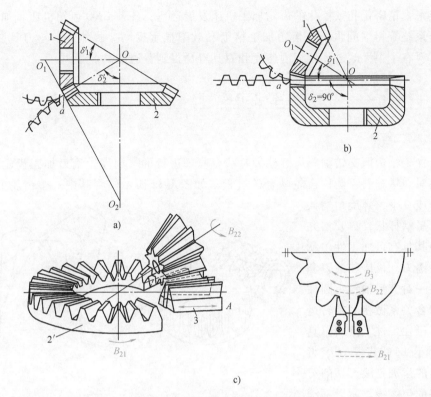

图 1-31　直齿锥齿轮的展成原理

质合金或金属陶瓷材料刀具，表面涂氮化钛，对已淬硬的高硬度表面齿轮进行半精加工或精加工，且能进行干式切削。

2）插齿机。常用的圆柱齿轮加工机床除滚齿机外，还有插齿机。插齿机主要用于加工内、外啮合的圆柱齿轮，因插齿时空刀距离小，故用插齿机还可加工在滚齿机上无法加工的带台阶的齿轮、人字齿轮和齿条，尤其适合于加工内齿轮和多联齿轮，但不能加工蜗轮。

3）剃齿机。用于对滚齿或插齿后的圆柱齿轮或蜗轮进行精加工。普通剃齿机适用于软齿面加工，其加工效率高，刀具寿命长，剃齿机结构简单。

4）磨齿机。用于对淬硬的齿轮进行精加工。通过磨齿可以纠正齿形预加工的各项误差，磨齿是获得高精度齿轮最可靠的方法之一。按磨齿方法不同，又分为：①蜗杆砂轮磨齿机，其工作原理与滚齿机相同，单头蜗杆砂轮每转一转，齿轮转过一个齿，其磨削效率较高，精度可达 4~5 级，适用于中小模数齿轮的大批量生产；②锥形砂轮磨齿机，磨齿砂轮为锥面，加工精度一般为 4~5 级；③碟形砂轮磨齿机，可磨出 3 级精度齿轮，但效率低，适用于单件小批量生产；④大平面砂轮磨齿机，机床结构简单，加工精度高，可达 1~2 级，适合磨削大直径、宽齿面、高精度齿轮；⑤成形砂轮磨齿机，适合磨削精度要求不太高的齿轮及内齿轮。

5）珩齿机。用于对淬火齿轮的轮齿表面进行光整加工，以改善表面粗糙度，提高表面质量。外啮合珩齿会降低齿轮精度，内啮合珩齿则能提高齿轮精度。

近年来，精密化和数控化的齿轮加工机床发展迅速，各种 CNC 齿轮机床、加工中心、柔性生产系统等相继问世，使齿轮加工精度和效率显著提高。此外，齿轮刀具制造水平和刀具材料有了很大改进，使切削速度和刀具寿命得到普遍提高。

二、滚齿原理及滚齿机的运动合成机构

（一）滚齿原理

滚齿加工是依照交错轴斜齿圆柱齿轮啮合原理进行的。用齿轮滚刀加工齿轮的过程，相当于一对交错轴斜齿圆柱齿轮啮合的过程，如图 1-32 所示。将其中一个齿轮的齿数减少到几个或一个，螺旋角增大到很大，呈蜗杆状，再开槽并铲背，使其具有可加工性，就成了齿轮滚刀。机床使滚刀和工件保持一对交错轴斜齿圆柱齿轮副啮合关系做相对旋转运动时，就可在工件上滚切出具有渐开线齿廓的齿槽。滚齿时，切出的齿廓是滚刀切削刃运动轨迹的包络线。所以，滚齿时齿廓的成形方法是展成法，成形运动是由滚刀旋转运动和工件旋转运动组成的复合运动，这个复合运动称为展成运动。再加上滚刀沿工件轴线垂直方向的进给运动，就可切出整个齿长。

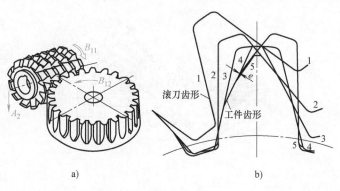

图 1-32 滚齿原理

（二）加工直齿圆柱齿轮的运动和传动原理

加工直齿圆柱齿轮时，滚刀轴线与齿轮端面倾斜一个角度，其值等于滚刀螺旋升角，使滚刀螺纹方向与被切齿轮齿向一致。图 1-33 所示为滚切直齿圆柱齿轮的传动原理图，为完成滚切直齿圆柱齿轮，它需要具有以下三条传动链。

（1）主运动传动链 电动机（M）—1—2—u_v—3—4—滚刀（B_{11}）是一条将运动源（电动机）与滚刀相联系的外联系传动链，实现滚刀旋转运动，即主运动。其中，u_v 为换置机构，用以变换滚刀的转速。

（2）展成运动传动链 滚刀（B_{11}）—4—5—u_x—6—7—工作台（B_{12}）是一条内联系传动链，实现渐开线齿廓的复合成形运动。对单头滚刀而言，滚刀转一转，工件应转过一个齿，所以要求滚刀与工作台之间必须保持严格的传动比关系。其中，换置机构为 u_x，用于适应工件齿数和滚刀头数的变

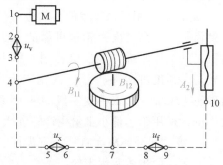

图 1-33 滚切直齿圆柱齿轮的传动原理图

化，其传动比的数值要求很精确。由于工作台（工件）的旋转方向与滚刀螺旋角的旋向有关，故在这条传动链中，还设有工作台变向机构。

（3）轴向进给运动传动链 工作台（B_{12}）—7—8—u_f—9—10—刀架（A_2）是一条外联系传动链，实现齿宽方向直线形齿线的运动。其中，换置机构为 u_f，用于调整轴向进给量的大小和进给方向，以适应不同加工表面粗糙度的要求。轴向进给运动是一个独立的简单运动，作为外联系传动链它可以使用独立的运动源来驱动。这里用工作台作为间接运动源，是因为滚齿时的进给量通常以工件每转一转时刀架的位移量来计量，且刀架运动速度较低。采用这种传动方案，不仅可以满足工艺上的需要，还能简化机床的结构。

（三）加工斜齿圆柱齿轮的运动和传动原理

斜齿圆柱齿轮在齿长方向为一条螺旋线，其端面齿廓仍然是渐开线，它是由展成运动（$B_{11}+B_{12}$）形成的，如图 1-34a 所示。

斜齿圆柱齿轮的螺旋线导程很长，而齿宽只占其中一小段（见图 1-34a）。为了形成螺旋线，如同车床车削螺纹一样，在滚刀沿工件轴向做直线进给时，工件除了做展成运动 B_{12} 转动外，还应做附加旋转运动 B_{22}（简称为附加运动），并且形成螺旋线的两个运动必须保持确定的运动关系：滚刀移动一个螺旋线导程 Ph 时，工件应准确地附加转一转，这是一个复合运动。当 B_{22} 和 B_{12} 同向时，调整计算时附加运动取 +1 转；反之，若 B_{22} 和 B_{12} 方向相反，则取 −1 转。B_{22} 的旋向取决于螺旋线方向和滚刀沿工件轴向进给 A_{21} 的方向。

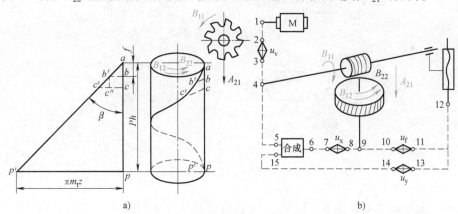

图 1-34 滚切斜齿圆柱齿轮的传动原理图

m_t—端面模数 z—工件齿数 β—工件螺旋角

实现滚切斜齿圆柱齿轮所需成形运动的传动原理图如图 1-34b 所示，其中，主运动、展成运动以及轴向进给运动传动链与加工直齿圆柱齿轮时相同，只是在刀架与工作台之间增加了一条附加运动传动链：刀架（滚刀移动 A_{21}）—12—13—u_y—14—15—［合成］—6—7—u_x—8—9—工作台（工件附加运动 B_{22}），以保证刀架沿工作台轴线方向移动一个螺旋线导程 Ph 时，工件附加转过 ±1 转，从而形成螺旋线齿线。显然，这是一条内联系传动链。传动链中的换置机构为 u_y，用于适应不同的工件螺旋线导程 Ph，传动链中也设置换向机构以适应不同的工件螺旋方向。由于滚切斜齿圆柱齿轮时，工作台的旋转运动既要与滚刀旋转运动配合，组成形成渐开线齿廓的展成运动，又要与滚刀刀架轴向进给运动配合，组成形成螺旋线齿长的附加运动，因此加工时工作台的实际旋转运动是上述两个运动的合成。为使工作台能同时接受来自两条传动链的运动而不发生矛盾，就需要在传动链中配置一个运动合成机构，将两个运动合成之后再传给工作台。

（四）滚齿机的运动合成机构

滚齿机所用的运动合成机构通常是具有两个自由度的圆柱齿轮或锥齿轮行星机构。利用运动合成机构，在滚切斜齿圆柱齿轮时，将展成运动传动链中工作台的旋转运动 B_{12} 和附加运动传动链中工件的附加旋转运动 B_{22} 合成一个运动后传至工作台；而在滚切直齿圆柱齿轮时，则断开附加运动传动链，同时把运动合成机构调整成为一个如同"联轴器"形式的结构。

图 1-35 所示为 Y3150E 型滚齿机所用的运动合成机构，它由模数 $m = 3\text{mm}$、齿数 $z = 30$、螺旋角 $\beta = 0°$ 的四个弧齿锥齿轮组成。

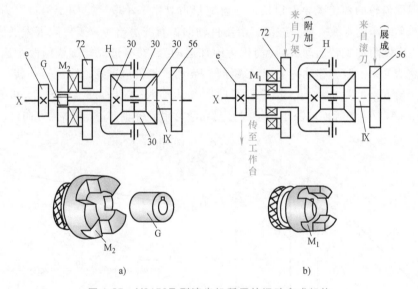

图 1-35　Y3150E 型滚齿机所用的运动合成机构

机床上配有两个离合器 M_1 和 M_2，滚切直齿圆柱齿轮时用 M_1，滚切斜齿圆柱齿轮、大质数直齿圆柱齿轮和采用切向进给法加工蜗轮时用 M_2。当需要附加运动时，如图 1-35a 所示，先在轴 X 上装上套筒 G（与轴 X 用键联结），再将离合器 M_2 空套在套筒 G 上，离合器 M_2 端面齿与空套齿轮 z_{72} 的端面齿以及转臂 H 的端面齿同时啮合，连为一体，从而使来自刀架的运动通过齿轮 z_{72} 传递给转臂 H，与来自滚刀的运动（由 z_{56} 传入）经运动合成机构合成后，由 X 轴经齿轮 e 传往工作台。

设 n_X、n_{IX}、n_H 分别为轴 X、IX 及转臂 H 的转速。根据行星齿轮机构传动原理，可以列出运动合成机构的传动比计算式为

$$\frac{n_X - n_H}{n_{IX} - n_H} = (-1) \frac{z_{30}z_{30}}{z_{30}z_{30}}$$

式中的（-1）由锥齿轮传动的旋转方向确定。由此可得到运动合成机构中从动件转速 n_X 与两个主动件转速 n_H 及 n_{IX} 的关系式

$$n_X = 2n_H - n_{IX}$$

在展成运动传动链中，来自滚刀的运动由齿轮 z_{56} 经运动合成机构传至轴 X，可设 $n_H = 0$，则轴 IX 与轴 X 之间的传动比为

$$u_{合1} = \frac{n_X}{n_{IX}} = -1$$

此时，为保证展成运动传动链末端件（工件）的旋转方向正确，在交换齿轮机构中应加惰轮。

在附加运动传动链中，如图 1-35a 所示，来自刀架的附加运动由齿轮 z_{72} 传至转臂 H，再经运动合成机构传至轴 X。可设 $n_{IX} = 0$，则转臂 H 与轴 X 之间的传动比为

$$u_{合2} = \frac{n_X}{n_H} = 2$$

综上所述，加工斜齿圆柱齿轮、大质数直齿圆柱齿轮和采用切向进给法加工蜗轮时，如图 1-35a 所示，展成运动和附加运动同时通过运动合成机构传动，并分别按传动比 $u_{合1} = -1$ 及 $u_{合2} = 2$ 经轴 X 和齿轮 e 传往工作台。

加工直齿圆柱齿轮时，将离合器 M_1 直接装在轴 X 上（通过键联结），如图 1-35b 所示，M_1 的端面齿只和转臂 H 的端面齿连接，来自刀架的附加运动不能传入合成机构，所以此时

$$n_H = n_X$$
$$n_X = 2n_X - n_{IX}$$
$$n_X = n_{IX}$$

故加工直齿圆柱齿轮时，展成运动传动链中轴 X 与轴 IX 之间的传动比为

$$u'_{合1} = \frac{n_X}{n_{IX}} = 1$$

可见，利用运动合成机构，在滚切斜齿圆柱齿轮时，将展成运动传动链中工作台的旋转运动 B_{12} 和附加运动传动链中工件的附加旋转运动 B_{22} 合成一个运动后传送到工作台；而在滚切直齿圆柱齿轮时，则断开附加运动传动链，同时把运动合成机构调整成为一个如同"联轴器"形式的结构。

三、Y3150E 型滚齿机

（一）Y3150E 型滚齿机的布局

中型通用滚齿机常见的布局形式有立柱移动式和工作台移动式。Y3150E 型滚齿机的布局属于工作台移动式，图 1-36 所示为该机床的外形图。床身 1 上固定有立柱 2，刀架溜板 3 带动刀架体 5 沿立柱导轨做垂直进给运动和快速移动，安装滚刀的刀杆 4 装在刀架体 5 的主轴上，刀架体连同滚刀一起沿刀架溜板的圆形导轨在 240° 范围内调整安装角度。工件安装在工作台 9 的心轴 7 上或直接安装在工作台上，随工作台 9 一起转动。后立柱 8 和工作台 9 装在床鞍 10 上，可沿床身的水平导轨移动，以调整工件的径向位置或做手动径

向进给运动。后立柱 8 的支架 6 可通过轴套或顶尖支承工件心轴的上端，以提高心轴的刚度，使滚切过程平稳。

Y3150E 型滚齿机可加工最大工件直径为 500mm，最大加工宽度为 250mm，最大加工模数为 8mm，工件最小齿数为 $5n$（n 为滚刀头数）。

（二）Y3150E 型滚齿机传动系统图

图 1-37 所示为 Y3150E 型滚齿机传动系统图。该机床主要用于加工直齿和斜齿圆柱齿轮，也可用于手动径向进给切蜗轮。因此，传动系统中有主运动、展成运动、轴向进给运动和附加运动四条传动链。另外还有一条刀架快速移动（空行程）传动链。

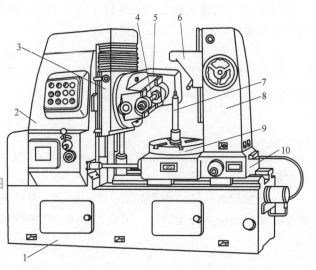

图 1-36　Y3150E 型滚齿机外形图

1—床身　2—立柱　3—刀架溜板　4—刀杆　5—刀架体
6—支架　7—心轴　8—后立柱　9—工作台　10—床鞍

滚齿机的传动系统比较复杂。在进行机床的运动分析时，应根据机床的传动原理图，从传动系统图中找出各条传动链的两端件及其对应的传动路线和相应的换置机构；根据传动链两端件间的传动情况计算位移，列出运动平衡式，再由运动平衡式导出换置公式。

（三）加工直齿圆柱齿轮的调整计算

1. 主运动传动链

由传动原理图（见图 1-33）得主运动传动链为

电动机（M）—1—2—u_v—3—4—滚刀（B_{11}）

传动原理图中的定比传动 1—2，在传动系统图中是通过带传动副 $\phi115/\phi165$ 和轴Ⅰ、Ⅱ间的齿轮副 21/42 来实现的；换置机构 u_v 是通过轴Ⅱ、Ⅲ间的三联滑移齿轮副和轴Ⅲ、Ⅳ间的交换齿轮 A/B 来实现的；定比传动 3—4 是通过轴Ⅳ、Ⅴ、Ⅵ、Ⅶ间的三对锥齿轮副 28/28 和轴Ⅶ、Ⅷ间的齿轮副 20/80 来实现的。

（1）找两端件　电动机—滚刀。

（2）确定计算位移　$n_{电}$（1430r/min）—$n_{刀}$（单位为 r/min）。

（3）列运动平衡式

$$1430\times\frac{115}{165}\times\frac{21}{42}\times u_{Ⅱ\text{-}Ⅲ}\times\frac{A}{B}\times\frac{28}{28}\times\frac{28}{28}\times\frac{28}{28}\times\frac{20}{80}=n_{刀}$$

（4）导出换置公式　由上式可推导出换置机构传动比 u_v 的计算公式

$$u_v=u_{Ⅱ\text{-}Ⅲ}\times\frac{A}{B}=\frac{n_{刀}}{124.583}$$

式中　$u_{Ⅱ\text{-}Ⅲ}$——轴Ⅱ-Ⅲ间的可变传动比；

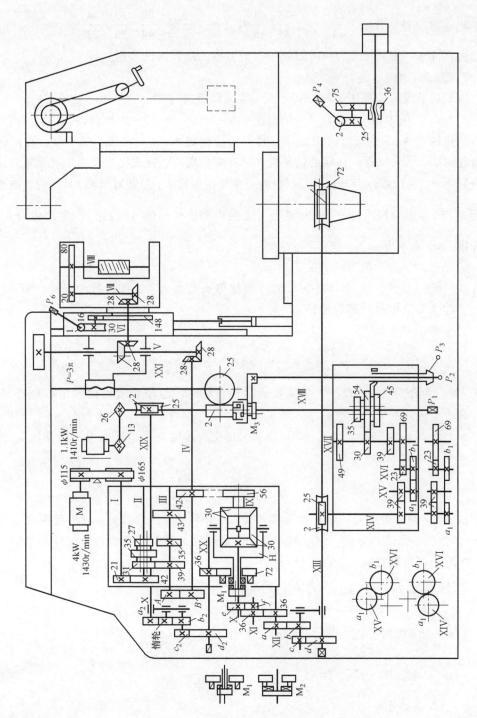

图 1-37　Y3150E 型滚齿机传动系统图

$\dfrac{A}{B}$————主运动变速交换齿轮的齿数比。

$u_{\text{II-III}}$共三种，分别为$\dfrac{27}{43}$、$\dfrac{31}{39}$、$\dfrac{35}{35}$；$\dfrac{A}{B}$共三种，分别为$\dfrac{22}{44}$、$\dfrac{33}{33}$、$\dfrac{44}{22}$。

由此可知：滚刀转速为 40～250r/min 时共有九级转速供选用。

2. 展成运动传动链

由传动原理图（见图 1-34）得展成运动传动链为

滚刀（B_{11}）—4—5—[合成]—6—7—u_x—8—9—工作台（B_{12}）

定比传动 4—5 是通过滚刀轴Ⅷ、Ⅶ间的齿轮副 80/20，轴Ⅶ、Ⅵ、Ⅴ、Ⅳ间的三对锥齿轮副 28/28 和轴Ⅳ、Ⅸ间的齿轮副 42/56 来实现的；合成机构在加工直齿轮或斜齿轮时分别为 $u_{\text{合1}}=1$ 或 $u_{\text{合1}}=-1$；换置机构 u_x 由交换齿轮 e/f 和轴Ⅺ至轴ⅩⅢ间的变向机构齿轮副 36/36 以及交换齿轮 $\dfrac{a}{b}\times\dfrac{c}{d}$ 来实现（变向机构齿轮副使 u_x 为正）；定比传动 8—9 由蜗杆副 1/72 来实现。

（1）找两端件 滚刀—工件。

（2）确定计算位移 1 转—n/z 转。当滚刀头数为 n，工件齿数为 z 时，滚刀转过 1 转，工件（即工作台）相应地转 n/z 转。

（3）列运动平衡式

$$1\times\dfrac{80}{20}\times\dfrac{28}{28}\times\dfrac{28}{28}\times\dfrac{28}{28}\times\dfrac{42}{56}\times u_{\text{合1}}\times\dfrac{e}{f}\times\dfrac{36}{36}\times\dfrac{a}{b}\times\dfrac{c}{d}\times\dfrac{1}{72}=\dfrac{n}{z}$$

式中，$u_{\text{合1}}$ 为合成机构传动比，加工直齿圆柱齿轮时，运动合成机构中用离合器 M_1。此时，合成机构相当于一个联轴器，即 $u_{\text{合1}}=1$。

（4）导出换置公式 整理上式可得出分度交换齿轮架（换置机构）传动比 u_x 的计算公式

$$u_x=\dfrac{a}{b}\times\dfrac{c}{d}=\dfrac{f}{e}\times\dfrac{24n}{z}$$

式中的 e/f 交换齿轮称为"结构性交换齿轮"，用于当工件齿数 z 在较大范围内变化时调整 u_x 的数值，保证其分子、分母相差倍数不致过大，从而使交换齿轮架结构紧凑。根据 z/n 的值，e/f 可以有如下三种选择：

$5\leqslant\dfrac{z}{n}\leqslant20$ 时，取 $e=48$，$f=24$；

$21\leqslant\dfrac{z}{n}\leqslant142$ 时，取 $e=36$，$f=36$；

$\dfrac{z}{n}\geqslant143$ 时，取 $e=24$，$f=48$。

3. 轴向进给运动传动链

由传动原理图（见图 1-34）得轴向进给传动链为

工作台（B_{12}）—9—10—u_f—11—12—刀架

其中，定比传动 9—10 由工作台、轴 XIII 间的蜗杆副 72/1 和轴 XIII、XIV 间的蜗杆副 2/25 来实现；换置机构 u_f 由轴 XIV、XVI 间的换向机构齿轮副 39/39、交换齿轮 a_1/b_1 以及轴 XVII、XVIII 间的三联滑移齿轮来实现；定比传动 11—12 由轴 XVI、XVII 间的齿轮副 23/69 和轴 XVIII、XXI 间的蜗杆副 2/25 来实现。另外，离合器 M_3 用于脱开或接通轴 XVIII 与轴 XXI 之间的联系。

（1）找两端件　工作台—刀架。

（2）确定计算位移　1 转—f（单位为 mm）。即工作台每转 1 转，刀架轴向进给 f（单位为 mm）。

（3）列运动平衡式

$$1 \times \frac{72}{1} \times \frac{2}{25} \times \frac{39}{39} \times \frac{a_1}{b_1} \times \frac{23}{69} \times u_{\text{XVII-XVIII}} \times \frac{2}{25} \times 3\pi = f$$

（4）导出换置公式　由上式可推导出换置机构（进给箱）传动比 u_f 的计算公式

$$u_f = \frac{a_1}{b_1} \times u_{\text{XVII-XVIII}} = 0.6908f$$

式中　f——轴向进给量，单位为 mm/r，根据工件材料、加工精度及表面粗糙度等条件选定；

$\dfrac{a_1}{b_1}$——轴向进给交换齿轮（有四种）；

$u_{\text{XVII-XVIII}}$——进给箱轴 XVII-XVIII 之间的可变传动比$\left(\text{有三种：} \dfrac{39}{45}, \dfrac{30}{54}, \dfrac{49}{35}\right)$。

u_f 值为 0.4~4mm/r 时共有 12 级转速供选用。

由于工作台的转动方向取决于滚刀螺旋角的方向，故在 XIV 轴与 XVI 轴之间设有正反向机构，运动可由 XIV 轴直接传至 XVI 轴，也可经由 XV 轴传至 XVI 轴，其传动比相同，但 XVI 轴转向相反。

（四）加工斜齿圆柱齿轮的调整计算

1. 主运动传动链

主运动传动链的调整计算和加工直齿圆柱齿轮时相同。

2. 展成运动传动链

展成运动传动链的传动路线以及两端件之间的计算位移都和加工直齿圆柱齿轮时相同。但此时，运动合成机构的作用不同，在 X 轴上安装套筒 G 和离合器 M_2，其在展成运动传动链中的传动比 $u_{\text{合1}} = -1$，代入运动平衡式中得出的换置公式为

$$u_x = \frac{a}{b} \times \frac{c}{d} = -\frac{f}{e} \times \frac{24n}{z}$$

上式中的负号说明展成运动传动链中轴 X 与轴 IX 的转向相反，而在实际加工中，要求两轴的转向相同（换置公式中符号应为正）。因此，必须按照机床说明书的规定在调整展成运动交换齿轮 u_x 时配加一个惰轮，以消除"−"的影响。为叙述方便，以下有关斜齿圆柱齿轮展成运动传动链的计算，均已考虑配加惰轮，故都取消"−"号。

3. 轴向进给运动传动链

轴向进给运动传动链的调整计算和加工直齿圆柱齿轮时相同。

4. 附加运动传动链

附加运动传动链是联系刀架直线移动（即轴向进给）A_{21} 和工作台附加旋转运动 B_{22} 之间的传动链。由图 1-34b 所示传动原理图得附加运动传动链为

刀架（滚刀移动 A_{21}）—12—13—u_y—14—15—[合成]—6—7—u_x—8—9—工作台（工件附加转动 B_{22}）

其中，定比传动 12—13 由刀架 XXI、轴 XVIII 间的蜗杆副 25/2 和轴 XVIII、XIX 间的蜗杆副 2/25 来实现；换置机构 u_y 由轴 XIX、XX 间的交换齿轮 $a_2/b_2 \times c_2/d_2$ 以及 a_2/b_2 中的惰轮变向机构来实现；定比传动 14—15 由轴 XX 与合成机构间的齿轮副 36/72 来实现，并传至运动合成机构进行运动合成，此时，传动比 $u_{合2} = 2$。在附加运动传动链中，运动合成机构之后至工作台的传动链与展成运动传动链中的相同。

（1）找两端件　刀架—工作台（工件）。

（2）确定计算位移　Ph（单位为 mm）—±1 转。即刀架轴向移动一个螺旋线导程 Ph 时，工件应附加转过 ±1 转。

（3）列运动平衡式

$$\frac{Ph}{3\pi} \times \frac{25}{2} \times \frac{2}{25} \times \frac{a_2}{b_2} \times \frac{c_2}{d_2} \times \frac{36}{72} \times u_{合2} \times \frac{e}{f} \times \frac{a}{b} \times \frac{c}{d} \times \frac{1}{72} = \pm 1$$

式中　3π——轴向进给丝杠的导程，单位为 mm；

$u_{合2}$——运动合成机构在附加运动传动链中的传动比，$u_{合2} = 2$；

$\dfrac{a}{b} \times \dfrac{c}{d}$——展成运动传动链交换齿轮的传动比，$\dfrac{a}{b} \times \dfrac{c}{d} = \dfrac{f}{e} \times \dfrac{24n}{z}$；

Ph——被加工齿轮螺旋线的导程，单位为 mm，$Ph = \dfrac{\pi m_n z}{\sin\beta}$；

m_n——被加工齿轮的法向模数，单位为 mm；

β——被加工齿轮的螺旋角，单位为（°）。

（4）导出换置公式　整理上式后得

$$u_y = \frac{a_2}{b_2} \times \frac{c_2}{d_2} = \pm 9 \frac{\sin\beta}{m_n n}$$

对于附加运动传动链的运动平衡式和换置公式，做如下分析：

1）附加运动传动链是形成螺旋线的内联系传动链，其传动比数值的精确度直接影响工件轮齿的齿向精度，所以交换齿轮传动比应配算准确。但是，换置公式中包含无理数 $\sin\beta$，这就给精确配算交换齿轮 $\dfrac{a_2}{b_2} \times \dfrac{c_2}{d_2}$ 带来了困难，因为交换齿轮的个数有限，且与展成运动共用一套交换齿轮。为保证展成运动交换齿轮传动比绝对准确，一般先选定展成运动交换齿轮，剩下的交换齿轮供附加运动传动链中交换齿轮选择，故无法配算得非常准确，其配算结果和计算结果之间的误差，对于 8 级精度的斜齿轮，要精确到小数点后第四位数字（即小数点后第五位才允许有误差），对于 7 级精度的斜齿轮，要精确到小数点后

第五位数字，这样才能保证不超过精度标准中规定的齿向公差。

2）运动平衡式中，不仅包含 u_y，还包含 u_x，这样的设置方案，可使附加运动传动链换置公式中不包含工件齿数这个参数，就是说附加运动交换齿轮配算与工件的齿数 z 无关。它的好处在于：一对互相啮合的斜齿轮（平行轴传动），由于其模数相同，螺旋角绝对值也相同，当用一把滚刀加工这对斜齿轮时，即使这对齿轮的齿数不同，仍可用相同的附加运动交换齿轮。而且只需计算和调整交换齿轮一次。附加运动的方向，则通过惰轮的取舍来保证，所产生的螺旋角误差，对于一对斜齿轮而言是相同的，因此仍可使其获得良好的啮合。

3）由 Y3150E 型滚齿机展成运动的换置公式

$$\frac{a}{b} \times \frac{c}{d} = 24 \frac{n}{z} \quad (21 \leqslant z \leqslant 142)$$

$$\frac{a}{b} \times \frac{c}{d} = 48 \frac{n}{z} \quad (z \geqslant 143)$$

可以看出，当被加工齿轮的齿数 z 为质数时，由于质数不能分解因子，展成运动交换齿轮的 b、d 两个齿轮必须有一个齿轮的齿数选用这个质数或它的整数倍，才能加工出这个质数齿轮。由于滚齿机一般都备有齿数为 100 以下的质数交换齿轮，所以对于齿数 100 以下的质数齿轮，加工时，都可以选到合适的交换齿轮。但对于齿数为 100 以上的质数齿轮，如齿数为 101、103、107、109、113、…，就选不到所需的交换齿轮了。这时，仍可采用两条传动链并通过运动合成机构来实现所需的展成运动，完成齿数大于 100 的质数的直齿圆柱齿轮的加工。详见相应机床使用说明书。

（五）刀架快速移动传动路线

利用快速电动机可使刀架做快速升降运动，以便调整刀架位置及在进给前后实现快进和快退。由图 1-37 可知，刀架快速移动的传动路线为

快速电动机 $—\frac{13}{26}—$（链传动）$—M_3—\frac{2}{25}—$ XXI（刀架轴向进给丝杠 XXI）

此外，在加工斜齿圆柱齿轮时，起动快速电动机，可经附加运动传动链带动工作台旋转，还可检查工作台附加运动的方向是否符合要求。

刀架快速移动的方向可通过控制快速电动机的旋转方向来变换。在 Y3150E 型滚齿机上，起动快速电动机之前，必须先将操纵手柄 P_3 放于"快速移动"位置上，此时轴 XVIII 上的三联滑移齿轮处于空档位置，脱开轴 XVII 和轴 XVIII 之间的传动联系，同时接通离合器 M_3，此时方能起动快速电动机。

在加工一个斜齿圆柱齿轮的过程中，附加运动传动链不允许断开，让滚刀在快速进退刀时按原来的螺旋线轨迹运动，避免工件产生"乱牙"损坏刀具及机床。

（六）滚刀安装及调整

滚齿时，应使滚刀在切削点处的螺旋线方向与被加工齿轮齿槽方向一致，为此，安装时需使滚刀轴线与工件顶面成一定的角度，称为安装角，用 δ 表示。

加工直齿圆柱齿轮时，滚刀的安装角 $\delta = \pm\omega$（ω 为滚刀的螺旋升角），如图 1-38 所

示。滚刀扳动方向则取决于滚刀的螺旋线方向。

加工螺旋角为 β 的斜齿圆柱齿轮时，滚刀的安装角 $\delta=\beta\pm\omega$。当 β 与 ω 同向时，取"−"号；β 与 ω 异向时，取"+"号，如图 1-38 所示。左旋或右旋滚刀的扳动方向取决于工件的螺旋方向。图 1-38 中工件的位置在滚刀的前面。

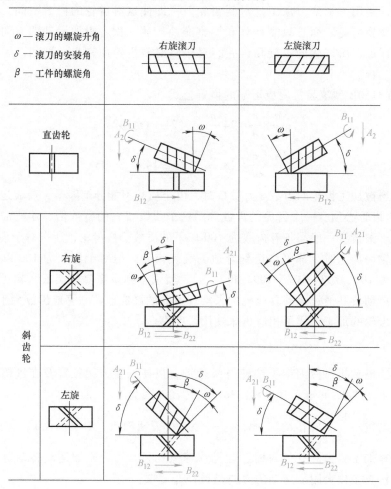

图 1-38　滚刀的安装角及扳动方向

（七）径向进给滚切蜗轮

用径向进给法滚切蜗轮时，主运动传动链和展成运动传动链与滚切直齿圆柱齿轮时相同。其不同点在于所用的刀具为蜗轮滚刀，滚刀心轴水平安装，滚刀刀架不做垂直进给，而用刀具或工件的径向移动来实现径向进给运动。

在 Y3150E 型滚齿机上，径向进给运动为床身溜板连同工作台和后立柱在床身导轨上的水平移动。它是用摇动手柄 P_4（见图 1-37）来实现的。

四、插齿机

常用的圆柱齿轮加工机床除滚齿机外，还有插齿机。插齿机主要用于加工内、外啮合的圆柱齿轮，因插齿时空刀距离小，故用插齿机可加工在滚齿机上无法加工的带台阶的齿轮、人字齿轮和齿条，尤其适合加工内齿轮和多联齿轮，但插齿机不能加工蜗轮。

1. 插齿原理及所需的运动

插齿机的加工原理类似于一对圆柱齿轮相啮合，其中一个是工件，另一个是具有齿轮形状的插齿刀。可见插齿机也是按展成法原理来加工圆柱齿轮的。如图1-39所示，插齿刀实质上是一个端面磨有前角，齿顶及齿侧均磨有后角的齿轮，它的模数和压力角与被加工齿轮相同。

插齿时，插齿刀沿工件轴向做直线往复运动以完成切削运动，在刀具与工件轮坯做"无间隙啮合运动"的过程中，在轮坯上逐渐切出全部齿廓。在加工过程中，刀具每往复一次，仅切出工件齿槽的一小部分，齿廓曲线渐开线是在插齿刀切削刃多次相继切削中，由切削刃各瞬时位置的包络线所形成的，如图1-39所示。

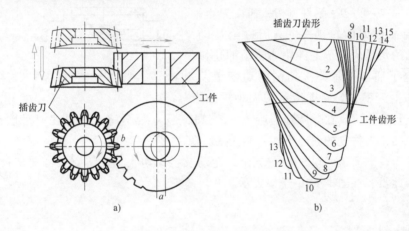

图1-39 插齿原理

由图1-39可知，在插削直齿圆柱齿轮时，插齿刀的旋转和工件的旋转组成复合成形运动——展成运动，用以形成渐开线齿廓。插齿刀的上下往复运动（主运动）是一个简单成形运动，用以形成轮齿齿面的导线——直线。当需要插削斜齿齿轮时，插齿刀主轴是在一个专用的螺旋导轨上移动的，这样在上下往复运动时，由于导轨的导向作用，插齿刀有了一个附加转动。

插齿开始时，插齿刀和工件以展成运动（一对圆柱齿轮的啮合）关系做对滚运动，同时，插齿刀相对于工件做径向切入运动，直到达到全齿深为止。这时插齿刀和工件继续以展成运动关系对滚，当工件转过一圈后，全部轮齿就切削出来了。然后插齿刀与工件分开，机床停机。因此，插齿机除了两个成形运动外，还需要一个径向切入运动。此外，插齿刀在往复运动的回程时不切削。为了减少切削刃的磨损，机床上还需要有让刀运动，以使刀具在回程时径向退离工件，切削时再复原。

2. 插齿机的传动原理

用齿轮形插齿刀插削直齿圆柱齿轮时机床的传动原理如图1-40所示。

（1）主运动传动链 电动机 M—1—2—u_v—3—4—5—曲柄偏心盘 A—插齿刀主轴，从而使插齿刀沿其主轴轴线做直线往复运动，即主运动，这是一条将运动源（电动机）

与插齿刀相联系的外联系传动链。在一般立式插齿机上，刀具垂直向下时为工作行程，向上时为空行程。u_v为调整插齿刀每分钟往复行程数的换置机构。

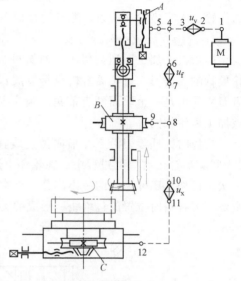

（2）展成运动传动链 插齿刀主轴（插齿刀转动）—蜗杆副B—9—8—10—u_x—11—12—蜗杆副C—工作台是一条内联系传动链。加工过程中，插齿刀每转过一个齿，工件也应相应地转过一个齿，从而实现渐开线齿廓的复合成形运动。

（3）圆周进给运动传动链 曲柄偏心盘A—5—4—6—u_f—7—8—9—蜗杆副B—插齿刀主轴转动，实现插齿刀的转动——圆周进给运动，插齿刀转动的快慢决定了工件轮坯转动的快慢，同时也决定了插齿刀每一次切削的切削负荷、加工精度和生产率。圆周进给量的大小用插齿

图 1-40　插齿机的传动原理

刀每次往复行程中刀具在分度圆上所转过的弧长表示。故这条传动链虽是外联系传动链，但却以传动插齿刀往复的偏心盘作为间接动力源。

（4）让刀运动及径向切入运动 让刀运动及径向切入运动不直接参与工件表面的形成过程，因此没有在图1-40中予以表示。

第五节　数控机床

一、概述

在机械制造业中，为使大批大量生产的产品（如汽车、拖拉机等）高产、优质，常采用专用机床、组合机床、专用生产线或自动线等并配以相应的工装，实行多刀、多工位同时加工。这些设备的初期投资费用大、生产准备时间长，且不适应产品的更新换代。而对约占机械加工总量80%以上的单件小批量生产的产品，由于其品种多变而不宜采用专用机床，常采用通用机床并配以专用工装。这种生产方式劳动强度大、效率低，并且加工精度难以保证。特别是在国防、航空、航天和深潜等部门，其零件的精度要求非常高，几何形状也日趋复杂，且改型频繁，生产周期短。这就要求加工这些零件的机床不但要有高的精度和自动化程度，而且要有很好的"柔性"，使其能迅速适应不同几何形状零件的加工。数控机床就是在这样的背景下产生并发展起来的一种新型自动化机床，它较好地解决了小批量、多品种、形状复杂和精度高的零件的自动化加工问题。

数控机床也称为数字程序控制机床，它是一种以数字量作为指令信息形式，通过电子计算机或专用电子计算装置，对这种信息进行处理而实现自动控制的机床。它综合应

用了微电子技术、计算机技术、自动控制、精密测量、伺服驱动和先进机械结构等多方面的新技术成果，是一种集高效率、高柔性和高精度于一体的自动化机床，是一种典型的机电一体化产品。

1. 数控机床的工作原理

数控机床加工零件时，操作者首先应按图样的要求制订工艺过程，用规定的代码和程序格式编制加工程序，即把工艺过程转变为数控机床能接受的指令信息（即指令脉冲）；然后把这种信息记录在信息载体（如穿孔纸带、磁带或磁盘）上，输送给数控装置，由数控装置对输入信息进行处理后，部分指令信息经伺服系统驱动机床的执行件（刀架或工作台）实现进给运动，另一部分指令则直接控制机床其他必要的动作（如主轴的变速、换向和起停，刀具的选择和交换，工件的夹紧和松开，冷却润滑泵的起停等），使刀具与工件以及其他辅助装置能严格按照加工程序规定的动作顺序、运动轨迹和切削参数进行工作，从而加工出符合图样要求的零件。数控机床加工零件的过程如图 1-41 所示。

在数控机床上加工零件时，由伺服系统接受数控装置送来的指令脉冲，并将其转化为执行件的位移。每一个脉冲可使执行件沿指令要求的方向走过一小段直线距离（0.001~0.01mm），这个距离称为"脉冲当量"，因此执行件的运动轨迹是一条折线。为了保证执行件以一定的折线轨迹逼近所要加工的零件轮廓，必须根据被加工零件的要求准确地向各坐标分配和发送指令脉冲信号，这种分配指令脉冲信号的方法称为"插补"。一般数控装置都具有对基本函数（如直线函数和圆函数）进行插补的功能。

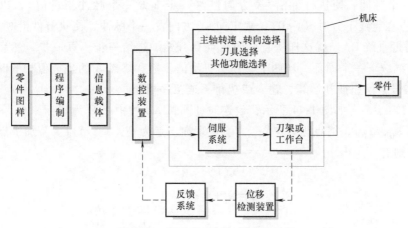

图 1-41　数控机床加工零件的过程

插补运算就是数控装置根据输入的基本数据（直线的起点和终点坐标值，圆弧的起点、圆心、终点坐标值和半径等），计算出一系列中间加工点的坐标值（数据密化），使执行件在两点之间的运动轨迹与被加工零件的廓形相近似。数控机床中常用的插补运算方法有逐点比较法、数字积分法和时间分割法等。今以逐点比较法为例来说明插补运算的过程，其运算框图如图 1-42 所示。

偏差判别：判断加工点相对于零件廓形的偏离位置，计算偏差值。

执行件进给：根据偏差值的大小及方向，加工点进给一步（一个脉冲当量），向规定的廓形靠拢。

偏差计算：计算在新的位置上的偏差值。

终点判别：每进给一步均需计算加工点是否到达终点位置，若是则停止加工，输入下一段指令，若不是则继续上述循环过程。

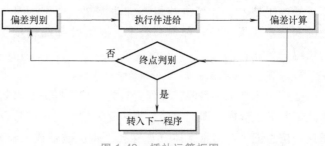

图 1-42 插补运算框图

（1）直线插补 如图 1-43 所示，设被加工的直线 OA 在第 Ⅰ 象限，其起点为坐标原点 O，终点坐标为 A（X_e，Y_e），现加工点为 P（X_i，Y_i）。如果加工点 P 落在直线 OA 上，则有

$$\frac{Y_i}{X_i} = \frac{Y_e}{X_e}$$

由此可得直线 OA 的方程式为

$$F = Y_i X_e - Y_e X_i = 0$$

式中，F 表示偏差。根据 F 值就可以判别加工点 P 偏离直线 OA 的情况，并确定加工点的进给方向。由图 1-43 可知，当 P 点在直线上或其上方时（$F \geq 0$），为减少误差，规定向 +X 方向发一个脉冲，使执行件沿 +X 方向进给一步（即一个脉冲当量值），以逼近直线 OA；当 P 点在直线下方时（$F < 0$），规定向 +Y 方向发一个脉冲，使执行件沿 +Y 方向进给一步，以逼近直线 OA。就这样从直线的起点 O 开始，进给一步，算一步，然后判别偏差 F 的大小，继续下一个循环。当两个方向所进给的步数和终点 A 的坐标值相等时，则发出到达终点信号，停止插补运算，输入或执行下道工序指令。

（2）圆弧插补 如图 1-44 所示，设逆时针圆弧 AB 的中心 O 为坐标原点，半径为 R，起点为 A（X_0，Y_0），终点为 B（X_e，Y_e），现加工点为 P（X_i，Y_i）。若加工点 P 落在圆弧 AB 上，则有

$$X_i^2 + Y_i^2 = R^2$$

即

$$F = X_i^2 + Y_i^2 - R^2 = 0$$

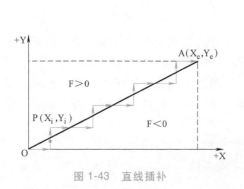

图 1-43 直线插补

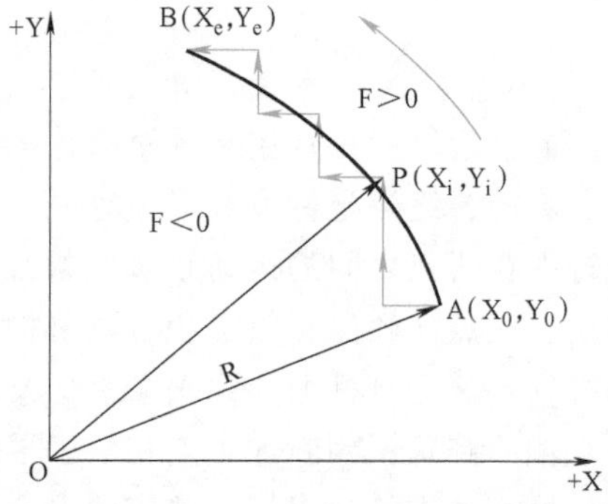

图 1-44 圆弧插补

由此可见，圆弧插补的偏差值是根据加工点的半径与圆弧半径之差来确定的。当 F≥0 时，加工点 P 在圆上或圆外，为减少误差，规定向−X 方向发一个脉冲，使执行件向圆内进给一步；当 F<0 时，加工点 P 在圆内，规定向+Y 方向发一个脉冲，使执行件向圆外进给一步。就这样每进给一步进行一次计算和偏差判别，直至进给到圆弧终点。

对于不同象限和不同走向的直线或圆弧，其偏差 F 的计算公式是不同的，但计算方法相同。

由上述可知，数控机床加工零件时以折线代替光滑曲线，其精度取决于机床脉冲当量的大小，脉冲当量值越小，则加工精度越高。

2. 数控机床的组成

根据数控机床的工作原理，它一般由信息载体、数控装置、伺服系统和机床本体四部分组成。图 1-41 所示的系统称为开环系统（图中实线部分所示）；为了提高加工精度，也可加入位移检测装置和反馈系统（图中虚线部分所示），此时，该系统称为闭环系统。

（1）信息载体 信息载体又称为控制介质，用于记录各种加工指令，以控制机床的运动，实现零件的自动加工。常用的信息载体有穿孔纸带、穿孔卡、磁带和磁盘等，具体采用哪一种由数控装置的类型决定。

信息载体上记录的代码信息，要通过读入装置将其变成相应的电脉冲信号输送并存入数控装置。常用的读入装置有光电纸带阅读机、磁带机和磁盘驱动器等，其中应用较广泛的是光电纸带阅读机。对于用计算机控制的数控机床，也可以由操作者通过操作面板上的键盘直接输入加工指令。

（2）数控装置 数控装置是数控机床的核心，其功能是接受读入装置输入的加工信息，经过译码处理与运算，发出相应的指令脉冲送给伺服系统，控制机床各执行件按指令要求协调动作，完成零件的加工。数控装置通常由输入装置、运算器、输出装置和控制器四部分组成（见图 1-45）。输入装置接受来自信息载体的指令信息，并将这种用标准数控代码编写的信息翻译成计算机内部能识别的语言，这个过程

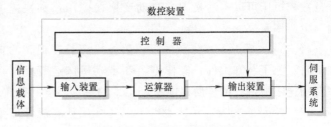

图 1-45 数控装置及其信息处理过程

称为译码。译码后将控制指令送入控制器，将数据送入运算器。控制装置接受各种控制指令，并根据这些指令控制运算器和输出装置，以控制机床的各种操作和控制整机的工作循环。运算器接受控制器的指令，对输入的数据进行各种计算，并将计算结果不断地送到输出装置，使伺服系统执行所需的运动。

（3）伺服系统 伺服系统是数控装置与机床的连接环节，它由伺服驱动元件和传动装置（减速齿轮箱、滚珠丝杠等）组成，其功能是接受数控装置由插补运算生成的指令脉冲信号，驱动机床执行件做相应的运动，并对其位置精度和速度进行控制。在开环系统中伺服驱动元件常采用步进电动机；在闭环系统中则常采用直流伺服电动机或交流伺服电动机。

（4）机床本体及机械部件　数控机床本体及机械部件包括主运动部件、进给运动执行件及机械传动部件和支承部件等，对于加工中心机床，还设有刀库和换刀机械手等部件。数控机床本体一般均较通用机床简单，但在精度、刚度、抗热变形、抗振性和低速运动平稳性等方面的要求则较高，特别是对主轴部件和导轨的要求更高。

3. 数控机床的特点及应用

数控机床与其他机床相比较，主要有以下几方面的特点：

（1）具有良好的柔性　当被加工零件改变时，只需重新编制相应的程序，输入数控装置就可以自动地加工出新的零件，使生产准备时间大为缩短，降低了成本。随着数控技术的发展，数控机床的柔性也在不断扩展，逐步向多工序集中加工方向发展。

（2）能获得高的加工精度和稳定的加工质量　数控机床的进给运动是由数控装置输送给伺服机构一定数目的脉冲进行控制的，目前数控机床的脉冲当量已普遍达到了0.001mm。对于闭环控制的数控机床，其加工精度还可以利用位移检测装置和反馈系统进行校正及补偿，所以可获得比机床本身精度还要高的加工精度。工件的加工尺寸是按照预先编好的程序由数控机床自动保证的，完全消除了操作者的人为误差，使得同批零件加工尺寸的一致性好，加工质量稳定。

（3）能加工形状复杂的零件　数控机床能自动控制多个坐标联动，可以加工母线为曲线的旋转体、凸轮和各种复杂空间曲面的零件，能完成其他机床很难完成甚至不能完成的加工。

（4）具有较高的生产率　数控机床刚性好、功率大，主运动和进给运动均采用无级变速，所以能选择较大的、合理的切削用量，并自动连续地完成整个切削加工过程，可大大缩短机动时间。又因为数控机床定位精度高，无需在加工过程中对零件进行检测，并且数控机床可以自动换刀、自动变换切削用量和快速进退等，因而大大缩短了辅助时间，生产率较高。

（5）能减轻工人的劳动强度　数控机床具有很高的自动化程度，在数控机床上进行加工时，除了装卸工件、操作键盘和观察机床运行外，其他动作都是按照预定的加工程序自动连续地进行的，所以能减轻工人的劳动强度，改善劳动条件。

（6）有利于实现现代化的生产管理　用计算机管理生产是实现管理现代化的重要手段。数控机床的切削条件、切削时间等都是由预先编制好的程序所决定的，都能实现数据化，有利于与计算机联网，构成由计算机控制和管理的生产系统。

数控机床的应用随着数控技术的发展而越来越广泛，不同的数控装置，不同的机床设备，其应用范围也不尽相同。数控机床的适用范围一般可用图1-46来表示。

单一功能的数控机床（如数控车床、数控铣床和数控钻床等）只适用于各种车、铣和钻等的加工。然而，在机械制造工业中，多数零件往往必须进行多种工序的加工，在这种情况下，单一功能的普通数控机床就不能满足要求了。为此出现了具有刀库和自动换

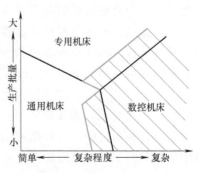

图1-46　数控机床的适用范围

刀装置的各种加工中心机床,如车削中心、镗铣加工中心等。车削中心用于加工各种回转体,并兼有铣、镗、钻等功能;镗铣加工中心用于箱体类零件的镗、钻、扩、铰、攻螺纹和铣等工序。加工中心机床具有更好的柔性。

在我国,虽然目前数控机床的价格还比较高,对操作维护技术要求也较高,但随着数控技术的发展,数控机床性价比的不断提高,数控机床将迅速普及,成为我国机械工业生产中的主要设备。

4. 数控机床编程的基本概念

(1) 数控机床的坐标系 在数控机床上加工零件时,刀具与工件的相对运动必须在确定的坐标系中,才能按照规定的程序进行加工。为了简化程序的编制方法,并使其具有互换性,数控机床的坐标轴和运动方向均已标准化。标准的坐标系采用右手直角笛卡儿坐标系(见图 1-47),详见 GB/T 19660—2005《工业自动化系统与集成机床数值控制

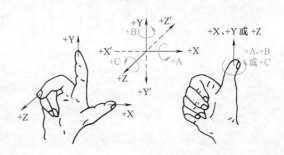

图 1-47 右手直角笛卡儿坐标系

坐标系和运动命名》。图 1-48 所示为数控车床、数控铣床和数控龙门铣床的坐标系。

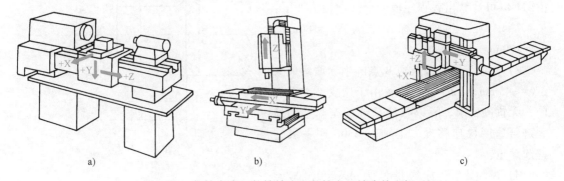

图 1-48 数控车床、数控铣床和数控龙门铣床的坐标系

如图 1-49 所示,描述数控机床坐标系中点的位置的坐标有两种,即绝对坐标和增量坐标。绝对坐标系中的所有坐标点均以某一固定坐标原点计量坐标值,如 A 点和 B 点的绝对坐标为 $X_A = 30$,$Y_A = 35$;$X_B = 13$,$Y_B = 15$。增量坐标系中运动轨迹(直线或圆弧)的终点坐标是以起点坐标为基准开始计算的,如终点 A、B 的增量坐标为 $U_A = 0$,$V_A = 0$;$U_B = -17$,$V_B = -20$。

(2) 编程实例 如前所述,在数控机床上加工零件,首先要编写加工程序单,再根据代码规定的形式,将程序单中的全部内容记录在信息载

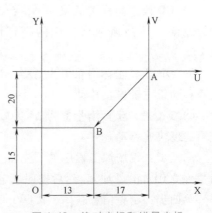

图 1-49 绝对坐标和增量坐标

体上，然后输入数控装置，控制机床进行加工。这种从零件图样到制备信息载体的过程，称为数控加工的程序编制，其一般过程如图 1-50 所示。

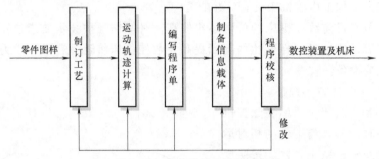

零件图样 → 制订工艺 → 运动轨迹计算 → 编写程序单 → 制备信息载体 → 程序校核 → 数控装置及机床

修改

图 1-50　程序编制的一般过程

下面以在数控车床上车削阶梯轴为例（见图 1-51），说明程序编制的基本方法。

第一步：根据工艺分析确定零件的加工过程。在图 1-51 中，以最后一次走刀为例，车刀移动的轨迹路线为 A→B→C→D→E→A。

第二步：进行坐标计算，选取主轴转速和刀具进给速度。数控机床的程序编制可采用绝对坐标或增量坐标。本例采用增量坐标编程，由图1-51可计算出各程序段的坐标增量值如下：

1）A 点，工件坐标设定为 $X_A = 80mm$，$Z_A = 120mm$。

2）AB 段，从 A 点到 B 点的坐标增量值为 $\Delta X = -45mm$，$\Delta Z = -30mm$。由于这段不进行切削，无轨迹要求，故以数控系统预先调定的最大进给速度快速移动，主轴以 S300 这一级转速起动正转。

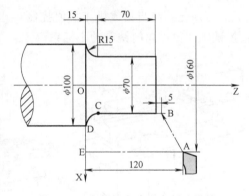

图 1-51　在数控车床上车削阶梯轴

3）BC 段，坐标增量值为 $\Delta X = 0$，$\Delta Z = -75mm$。这段进行直线切削，进给速度选用 F15。

4）CD 段，坐标增量值为 $\Delta X = 15mm$，$\Delta Z = -15mm$。这段为圆弧切削，圆心相对于坐标原点（即圆弧起点）C 的坐标值，X 轴为 I = 15mm，Z 轴为 K = 0，进给速度仍取 F15。

5）DE 段，坐标增量值为 $\Delta X = 30mm$，$\Delta Z = 0$。这段也不进行切削，以最大进给速度快速移动，主轴停止转动。

6）EA 段，坐标增量值为 $\Delta X = 0$，$\Delta Z = 120mm$。这段为刀架返回起始位置，仍以最大进给速度快速移动。

第三步：编制加工程序单。先将上述坐标增量值换算成计数脉冲数（设机床的脉冲当量为 0.01mm/脉冲），然后按照规定的程序格式填写加工程序单（见表 1-8）。

第四步：制备信息载体。按照 ISO 规定的代码，将程序单的内容记录在信息载体上，或直接通过键盘输入数控装置。

表 1-8 加工程序单

程序号	准备指令	坐标值	进给速度	主轴转速	辅助功能	程序段结束	备注
N01	G50	X16000 Z12000				LF	工件坐标设定
N02	G00	X-9000 Z-3000		S300	M03	LF	
N03	G01	Z-7500	F15			LF	车 φ70mm
N04	G02	X3000 Z-1500 I1500 K0000				LF	车圆弧
N05	G00	X6000			M05	LF	退刀
N06		Z12000			M02	LF	退至换刀点

注：表中指令含义，G50—工件坐标系设定，G00—快速点定位，G01—直线切削，G02—圆弧切削（顺时针），M03—主轴正转，M05—主轴停转，M02—程序结束。

（3）编程的程序格式 编程的程序格式就是有关字母和符号的安排及含义的规定。目前应用最广泛的是字地址程序格式。这种程序格式的优点是简短、直观，不易出错，容易检验和修改。一个完整的零件加工程序是由程序号和若干个程序段组成的。

字地址程序段的一般格式为

N__   G__   X__ Y__ Z__   F__   S__   T__   M__   LF

序号字　准备功　　尺寸字　　　进给速度　主轴转　刀具功　辅助功　结束
　　　　能字　　　　　　　　功能字　速功能字　能字　　能字　　符号

例如，表 1-8 中的程序写为：

N02　G00　X 9000　Z-3000　S300　M03　LF
N03　G01　　　　　Z-7500　F15　LF
N04　G02　X3000　Z-1500　I1500　K0000 LF
…

在输入代码、坐标系统、加工指令、准备功能、辅助功能和程序格式等方面，国际上已形成两种通用标准，即国际标准化组织（ISO）标准和美国电子工业学会（EIA）标准。我国根据 ISO 标准制定了 JB 3050、JB 3051 和 JB 3208 等相应标准。但是，由于生产厂家所用的标准尚未完全统一，其所用的代码、指令及其含义不完全相同，因此要按生产厂家的数控机床编程手册的规定编制程序。例如，有的数控车床的编程使用的是 FANUC-6 系统。

编程方法有两种，即手工编程和自动编程。手工编程就是用人工完成程序编制的全部工作。对于几何形状较为简单的零件，其数值计算比较简单，程序段不多，采用手工编程较容易完成，且经济、及时，尤其是在点定位加工和由直线与圆弧组成的轮廓加工中，手工编程仍被广泛使用。对于形状复杂的零件，特别是具有非圆曲线、列表曲线及曲面的零件，手工编程就较难完成程序的编制，并且容易出现差错，效率也低，这时可采用自动编程的方法。自动编程是用计算机编制数控加工程序的过程。用数控语言编程的称为语言程序自动编程系统，随着计算机图形处理能力的显著提高，又开发了图形交互式自动编程系统，它可直接将工件的几何形状信息自动转换为数控加工程序，这种系统又称为 CAD/CAM 集成数控编程系统。

二、数控机床的分类

数控机床可按以下一些原则进行分类。

1. 按工艺用途分类

（1）普通数控机床 这类数控机床与一般的通用机床一样，有数控车、铣、钻、镗、磨和齿轮加工机床等。其加工方法、工艺范围也与一般的同类型通用机床相似，所不同的是，这类机床除装卸工件外，其加工过程是完全自动进行的。

（2）加工中心 这类机床也常称为自动换刀数控机床，它带有刀库和自动换刀装置，集数控铣床、数控镗床及数控钻床的功能于一身，能使工件在一次装夹中完成大部分甚至全部的机械加工工序。因而，这类机床的应用大大节约了机床数量，缩短了装卸工件和换刀等辅助时间，消除了由于多次安装造成的定位误差，它比普通数控机床更能实现高精度、高效率、高度自动化及低成本加工。

2. 按控制运动的方式分类

（1）点位控制数控机床 这类机床只对加工点的位置进行准确控制。由于某些机床只是在刀具或工件到达指定位置（点）后才开始加工，而在运动过程中并不进行切削，所以数控装置只控制机床执行件从一个位置（点）准确地移动到另一个位置（点）。至于两点之间的运动轨迹和运动速度可根据简单、可靠的原则自行确定，没有严格要求（见图 1-52）。这类控制系统主要用于数控坐标镗床、数控钻床、数控压力机和测量机等。

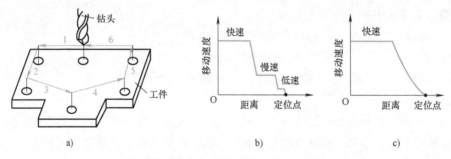

图 1-52 点位控制数控机床的加工方法

（2）直线控制数控机床 这类机床不仅要控制点的准确位置，而且要保证两点之间的运动轨迹为一条直线，并按指定的进给速度进行切削。一般来说，其数控装置在同一时间只控制一个执行件沿一个坐标轴方向运动，也可以控制一个执行件沿两个坐标轴方向运动以形成45°斜线（见图 1-53）。

将点位控制和直线控制结合在一起，就成为点位直线控制系统，数控车床、数控镗铣床及某些加工中心等大都采用这种控制系统。

（3）轮廓控制数控机床 这类机床能对两个或两个以上坐标轴同时运动的瞬时位置和速度进行严格控制，

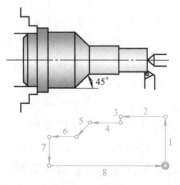

图 1-53 直线控制数控
机床的加工方法

从而加工出形状复杂的平面曲线或空间曲面（见图1-54）。这种机床应具有主轴速度选择功能、传动系统误差补偿功能、刀具半径或长度补偿功能、自动换刀功能等，如数控铣床、数控车床、数控齿轮加工机床、数控磨床和加工中心等。

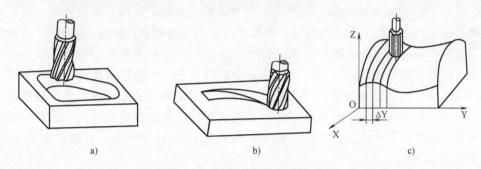

图 1-54 轮廓控制数控机床的加工方法

a) 两坐标联动加工 b) 三坐标联动加工 c) $2\frac{1}{2}$ 坐标加工（三坐标两联动加工）

3. 按伺服系统的类型分类

由伺服系统控制的机床执行件，在接受数控装置的指令运动时，其实际位移量与指令要求值之间必定存在一定的误差，这一误差是伺服电动机的转角误差、减速齿轮的传动误差、滚珠丝杠的螺距误差以及导轨副抵抗爬行的能力这四项因素的综合反映。

（1）开环控制数控机床 这类机床对其执行件的实际位移量不做检测，不带反馈装置，也不进行误差校正，如图1-55所示。机床的加工精度通过严格控制上述四项因素所产生的误差，使其综合误差不大于机床加工误差的允许值来保证。

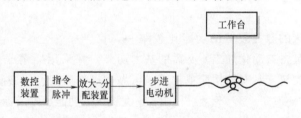

图 1-55 开环伺服系统

开环控制数控机床结构简单、调试和维修方便、工作可靠、性能稳定、价格低廉。因此，开环控制数控系统被广泛应用于精度要求不太高的中小型数控机床上。

（2）闭环控制数控机床 这类机床的工作台上有线位移检测装置（长光栅或磁尺）（见图1-56），将执行件的实际位移量转换成电脉冲信号，经反馈系统输入数控装置的比较器，与指令信息进行比较，用其差值（即误差）对执行件发出补偿指令，直至差值等于零为止，从而使工作台实现高的位置精度。因此，从理论上讲，闭环伺服系统的位置精度仅取决于检测装置的测量精度，但这并不意味着可以降低对其他四项因素的精度要求，因为这四个环节的各种非线性因素（摩擦

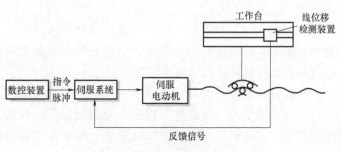

图 1-56 闭环伺服系统

特性、刚性、间隙等）的不稳定，都会影响执行件的位置精度。闭环控制系统的加工精度高，但调试和维修比较复杂，成本也较高，主要应用于精度要求较高的大型和精密数控机床上。

（3）半闭环控制数控机床　这类机床的伺服系统也属于闭环控制的范畴，它是在开环控制系统的伺服机构中装上角位移检测装置（常用圆光栅或旋转变压器等）。这种控制系统不对工作台的实际位置进行检测，如图1-57所示，且由于丝杠螺母或工作台不在闭环控制范围内，故不能对执行件的实际移动量进行校正，因而这种机床的精度不及闭环控制数控机床，但比较容易获得稳定的控制特性，只要测量装置分辨率高、精度高，并保证丝杠螺母副的精度，就可以获得比开环控制数控机床更高的精度。半闭环伺服系统介于开环和闭环伺服系统之间，其精度比开环高，调试比闭环容易，且成本也比闭环低，因此应用也较普遍。

4. 按数控装置的功能分类

（1）标准型数控机床　这类机床的数控装置的功能比较齐全，能对机床的大部分动作进行控制，并且有各种便于编程、操作和监视的功能（如能够进行自动编程、自动测量和自动故障诊断等）。

（2）简易型数控机床　这类机床的数控装置的功能比较单一，仅

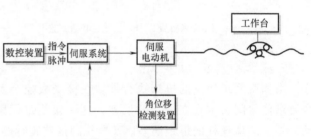

图1-57　半闭环伺服系统

具备自动化加工所必需的基本功能，并采用插销或按键等直观的方式进行程序输入。这类机床具有结构简单、性能可靠、操作简便、价格便宜等优点。

（3）经济型数控机床　这类机床的功能虽不及标准型数控机床齐全，但也不完全是单一功能，它具有直线和点位插补、刀具和间隙补偿等功能，有的机床还有位置显示、零件程序存储和编辑、程序段检索等功能。此外，这类机床还具有与简易型数控机床一样的价格低廉、性能可靠和操作简便等优点，它的出现和发展，为通用机床的改造开辟了一条新的途径。

三、数控机床的主要性能指标及其选用

（一）数控机床的主要性能指标

1. 精度

（1）定位精度和重复定位精度　定位精度是指数控机床的执行件在设计要求的终点位置与实际的终点位置之间的差值，它主要受到伺服系统、检测系统、进给系统等的精度以及移动部件导轨的几何精度的影响。

重复定位精度是指在同一台数控机床上，应用相同程序、相同代码加工一批零件，所得到的连续结果的一致程度。它主要受到伺服系统特性、进给系统的刚性和间隙及其摩擦特性等因素的影响。重复定位精度是一项非常重要的性能指标，它影响一批零件加工的一致性。

（2）分度精度　分度精度是指分度工作台在分度时，理论要求的回转角度值与实际的回转角度值的差值。分度精度既影响零件加工部位在空间的角度位置，也影响孔系加工的同轴度等。

（3）分辨度与脉冲当量　分辨度是指两个相邻的分散细节之间可以分辨的最小间隔。对测量系统而言，分辨度是可以测量的最小增量；对控制系统而言，分辨度是可以控制的最小位移增量（即脉冲当量）。脉冲当量是数控机床的原始数据之一，其数值的大小决定了数控机床的加工精度和表面质量。

2. 数控机床的可控轴数与联动轴数

数控机床的可控轴数是指机床数控装置能控制的坐标数目。数控机床可控轴数与数控装置的运算处理能力、运算速度及其内存容量等因素有关。

数控机床的联动轴数是指机床数控装置控制的坐标轴同时到达空间某一点的坐标数目。目前有两轴联动、三轴联动、四轴联动和五轴联动等（见图1-54）。

3. 数控机床的运动性能指标

（1）主轴转速　数控机床主轴一般均采用直流或交流调速主轴电动机驱动、高速精密轴承支承，使主轴具有较宽的调速范围和足够的回转精度、刚度和抗振性。目前，数控机床的主轴转速已普遍达到 $5000 \sim 10000 \text{r/min}$，甚至更高。

（2）进给速度　数控机床的进给速度直接影响零件的加工质量、生产率和刀具的使用寿命，它主要受数控装置的运算速度、机床特性及工艺系统刚度等因素的影响。目前，国内数控机床的进给速度可达 $10 \sim 15 \text{m/min}$，国外数控机床的进给速度一般可达 $15 \sim 30 \text{m/min}$。

（3）行程　数控机床各坐标轴的行程大小决定了所加工零件的大小，行程是直接体现机床加工能力的技术指标。

（4）摆角范围　具有摆动坐标的数控机床，其摆角大小直接影响加工零件空间部位的能力。摆角较大可以增强机床加工零件空间部位的能力，但摆角太大又将造成机床刚度的降低，并给机床设计带来许多困难。

（5）刀库容量和换刀时间　刀库容量是指刀库能存放的加工所需刀具的数量；换刀时间是指带有自动换刀系统的数控机床，将主轴上用过的刀具与装在刀库上的下一工序需用的刀具进行交换所需的时间。刀库容量和换刀时间将直接影响数控机床的生产率。

（二）数控机床的选用

数控机床尽管有许多其他机床所不具备的优点，但它并不能完全代替其他类型的机床，也不能以最经济的方式解决加工中的所有问题，所以数控机床的选用要充分考虑其技术性与经济性。在选用数控机床时一般应考虑以下因素。

1. 被加工对象

选用数控机床的目的是解决生产中的某一个或几个问题。而数控机床的种类繁多，且不同类型的数控机床其使用范围也存在一定的局限性，只有在一定的工作条件下加工一定的工件才能达到最佳效果。所以，选用数控机床首先要明确准备加工的对象，要有针对性地选用机床，才能以合理的投入获得最佳效益。

2. 机床的规格

数控机床的主要规格包括工作台的尺寸、几个数控坐标的行程范围和主轴电动机功率。数控机床的主要技术规格应根据被加工对象中典型工件的尺寸大小来确定，所选用的工作台应保证工件能在其上顺利装夹，被加工工件的加工尺寸应在各数控坐标的有效行程范围内。此外，还应考虑工件与换刀空间的干涉、工作台回转与机床护罩等附件的干涉以及工作台的承载能力等一系列问题。

3. 机床的精度

选择机床的精度等级时主要应考虑被加工工件关键部位加工精度的要求。批量生产的零件，其实际加工出的精度值一般为机床定位精度值的 1.5~2 倍。普通型数控机床可批量加工 8 级精度的工件；精密型数控机床的加工精度可达 5~6 级，但对工作环境要求较严格并要有恒温等措施。

4. 自动换刀装置和刀库容量

选用数控机床尤其是选用加工中心时，其自动换刀装置的换刀时间和故障率将直接影响整台机床的工作性能。据统计，加工中心的故障中有 50% 以上与其自动换刀装置的工作有关。而自动换刀装置的投资费用常常占整台机床投资费用的 30%~50%。因此，为了降低整机的投资费用，应在满足使用要求的前提下尽量选用简单可靠的自动换刀装置。

通常，制造厂家对同一种规格的加工中心均设有 2~3 种不同容量的刀库，在选用时可根据被加工工件的工艺分析结果来确定所需的刀具数。刀库容量不宜选得太大，通常以满足一个零件在一次装夹中所需刀具数量来确定刀库容量。据统计，在立式加工中心上选用 20 把左右刀具容量的刀库，在卧式加工中心上选用 40 把左右刀具容量的刀库较为合适，基本上能满足工作要求。但是，如果所选用的加工中心将用于柔性加工单元或柔性制造系统中，则应选择大容量刀库。

5. 数控系统

目前，数控系统的种类和规格很多，性能差异很大，其价格也往往相差数倍。一般来说，在选用数控系统时要有针对性，要根据机床性能需要选择其功能，并且还应该对系统的性价比等进行综合分析，选用合适的系统，不要片面地追求高档和新颖。另外，所选数控系统的种类不宜过多、过杂，以免给使用和维修带来困难。

除上述因素以外，在选用数控机床时，如机床附件的配备和售后技术服务等诸多因素，都应加以考虑。

四、数控车床和车削中心

数控车床是 20 世纪 50 年代出现的，它集中了卧式车床、转塔车床、多刀车床、仿形车床和半自动车床的主要功能，主要用于回转体零件的加工。它是数控机床中数量最多、用途最广的一个品种。与其他车床相比较，数控车床具有精度高、效率高、柔性大、可靠性好、工艺能力强及能按模块化原则设计等特点。

（一）TND360 型数控车床

1. 机床的组成及用途

TND360 型数控车床的外形如图 1-58 所示，它属于半闭环、轮廓控制型数控机床，适于加工精度高、形状复杂、工序多及品种多变的单件或小批零件。其毛坯为棒料或件料。

由图 1-58 可知，底座 1 是机床的基础，为钢板焊接的箱形结构，它连接电气控制系统 7 和防护罩 8，其内部装有排屑装置 10。床身 2 固定在底座 1 上，床身导轨向后倾斜，以便于排屑，同时又可以采用封闭的箱形结构，其刚度比卧式车床床身高。转塔刀架 4 安装在床身中部的十字溜板上，可实现纵向（Z 轴）和横向（X 轴）的运动。它有八个工位，可安装八组刀具，在加工时可根据指令要求自动转位和定位，以便准确地选择刀具。防护罩 8 安装在底座上，机床在防护罩关上时才能工作，操作者只能通过防护罩上的玻璃窗来观察机床的工作情况，这样就不用担心切屑飞溅伤人，故切削速度可以很高，以充分发挥刀具的切削性能。

机床的电气控制系统 7 主要由机床前左侧的 CNC 操作面板、机床操作面板、CRT 显示器和机床最后面的电气柜组成，能完成该机床复杂的电气控制自动管理。液压系统 5 为机床的一些辅助动作（如卡盘夹紧、尾座套筒移动、主轴变速齿轮移动等）提供液压驱动。此外，机床的润滑系统 6 为主轴箱内的齿轮提供循环润滑，为导轨等运动部件提供定时定量润滑。主轴轴承、支承轴承以及滚珠丝杠螺母副均采用油脂润滑。

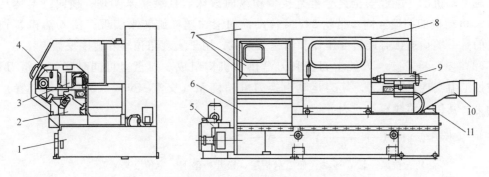

图 1-58 TND360 型数控车床外形

1—底座 2—床身 3—主轴箱 4—转塔刀架 5—液压系统 6—润滑系统
7—电气控制系统 8—防护罩 9—尾座 10—排屑装置 11—冷却装置

2. 机床的传动系统

图 1-59 所示为 TND360 型数控车床传动系统图。

（1）主运动传动链 主电动机采用直流伺服电动机，其功率为 27kW，额定转速为 2000r/min，最高转速为 4000r/min，最低转速为 35r/min。主电动机一端经同步带轮 27/48 传动主轴箱中的轴 Ⅰ，其另一端带动测速发电机实现速度反馈（图 1-59 中未表示）。主轴箱内有两对传动齿轮，可使主轴获得高低两档速度，将轴 Ⅰ 上的双联齿轮移至左端位置时，轴 Ⅰ 经齿轮副 84/60 使主轴高速运转，其转速范围为 800~3150r/min；将轴 Ⅰ 上的双联齿轮移至右端位置时，轴 Ⅰ 经齿轮副 29/86 使主轴低速运转，其转速范围为 7~760r/min。此外，主轴经齿轮副 60/60 传动圆光栅（上面刻有 1024 条条纹），主轴每转一

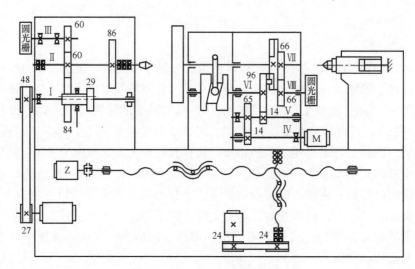

图 1-59　TND360 型数控车床传动系统图

转,圆光栅就发出 1024 个脉冲。

（2）进给运动传动链　进给运动传动链使刀架实现纵向（Z轴）和横向（X轴）的进给运动,其动力源是各轴的伺服电动机。由图 1-59 可见,在该机床上,纵向进给运动由 Z 轴电动机的一端经安全离合器直接带动纵向滚珠丝杠旋转来实现,横向进给运动则由 X 轴电动机的一端经同步带轮 24/24 传动横向滚珠丝杠旋转来实现;在 Z 轴和 X 轴电动机的另一端均连接有旋转变压器和测速发电机,用于实现角位移和速度反馈。

（3）换刀传动链　刀架由刀盘和刀盘传动机构组成。刀盘上可同时安装八组刀具,可在加工中实现自动换刀。换刀运动由换刀电动机 M（交流、60W、带有制动装置）提供动力,其传动路线表达式为

$$换刀电动机\ M—Ⅳ\frac{14}{65}—Ⅴ\frac{14}{96}—Ⅵ—$$

$$\left[\begin{array}{l}凸轮—拨叉—轴Ⅶ移动（使刀盘抬起、松开、落下、定位、夹紧）\\ 马氏机构—Ⅶ（刀架转位）\frac{66}{66}圆光栅（检查转位、定位结果,实现反馈）\end{array}\right.$$

（二）车削中心

随着机械零件的日益多样化和复杂化,许多回传体零件除了要有一般车削工序外,还常要有钻孔和铣扁等工序。例如,钻油孔、横向钻孔、分度钻孔、铣平面、铣键槽、铣扁方等,并要求最好能在一次装夹中完成。车削中心就是在此要求的基础上发展起来的一种工艺更广泛的数控机床。图 1-60 所示是车削中心能够完成的除车削外的其他部分工序（该图为俯视图）。车削中心与数控车床的主要区别是:

1）车削中心具有自驱动刀具（即具有自己独立动力源的刀具,如图 1-61 所示）。刀具主轴电动机装在刀架上,通过传动机构驱动刀具主轴,并可自动无级变速。

2）车削中心的工件主轴除了能实现旋转主运动外,还能做分度运动,以便加工零件圆周上按某种角度分布的径向孔或零件端面上分布的轴向孔。因此,车削中心的工件主

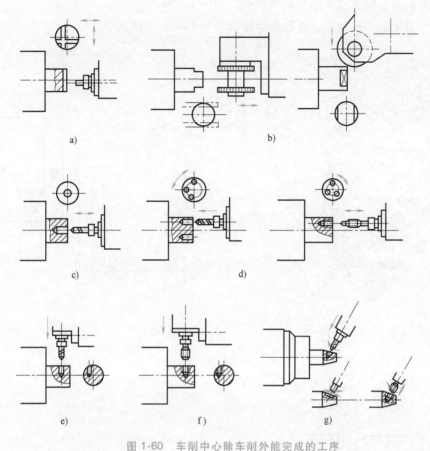

图 1-60　车削中心除车削外能完成的工序

a）铣端面槽　b）铣扁方　c）端面钻孔、攻螺纹　d）端面分度钻孔、攻螺纹
e）横向钻孔　f）横向攻螺纹　g）斜面上钻孔、铣槽、攻螺纹

轴还单独设有一条由伺服电动机直接驱动的传动链，以便对主轴的旋转运动进行伺服控制。按数控机床坐标系的规定，这样的主轴称为 C 轴。当对 C 轴进行单独控制时，可实现 C 轴的分度运动；当对 C 轴和 Z 轴进行联合控制时，便可以铣削零件上的螺旋槽。在对 C 轴实现控制时，应脱开它与原来的主电动机的联系，接通伺服电动机；正常车削时，则脱开伺服电动机，接通主电动机。

图 1-62 所示是自驱动刀具的一种传动装置。传动箱 2 安装在转塔刀架体的上方，伺服电动机 3 通过锥齿轮副和同步带轮传动位于转塔回转中心的空心轴 4 旋转，并带动中央锥齿轮 1 旋转。在各种自驱动刀具附件中，均有一个锥齿轮与中央锥齿轮 1 啮合，从而将伺服电动机的运动传给刀具主轴。

自驱动刀具附件有许多种，这里介绍其中的铣削附件。

铣削附件如图 1-63 所示。其中图 1-63a 所示是中间传动装置，仍以轴套的圆柱面 A 装入转塔的刀具孔中，传动轴 4 后端的锥齿轮 5 与中央齿轮啮合；图 1-63b 所示是铣刀主轴，可装入中间传动装置前端（左端）的孔中。动力经锥齿轮 5、传动轴 4、锥齿轮 3 及圆柱齿轮 1 和 6 传至铣刀主轴 7，从而使铣刀旋转，完成铣削加工。中间传动装置可连同铣刀主轴一起转动，以完成不同方向的铣削，如图 1-60b 所示。在中间传动装置的孔中也可安装其他刀具主轴，如钻孔、攻螺纹主轴，如图 1-60e、f 所示。

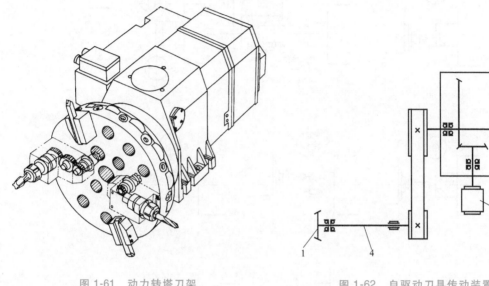

图 1-61　动力转塔刀架

图 1-62　自驱动刀具传动装置
1—中央锥齿轮　2—传动箱
3—伺服电动机　4—空心轴

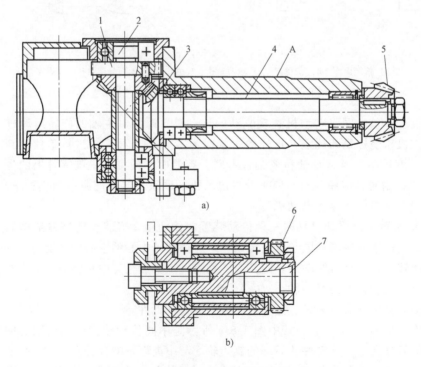

a)

b)

图 1-63　铣削附件
1、6—圆柱齿轮　2、4—传动轴　3、5—锥齿轮　7—铣刀主轴

五、加工中心

加工中心是一种带有刀库并能自动更换刀具的数控镗铣机床。通过自动换刀，它能使工件在一次装夹后自动连续地完成铣削、钻孔、镗孔、扩孔、铰孔、攻螺纹、切槽等加工；如果加工中心带有自动分度回转工作台或其主轴箱可自动旋转一定的角度，则还可使工件在一次装夹后自动完成多个平面或多个角度位置的加工；如果加工中心再带有交换工作台，则当工件在工作位置的工作台上进行加工时，另外的工件可在装卸位置的工作台上同时进行装卸，使切削时间和辅助时间重合。因此，加工中心主要适合加工各种箱体类和板类等形状复杂的零件。与传统的机床相比较，采用加工中心可大大缩短工件装夹、测量和机床调整的时间，使机床的切削时间利用率高于普通机床 3~4 倍，因而采用加工中心在提高加工质量和生产率、降低加工成本等方面，其效果都是很明显的。

（一）加工中心的组成及类型

1. 加工中心的组成

从第一台加工中心问世至今，世界各国相继出现了各种类型的加工中心，这些加工中心虽然外形结构不尽相同，但从总体来看其基本组成是相同的，它主要由以下几部分组成：

（1）基础部件　加工中心的基础部件包括床身、立柱、横梁、工作台等大件，它们是加工中心中质量和体积最大的部件，主要承受加工中心的大部分静载荷和切削载荷，因此它们必须有足够的刚度和强度、一定的精度和较小的热变形。这些基础部件可以是铸铁件，也可以是焊接的钢结构件。

（2）主轴部件　主轴部件是加工中心的关键部件，它由主轴箱、主轴电动机和主轴轴承等组成。在数控系统的控制下，装在主轴中的刀具通过主轴部件得到一定的输出功率，参与并完成各种切削加工。

（3）数控系统　加工中心的数控系统由 CNC 装置、可编程序控制器、伺服驱动装置以及操作面板等部分组成，其主要功用是对加工中心的顺序动作进行有效的控制，完成切削加工过程中的各种功能。

（4）自动换刀装置　该装置包括刀库、机械手、运刀装置等部件。需要换刀时，由数控系统控制换刀装置各部件协调工作，完成换刀动作。也有的加工中心不用机械手，而是直接利用主轴箱或刀库的移动来实现换刀。

（5）辅助装置　润滑、冷却、排屑、防护、液压和检测（对刀具或工件）等装置均属于辅助装置。它们虽然不直接参与切削运动，但为加工中心能够高精度、高效率地进行切削加工提供了保证。

（6）自动托盘交换装置　为提高加工效率和增加柔性，有的加工中心机床还配置有能自动交换工件的托盘，它的使用可大大缩短辅助时间。

2. 加工中心的类型

加工中心可根据切削加工时，其主轴在空间所处的位置不同而分为卧式和立式。

（1）卧式加工中心　指主轴轴线与工作台台面平行的加工中心（见图 1-64）。卧式加工中心通常有 3~5 个可控坐标，其中以三个直线运动坐标加一个回转运动坐标的形式居多，它的立柱有固定和可移动两种形式。在工件一次装夹后，能完成除安装定位面和顶面外的其他四个面的加工，特别适合箱体类零件的加工。

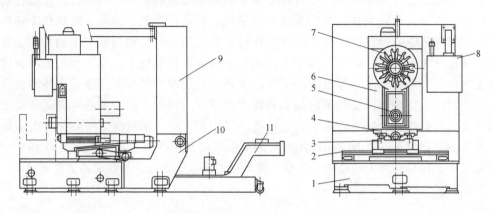

图 1-64   TH6340A 型卧式加工中心外形

1—床身   2—基座   3—横向滑座   4—横向滑板   5—主轴箱   6—立柱   7—刀库
8—操作面板   9—电气柜   10—支架   11—排屑装置

（2）立式加工中心   指主轴轴线垂直于工作台台面的加工中心（见图 1-65）。立式加工中心大多为固定立柱式，工作台为十字滑台形式，以三个直线运动坐标为主。当在工作台上安装了数控转台后，它是第四轴是一个回转坐标，适合于箱体类零件端面的加工和其他盘、套类零件的加工。立式加工中心结构简单、占地面积小、价格便宜。

除了上述两种基本类型外，加工中心还有其他的类型，如按换刀形式不同，加工中心可以分为带刀库和机械手的加工中心、无机械手的加工中心以及转塔刀库式加工中心等。

（二）XH715A 型立式加工中心

天津第一机床总厂生产的 XH715A 型立式加工中心是一种带有水平刀库和换刀机械手的、以铣削为主的单柱式铣镗类数控机床，属于轮廓控制（三坐标）型。该机床具有足够的切削刚性和可靠的精度稳定性，其刀库容量为 20 把刀，可在工件一次装夹后，按程序自动完成铣、镗、钻、铰、攻螺纹及加工三维曲面等多种工序的加工，主要适用于机械制造、汽车、拖拉机、电子等行业中加工批量生产的板类、盘类及中小型箱体、模具等零件。

1. 机床的布局及其组成

XH715A 型立式加工中心的外形如图 1-65 所示，它采用了机、电、气、液一体化布局，工作台移动的结构。其数控柜、液压系统、可调主轴恒温冷却装置及润滑装置等都安装在立柱和床身上，减小了占地面积，简化了机床的搬运和安装调试。由图 1-65 可见，滑座 2 安装在床身 1 顶面的导轨上，可做横向（前后）运动（Y 轴）；工作台 3 安装在滑座 2 顶面的导轨上，可做纵向（左右）运动（X 轴）；在床身 1 的后部固定有立柱 4，主轴箱 5 可在立柱导轨上做垂直（上下）运动（Z 轴）。在立柱左侧前部是圆盘式刀库 7 和换刀机械手8，刀具的交换和选用依靠的是 PC 系统记忆，故采用随机换刀方式。在机床后部及其两侧分别是驱动电柜、数控柜、液压系统、主轴箱恒温系统、润滑系统、压缩空气系统和冷却排屑系统。操作面板6悬伸在机床的右前方，操作者可通过面板上的按键和各种开关按钮实现对机床的控制。同时，表示机床各种工作状态的信号也可以在操作面板上显示出来，以便于监控。

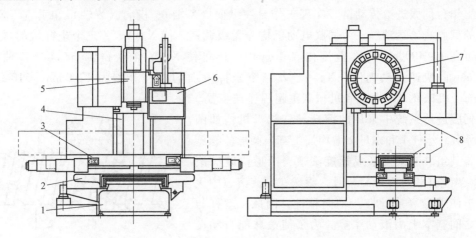

图 1-65　XH715A 型立式加工中心外形

1—床身　2—滑座　3—工作台　4—立柱　5—主轴箱　6—操作面板　7—刀库　8—换刀机械手

这种单柱、水平刀库布局的立式加工中心具有外形整齐、加工空间宽广、刀库容量易于扩展等优点。

2. 机床的运动及其传动系统

图 1-66 所示为 XH715A 型立式加工中心传动系统图，其主运动是由主轴带动刀具的旋转运动，其他运动有 X、Y、Z 三个方向的伺服进给运动和换刀时刀库圆盘的旋转运动。各个运动的驱动电动机均可无级调速，所以，加工中心的传动系统是很简单的。

（1）主运动传动链　主运动电动机采用西门子交流伺服电动机，连续额定功率为 7.5kW，30min 过载功率可达 11kW。电动机可无级调速，其转速范围为 8~8000r/min。主轴箱采用高精度齿轮传动，运动从交流电动机分别经过两对齿轮带动主轴旋转。一组双联滑移齿轮的变速可使主轴获得高低两种速度范围，当齿轮传动比为 1.09（28/42×64/39）时，主轴在 1635~5000r/min

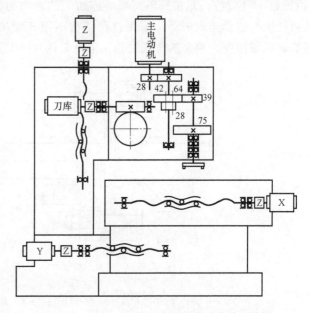

图 1-66　XH715A 型立式加工中心传动系统图

范围内高速运转；当齿轮传动比为 0.25（28/42×28/75）时，主轴在 20~1135r/min 范围内低速运转。双联滑移齿轮的移动由 PC 系统通过液压拨叉控制。该机床在后侧有一恒温系统，其作用是将恒温的润滑油输入主轴箱内，对主轴箱进行润滑，以保证主轴箱在恒温状态下工作，消除热变形对加工精度的影响。

（2）伺服进给传动链　该加工中心有三条除滚珠丝杠长度不同外，其余结构基本相同的工作台伺服进给传动链，实现工作台在纵向（X 轴）、横向（Y 轴）和垂直（Z 轴）方向的伺服进给运动。三个伺服电动机均为无级调速，使 X、Y、Z 三个坐标轴的进给速度均可在 1~4000mm/min 范围内自由选用，还可使 X、Y 轴获得 15m/min、Z 轴获得 10m/min 的快速运动速度。X、Y、Z 三个坐标方向的行程分别为 1200mm、510mm 和 550mm。机床还具有电气和机械双重超程保护装置。

伺服进给系统中采用的滚珠丝杠螺母机构如图 1-67 所示，丝杠 1 和螺母 2 上均加工有半圆形的螺旋槽，将其组装起来便形成螺旋滚道，滚道内装满滚珠 3。当丝杠相对螺母旋转时，滚珠在螺旋滚道中滚动，迫使螺母（或丝杠）轴向移动，因此，丝杠与螺母之间基本上为滚动摩擦。为了使滚珠能自动循环，在螺母的螺旋槽两端设有回程引导装置，将螺旋槽的两端连接起来，使滚珠能循环滚动。

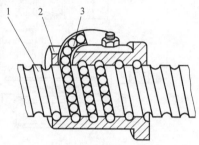

图 1-67　滚珠丝杠螺母机构
1—丝杠　2—螺母　3—滚珠

伺服电动机和滚珠丝杠之间用特制的膜片弹性联轴器和锥形锁紧环连接。如图 1-68 所示，左联轴套 2 与电动机轴 10 和右联轴套 9 与滚珠丝杠 8 各由两套锥形锁紧环摩擦连接，传递转矩用的柔性片 4 分别用螺钉和球面垫圈 3、5 与两边的联轴套 2、9 相连，锥形锁紧环每套两环（见放大图），内环为内柱外锥，外环为内锥外柱，轴向移动压圈 1、7（由螺钉 11 控制），即在外环大端处施加大的轴向力，则锥面处即产生极大的摩擦胀力，从而把轴与轴套连成一体。采用这种结构不用开键槽，没有间隙，电动机轴与滚珠丝杠可旋转任意角度，两端的位置偏差还可由柔性片的变形来补偿。

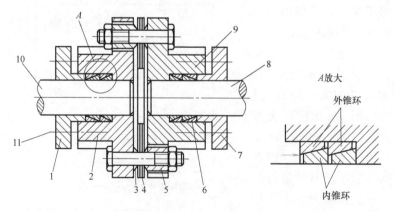

图 1-68　膜片弹性联轴器和锥形锁紧环

1、7—压圈　2—左联轴套　3、5—球面垫圈　4—柔性片　6—锥环　8—滚珠丝杠
9—右联轴套　10—电动机轴　11—螺钉

此外，在 X、Y、Z 三个坐标方向上做进给运动的导轨副，均采用氟化乙烯贴塑导轨，并由间歇润滑泵对这些导轨的运动表面进行润滑，使其具有精度高、耐磨性好、低速运动平稳（无爬行）等特点。

（3）刀库圆盘旋转传动链　伺服电动机的运动经滑块联轴器传至双导程蜗杆并驱动蜗轮，带动刀库圆盘及刀套旋转，旋转的角度由数控指令控制。

3. 主轴部件

主轴部件如图 1-69 所示。主轴前后支承采用了专用主轴轴承组，并采用高性能的 NPU 润滑脂进行润滑，以满足高精度、高刚度、高转速的要求。

由于加工中心机床具有自动换刀功能，所以其主轴孔内设有刀具的自动夹紧机构。它由弹力卡爪 3、拉杆 4、碟形弹簧组 5 和液压缸活塞 7 等组成。标准的刀具夹头 2 是拧紧在刀柄内的。弹力卡爪 3 由两瓣组成，安装在拉杆 4 的下端。当需要夹紧刀具时，液压缸的上腔回油，液压缸活塞 7 的上端无油压，圆柱弹簧 10 的弹力作用使活塞上移至图示位置，拉杆在碟形弹簧组 5 的作用下也向上移动至图示位置。弹力卡爪 3 在随拉杆上移时，其下端的外锥面 A 与套 11 的锥孔相配合，使卡爪收紧，从而夹紧刀杆。松开刀具时，液压缸的上腔进油，液压力使液压缸活塞 7 向下移动，推动拉杆 4 也向下移动，使弹力卡爪 3 及其外锥面 A 下移，当移至主轴孔径较大处时，便松开刀具。松刀控制信号由两个行程开关 8 和 9 来完成，主轴松刀到位时由行程开关 9 发出信号，表示此时可以拔刀；液压缸活塞 7 后退到位时发出信号，表示刀具已处于夹紧状态（主轴上无刀时除外）。弹力卡爪与刀杆为面接触，接触应力较小，不易压溃。

刀具夹紧机构用弹簧夹紧、液压放松，可以保证在工作中如果突然停电，刀杆不会自行松脱。此外，还解决了液压缸活塞 7 不必与主轴一起转动的问题。

活塞杆孔的上端装有通气管，可通入压缩空气。换刀时，当机械手把刀具从主轴中

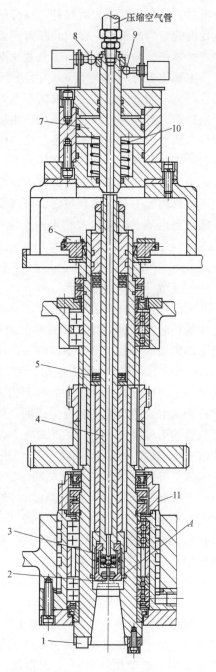

图 1-69　主轴部件

1—端面键　2—刀具夹头　3—弹力卡爪　4—拉杆
5—碟形弹簧组　6—发磁体　7—液压缸活塞
8、9—行程开关　10—圆柱弹簧　11—套

拔出后，压缩空气通过活塞杆和拉杆的中间孔吹净主轴锥孔内的粉尘和脏物，以防止装刀时刀柄将主轴锥孔的内表面划伤，并保证刀柄与锥孔紧密贴合。

主轴与刀杆靠锥面定心，由两个端面键 1 传递转矩。两个端面键固定在主轴前端面上，可嵌入刀杆的两个缺口内。自动换刀时，必须保证主轴上的端面键对准刀杆上的缺口，这就要求主轴在换刀时能准确地停止在一定的周向位置上。该机床主轴的准停采用的是三线接近开关，其原理是在开关内部有一个振荡线圈，当在适当的距离内有一个磁体经过时，可改变其电感量，使其振荡频率也随之改变，并输出一个电压给 PC 系统使主轴准停。主轴后部的发磁体 6 即是用于实现主轴准停的。

4. 刀库和换刀机械手

刀库和换刀机械手组成机床的自动换刀装置，它位于主轴箱的左侧面。圆盘式刀库如图 1-70a 所示，由伺服电动机经滑块联轴器和蜗杆副，带动刀库圆盘 1 旋转（刀库圆盘 1 上有 20 个刀座 2），可以使刀库圆盘 1 上任意一个刀座旋转到最下方的换刀位置。刀座 2 在刀库上处于水平位置，但主轴是立式的，因此，应使处于换刀位置的刀座旋转 90°，使刀头向下。这个动作是靠液压缸来完成的。液压缸的活塞杆（图中未画出）带动拨叉 3 上升时，拨叉 3 向上拉动滚轮 6，使刀座连同刀具一起绕转轴 5 逆时针旋转至垂直向下的位置。这时，此刀座中的刀具正好和主轴中的刀具处于等高的位置，由换刀机械手进行换刀。刀座的结构如图 1-70b 所示，刀座锥孔的尾部有两个球头销钉 7，后有弹簧，用以夹住刀具，使刀座旋转 90°后刀具不会下落。刀座顶部的滚子 4 用以在刀座处于水平位置时支承刀座。

机械手臂和手爪的结构如图 1-71 所示。手臂的两端各有一个手爪，刀具被带弹簧 3 的活动销 4 顶靠在固定爪 5 中。锁紧销 1 被弹簧 3 弹起，使活动销 4 被锁住，不能后退，这就保证了在机械手运动过程中，手爪中的刀具不会被甩出。当手臂绕垂直轴转过 60°时，锁紧销 1 被挡块（图中未画出）压下，活动销 4 就可以活动，使得机械手可以抓住（或放开）主轴或刀座中的刀具，以便换刀。

自动换刀的动作过程如图 1-72 所示：在机床加工时，刀库预先按程序中的刀具指令，将准备更换的刀具旋转到换刀位置（见图 1-72a）；当完成一个工步后需要换刀时，按换

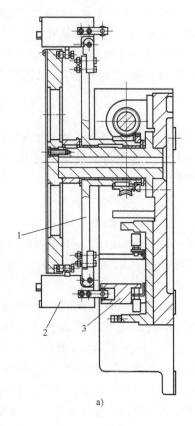

a)

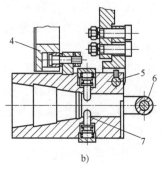

b)

图 1-70 圆盘式刀库
1—刀库圆盘 2—刀座 3—拨叉
4—滚子 5—转轴 6—滚轮
7—球头销钉

刀指令，将换刀位置上的刀座逆时针转动90°，使其处于垂直向下的位置，主轴箱上升到换刀位置，机械手旋转60°，两个手爪分别抓住主轴和刀座中的刀具（见图1-72b）；待主轴孔内的刀具自动夹紧机构松开后，机械手向下移动，将主轴和刀座中的刀具拔出（见图1-72c）；松刀的同时主轴孔中吹出压缩空气，清洁主轴和刀柄，然后机械手旋转180°（见图1-72d）；机械手向上移动，将新刀插入主轴，旧刀插入刀座（见图1-72e），装入刀具后，主轴孔内拉杆上移夹紧刀具，同时关掉压缩空气；然后机械手回转60°复位，刀座向上（顺时针）旋转90°至水平位置（见图1-72f），这时换刀过程完毕，机床开始下一道工序的加工。刀库又一次回转，将下一把待换刀具停在换刀位置上，这样就完成了一次换刀循环。换刀过程的全部动作由三个液压缸配合完成，其中旋转动作由两个串联液压缸及齿轮传动完成，串联液压缸每往复一次，实现两个换刀循环，由五个行程开关配合控制，并由数控系统记忆循环次数。

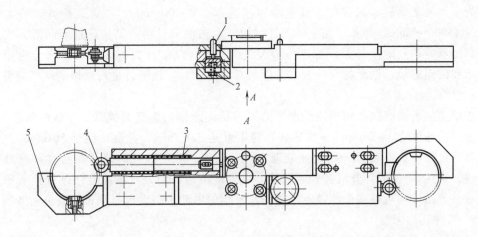

图 1-71 机械手臂和手爪

1—锁紧销 2、3—弹簧 4—活动销 5—固定爪

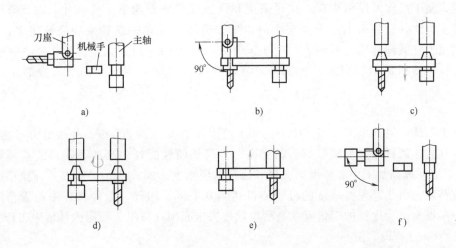

图 1-72 自动换刀的动作过程

六、数控机床的发展

随着科学技术和制造工业的飞速发展，市场对产品质量和品种多样化的要求越来越强烈，中、小批量生产的产品比重显著增加，这就要求现代数控机床成为一种高柔性、高精度、高效率、集成化、智能化和低成本的自动化加工设备；同时，为了满足制造业向更高层次发展的需要，为柔性制造单元（FMC）、柔性制造系统（FMS）和计算机集成制造系统（CIMS）提供基础设备，也要求数控机床向更高水平发展。近年来数控机床发展的主要目标是提高主轴转速、进给速度和加工精度，缩短辅助时间，并使其具有更加完善的功能。

1. 提高主轴转速

近年来数控机床的主轴转速普遍提高，大部分已提高到 $5000 \sim 6000r/min$，有的数控机床为了加工某些轻金属零件，其主轴转速已达到 $40000r/min$，高速数控磨床的主轴转速可达 $150000r/min$。为此，在主轴部件结构、主轴轴承材料及结构、轴承润滑方式、电动机和轴承冷却及防振等方面都进行了大量的工作。例如，在许多数控机床上应用了陶瓷轴承和磁浮轴承；轴承的润滑方式采用油雾润滑；对主轴部件进行严格的动平衡等。

2. 提高进给速度

进给速度的提高包括切削进给速度的提高和快速移动速度的提高。一般的数控机床，其切削进给速度为 $1 \sim 2m/min$，快速移动速度可达 $33m/min$，并逐步接近 $50m/min$。为了实现高速进给，数控装置采用快速处理方式。例如，采用数控高速转换器对数据进行快速传递，采用 32 位的计算机数控装置等。在机械结构方面，对滚珠丝杠进行预紧和采用滚动导轨等措施均可提高进给速度。采用交流伺服电动机驱动也有利于提高进给速度。

3. 缩短辅助时间

辅助时间包括换刀时间、刀具接近或离开工件的时间、工件装卸和搬运时间等。现在许多小型加工中心的换刀时间达到 $1 \sim 2s$，有的已达到 $0.5s$。为缩短刀具接近和离开工件的时间，除提高快速移动速度外，还可采用移动式立柱结构，使工作台面与操作者距离更近，便于操作者操纵机床。也可采用非接触式传感器测量工件尺寸，以节省时间和提高精度。此外，采用工序更加集中的机床，可使工件在一次装夹中完成更多的工序，从而缩短工件装卸和搬运时间。切削加工时采用适当的冷却方式，防止切屑进入机床的运动部位，使机床运转可靠等，都是发挥机床性能、缩短非加工时间、提高生产率的措施。

4. 提高加工精度

在工厂的一般环境下，加工中心的加工精度等级可达到 IT7 级，经过努力可达到 IT6 级。镗孔时，若机床主轴刚性好、精度高，刀具切削性能好，则加工孔径公差等级可达 IT4 级以上。提高加工中心精度的主要方法是采用精度诊断技术、提高圆弧补偿精度和机床定位精度。由于其数控系统的分辨率可达到 $0.1\mu m$，因此，数控机床的位置精度有可能进一步提高。为保证加工精度，高精度数控机床必须在恒温、恒湿的环境中工作。

5. 更加完善的功能

为了增加数控机床的功能，提高自动化程度，数控机床在硬件和软件上均采取了多种多样的改进措施。例如，采用人机对话系统，使操作方便、检验及时；增加第二主轴和自动托盘交换装置（APC），或配以工业机器人和自动运输小车等辅助设备及监视装置，构成新的加工中心、柔性制造单元（FMC）和柔性制造系统（FMS）。新型加工中心还配备多种特殊功能附件，以进一步扩展其功能，如零件自动检测装置、尺寸调整装置、镗刀检验装置和刀具破损监测装置等。刀具破损监测装置利用刀具在断裂瞬间产生的超声波来判断刀具破损情况，以便及时采取相应的措施。该装置能将由切削引起的金属撕裂声和刀具破损产生的超声波区分开来。

第六节 其他机床

一、钻床和镗床

1. 钻床

钻床一般用于加工直径不大、精度要求不高的孔。其主要加工方法是用钻头在实心材料上钻孔，此外还可在原有孔的基础上进行扩孔、铰孔、锪平面、攻螺纹等加工。在钻床上加工时，通常是工件固定不动，主运动是刀具（主轴）的旋转，刀具（主轴）沿轴向的移动即为进给运动。钻床的加工方法如图 1-73 所示。

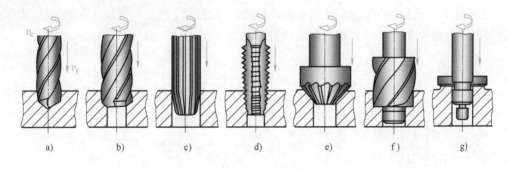

图 1-73　钻床的加工方法

a）钻孔　b）扩孔　c）铰孔　d）攻螺纹　e）、f）锪埋头孔　g）锪端面

钻床可分为立式钻床、台式钻床、摇臂钻床及深孔钻床等。

（1）立式钻床　立式钻床主轴箱固定不动，用移动工件的方法使刀具旋转中心线与被加工孔的中心线重合，进给运动由主轴随主轴套筒在主轴箱中做直线移动来实现。立式钻床仅适用于单件、小批生产中加工中、小型零件。

（2）台式钻床　台式钻床的钻孔直径一般小于 16mm，主要用于小型零件上各种小孔的加工。台式钻床的自动化程度较低，但其结构简单，小巧灵活，使用方便。

（3）摇臂钻床　对于大而重的工件，因移动不便，找正困难，不便于在立式钻床上加工。这时希望工件不动而移动主轴，使主轴中心对准被加工孔的中心（即钻床主轴能在空间任意调整其位置），于是就产生了摇臂钻床（见图 1-74）。主轴箱 4 装在摇臂 3 上，可沿摇臂 3 的导轨移动，而摇臂 3 可绕立柱 2 的轴线转动，因而可以方便地调整主轴 5 的位置，使主轴轴线与被加工孔的中心线重合。此外，摇臂 3 还可以沿立柱升降，以适应不同的加工需要。摇臂钻床的主轴箱、摇臂和立柱在主轴调整好位置后，必须用各自的夹紧机构可靠地夹紧，使机床形成一个刚性系统，以保证在切削力作用下，机床有足够的刚度和位置精度。

2. 镗床

镗床的主要工作是用镗刀进行镗孔，此外大部分镗床还可以进行铣削、钻孔、扩孔、铰孔等工作。图 1-75 所示为卧式铣镗床的外形。由工作台 3、上滑座 12 和下滑座 11 组成的工作台部件安装在床身导轨上。工作台通过上、下滑座可实现横向、纵向移动。工作台还可绕上滑座 12 的环形导轨做转位运动。主轴箱 8 可沿前立柱 7 的导轨做上下移动，以实现垂直进给运动或调整主轴在垂直方向的

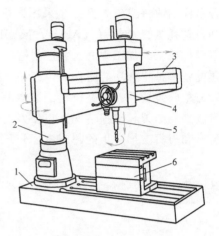

图 1-74　摇臂钻床
1—底座　2—立柱　3—摇臂
4—主轴箱　5—主轴　6—工作台

位置。此外，机床上还有坐标测量装置，以实现主轴箱和工作台之间的准确定位。加工时，根据加工情况不同，刀具可以装在镗轴 4 的锥孔中，或装在平旋盘 5 的径向刀具溜板 6 上。镗轴 4 除完成旋转主运动外，还可沿其轴线移动做轴向进给运动（由后尾筒 9 内的轴向进给机构完成）。平旋盘 5 只能做旋转运动。装在平旋盘径向导轨上的径向刀具溜板 6 除了随平旋盘一起旋转外，还可做径向进给运动，实现铣平面加工。

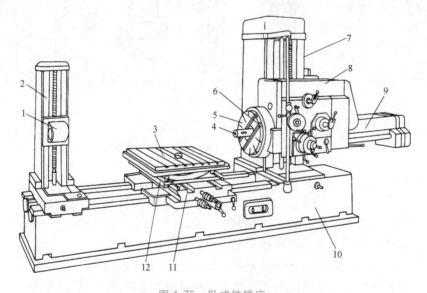

图 1-75　卧式铣镗床
1—后支架　2—后立柱　3—工作台　4—镗轴　5—平旋盘　6—径向刀具溜板
7—前立柱　8—主轴箱　9—后尾筒　10—床身　11—下滑座　12—上滑座

图 1-76 所示为卧式铣镗床的典型加工方法。图 1-76a 表示用装在镗轴上的悬伸刀杆

镗孔，图 1-76b 表示用长刀杆镗削同一轴线上的两孔，图 1-76c 表示用装在平旋盘上的悬伸刀杆镗削大直径的孔，图 1-76d 表示用装在镗轴上的面铣刀铣平面，图 1-76e、f 表示用装在平旋盘刀具溜板上的车刀车削内沟槽和端面。

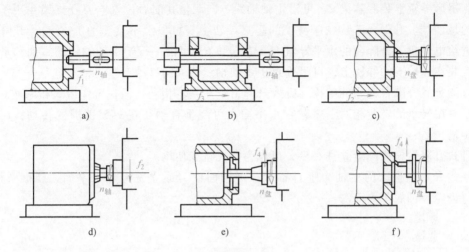

图 1-76 卧式铣镗床的典型加工方法

此外还有坐标镗床，主要用于精密孔及位置精度要求很高的孔系加工。

坐标镗床按其布局形式可分为立式（单、双柱）坐标镗床和卧式坐标镗床。

二、铣床

铣床是机械制造行业中应用十分广泛的一种机床。铣床采用多刃刀具连续切削，生产率较高，可以获得较好的表面质量。在铣床上可以加工平面（水平面、垂直面等）、沟槽（键槽、T 形槽、燕尾槽等）、分齿零件（齿轮、外花键、链轮等）、螺旋表面（螺纹和螺旋槽）及各种曲面等。图 1-77 所示为铣床加工的典型表面。

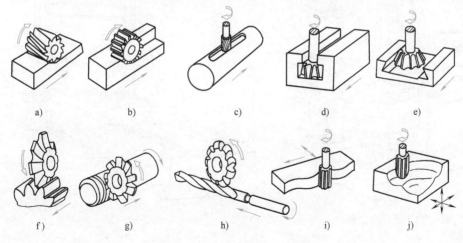

图 1-77 铣床加工的典型表面

铣床的主要类型有升降台式铣床、龙门铣床、工具铣床、圆台铣床、仿形铣床和各种专门化铣床等。

图 1-78 所示为卧式升降台铣床，其主轴水平布置。床身 1 固定在底座 8 上。床身顶部的燕尾形导轨上装有悬梁 2，可沿主轴轴线方向调整其前后位置。刀杆支架 4 用于支承刀杆的悬伸端。升降台 7 装在床身 1 的垂直导轨上，可以上下（垂直）移动。升降台内装有进给电动机。升降台的水平导轨上装有床鞍 6，可沿平行于主轴轴线的方向移动。工作台 5 装在床鞍 6 的导轨上，可沿垂直于主轴轴线的方向移动。

万能卧式升降台铣床的结构与卧式升降台铣床基本相同，但在工作台 5 和床鞍 6 之间增加了一层转盘。转盘相对于床鞍在水平面内可绕垂直轴线在 ±45° 范围内转动，用于铣削螺旋槽。

卧式升降台铣床配置立铣头后，可作为立式铣床使用。

立式升降台铣床的主轴为垂直布置，可用面铣刀或立铣刀加工平面、斜面、沟槽、台阶、齿轮及凸轮等表面。

三、刨床和拉床

1. 刨床

刨床主要用于加工各种平面和沟槽。其主运动是刀具或工件所做的直线往复运动，进给运动是刀具或工件沿垂直于主运动方向所做的间歇运动。由于其生产率较低，这类机床适用于复杂形状零件的单件小批量加工。

刨床可分为以下三类：牛头刨床、龙门刨床和插床。

（1）牛头刨床　牛头刨床主要用于加工小型零件上的各种平面和沟槽。

（2）龙门刨床　龙门刨床如图 1-79 所示，主要用于加工大型或重型零件上的各种平

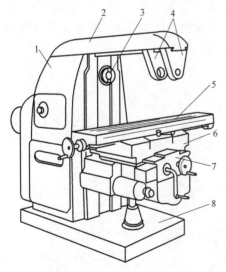

图 1-78　卧式升降台铣床
1—床身　2—悬梁　3—主轴　4—刀杆支架
5—工作台　6—床鞍　7—升降台　8—底座

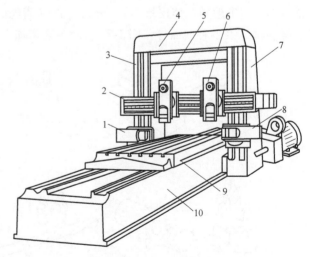

图 1-79　龙门刨床
1、8—左、右侧刀架　2—横梁　3、7—左、右立柱
4—顶梁　5、6—垂直刀架　9—工作台　10—床身

面、沟槽和各种导轨面，也可在工作台上一次装夹数
个中小型零件进行多件加工。

龙门刨床的主运动是工作台 9 沿床身 10 的水平
导轨所做的直线往复运动。床身 10 的两侧固定有左、
右立柱 3 和 7，两立柱的顶部用顶梁 4 连接，形成结
构刚性较好的龙门框架。横梁 2 上装有两个垂直刀架
5 和 6，可在横梁导轨上沿水平方向做进给运动。横
梁可沿左、右立柱的导轨上下移动，以调整垂直刀架
的位置，加工时由夹紧机构夹紧在两个立柱上。左、
右立柱上分别装有左、右侧刀架 1 和 8，可分别沿立
柱导轨做垂直进给运动。加工中，为避免刀具返程碰
伤工件表面，龙门刨床刀架夹持刀具的部分都设有返
程自动让刀装置。

（3）插床　插床实质上是立式刨床，其主运动是
滑枕带动插刀所做的直线往复运动，图 1-80 所示为插
床的外形。插床主要用于加工工件的内表面，如内孔
中的键槽及多边形孔等，也可用于加工成形内外表面。

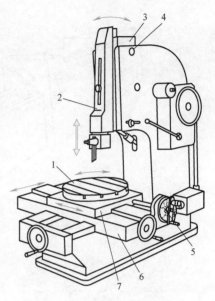

图 1-80　插床外形

1—圆工作台　2—滑枕　3—滑枕导轨座
4—销轴　5—分度装置　6—床鞍　7—溜板

2. 拉床

拉床是用拉刀进行加工的机床，可加工各种形状的通孔、平面及成形表面等。图 1-81
所示是适于拉削的一些典型表面形状。拉床的运动比较简单，只有主运动，被加工表面
在一次拉削中成形。因拉削力较大，拉床的主运动通常采用液压驱动。

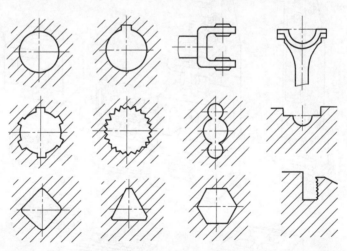

图 1-81　适于拉削的典型表面形状

图 1-82 所示为卧式内拉床的外形。液压缸 2 通过活塞杆带动拉刀沿水平方向移动，实
现拉削的主运动。工件支承座 3 是工件的安装基准。拉削时，工件以基准面紧靠在支承座 3
上。护送夹头 5 及滚柱 4 用以支承拉刀。开始拉削前，护送夹头 5 及滚柱 4 向左移动，使拉
刀穿过工件预制孔，并将拉刀左端柄部插入拉刀夹头。加工时滚柱 4 下降，不起作用。

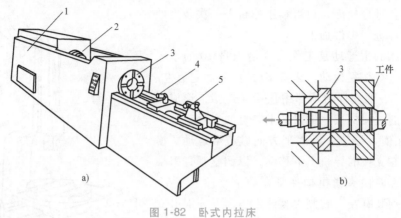

图 1-82 卧式内拉床

1—床身 2—液压缸 3—支承座 4—滚柱 5—护送夹头

四、组合机床

组合机床是以系列化、标准化的通用部件为基础，配以少量的专用部件组成的一种高生产率专用机床。它具有自动化程度较高，加工质量稳定，工序高度集中等特点。

图 1-83 所示为单工位双面复合式组合机床。工件安装在夹具 5 中，多轴箱 4 的主轴

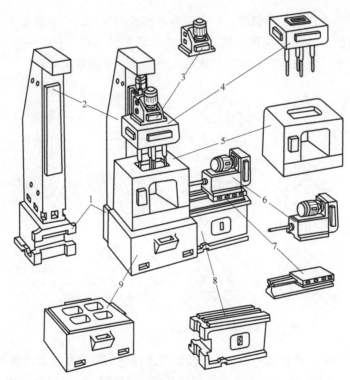

图 1-83 单工位双面复合式组合机床

1—立柱底座 2—立柱 3—动力箱 4—多轴箱 5—夹具
6—镗削头 7—动力滑台 8—侧底座 9—中间底座

前端刀具和镗削头 6 上的镗刀，分别由动力箱 3 驱动多轴箱和由电动机驱动传动装置使主轴做旋转主运动，并由各自的动力滑台 7 带动做直线进给运动。图中除多轴箱和夹具是专用部件外，其余均为通用部件。

1. 组合机床的特点

1）组合机床中有 70% ~ 90% 的通用部件。这些通用部件经过了长期生产实践考验，且由专业厂家集中成批制造，质量易于保证，所以工作稳定可靠，制造成本较低。

2）设计和制造组合机床时，只限于设计制造少量专用部件，故机床设计和制造周期短。

3）当被加工对象改变时，它的大部分通用部件均可重新使用，组成新的组合机床，有利于企业产品的更新换代。故从总体来看，组合机床对加工产品变化的适应性较好。

2. 组合机床的工艺范围

在组合机床上可完成的工艺内容有：车平面、铣平面、锪平面、车外圆、钻孔、扩孔、铰孔、镗孔、倒角、攻螺纹等。此外，组合机床还可以完成焊接、热处理、自动测量和自动装配、清洗、零件分类等非切削工作。

组合机床最适于大批大量的生产场合，如汽车、拖拉机、电动机、阀门等行业。主要加工箱体类零件，如气缸体、气缸盖、变速箱、阀门壳体和电动机座等，也可以完成如曲轴、气缸套、拨叉、盖板类零件的加工。此外，一些重要零件的关键加工工序，虽然生产批量不大，也可采用组合机床来保证其加工质量。

单工位和多工位组合机床（见图 1-84 和图 1-85）的工作特点为：

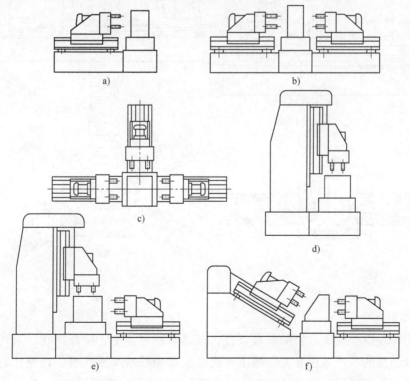

a)

b)

c)

d)

e)

f)

图 1-84 单工位组合机床

1）单工位组合机床在加工过程中，工件位置固定不变，由动力部件的移动来完成各种加工。这类机床加工精度较高，适合于大、中型箱体类零件的加工。

2）多工位组合机床在加工过程中，按预定的工作循环做周期移动或转动，以便顺次地在各个工位上，对同一部件进行多工步加工，或者对不同部位进行顺序加工，从而完成一个或数个面的比较复杂的加工工序。这类机床适合于大批大量生产中比较复杂的中小型零件的加工。

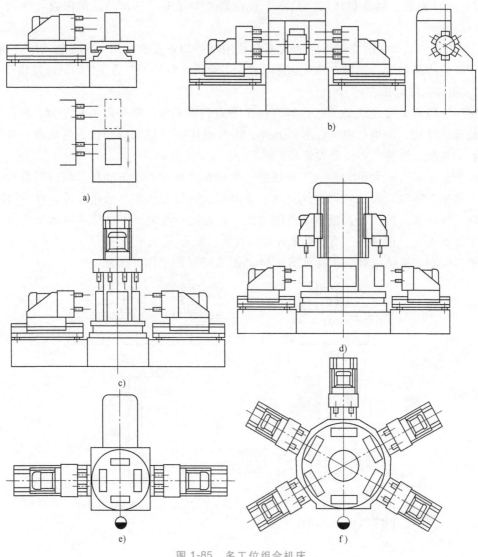

图 1-85　多工位组合机床

3. 通用部件

通用部件是组合机床重要的基础部件，是具有特定功能，按标准化、系列化、通用化原则设计制造的部件。它有统一的主要技术参数和联系尺寸标准，在设计制造各种组合机床时可以互相通用，其通用程度是衡量机床技术水平的重要标志。

通用部件按尺寸大小可分为大型和小型两类。通常是指动力滑台台面宽度 $B \geqslant 200mm$（大型）或者 $B < 200mm$（小型）的动力部件及其配套部件。

通用部件按功用可分为：

（1）动力部件 动力部件是组合机床最主要的通用部件，用于传递动力，实现主运动和进给运动。它包括动力箱、各种切削头（铣削头、钻削头、镗削头、液压镗孔车端面头等）、滑台（机械滑台、液压滑台）。动力箱与主轴箱配合使用，用于实现主运动。各种切削头主要用于实现刀具的主运动，滑台主要用于实现进给运动。动力部件的选用基本上决定了组合机床的工作性能，其他部件要以此为依据来配置选用。

（2）支承部件 支承部件是组合机床的基础件，包括立柱、立柱底座、侧底座、中间底座等。立柱用于组成立式机床，立柱底座为支承立柱所用，侧底座用于与滑台等动力部件组成卧式机床，中间底座用于安装夹具和输送部件。支承部件的结构强度、刚度对机床的精度和寿命有较大的影响。

（3）输送部件 输送部件用于多工位组合机床完成工件在工位间的输送，其定位精度直接影响多工位机床的加工精度。它包括回转工作台、移动工作台和回转鼓轮等。

（4）控制部件 控制部件用于控制机床按预定程序进行工作循环。它包括可编程序控制器、液压传动装置、分级进给机构、自动检测装置等。

（5）辅助部件 辅助部件包括冷却、润滑、排屑、自动夹紧装置等。

我国于 1983 年颁布了 13 项与 ISO 等效的通用部件国家标准，并依照此标准设计了"1字头"通用部件。

五、机械加工生产线

机械加工生产线是指为实现工件的机械加工工艺过程，以机床为主要装备，再配以相应的输送和辅助装置，按工件的加工顺序排列而成的生产作业线。在生产线中，工件以一定的生产节拍，按照工艺顺序经过各个工位，完成其预定的工艺过程，从而成为合乎设计要求的零件。

机械加工生产线的基本组成包括加工装备、工艺装备、输送装备、辅助装备和控制系统等，如图 1-86 所示。

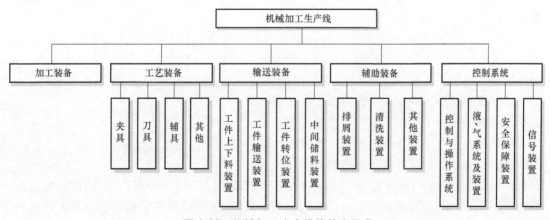

图 1-86 机械加工生产线的基本组成

机械加工生产线的具体配置及其复杂程度，主要取决于被加工工件的类型和加工要求。根据不同的配置形式，机械加工生产线可按如下方法进行分类。

1. 按生产品种分类

（1）单一产品生产线 这类生产线由具有一定自动化程度的高效专用加工装备、工艺装备、输送装备和辅助装备等组成。按产品的工艺流程布局，工件沿固定的生产路线从一台设备输送到下一台设备，接受加工、检验、清洗等。这类生产线效率高，产品质量稳定，适用于大批大量生产。但其专用性强，投资大，不易进行改造以适应其他产品的生产。

（2）成组产品可调生产线 这类生产线由按成组技术设计制造的可调的专用加工装备等组成。按成组工艺流程布局，具有较高的生产率和自动化程度，用于结构和工艺相似的成组产品的生产。这类生产线适用于批量生产。当产品更新时，这类生产线可进行改造或重组，以适应产品的变化。

2. 按组成生产线的加工装备分类

（1）通用机床生产线 这类生产线由通用机床经过一定的自动化改装后连接而成。

（2）组合机床生产线 这类生产线由各种组合机床连接而成。它的设计、制造周期短，工作可靠。因此，这类生产线有较好的使用效果和经济效益，在大批大量生产中得到广泛应用。

（3）柔性制造生产线 这类生产线由高度自动化的多功能柔性加工设备（如数控机床、加工中心等）、物料输送系统和计算机控制系统等组成。这类生产线的设备数量较少，在每台加工设备上，通过回转工作台和自动换刀装置，能完成工件多方位、多面、多工序的加工，以减少工件的安装次数，减少安装定位误差。这类生产线主要用于中、小批量生产，加工各种形状复杂、精度要求高的工件，特别是能迅速、灵活地加工出符合市场需求的一定范围内的产品。但建立这种生产线投资大，技术要求高。

3. 按加工装备的连接方式分类

（1）刚性连接生产线 这类生产线中没有储料装置，被加工工件在某工位完成加工后，由输送装置移送到下一个工位进行加工，加工完毕后再移入下一个工位，工件依次通过每个工位后即成为符合图样要求的零件。在这类生产线上，被加工工件移动的步距既可以等于两台机床的间距（见图1-87a），也可以小于两台机床的间距（见图1-87b）。刚性连接生产线由于各工位之间没有缓冲环节（即中间储料装置），工件的加工和输送过程都有严格的

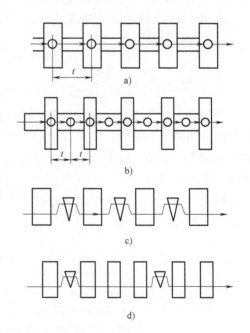

图 1-87　刚性连接生产线和柔性连接生产线
□—加工设备　○—工件
▽—储料装置

节拍要求，线上一台机床发生故障就会导致全线停止工作。因此，这种生产线中的机床和各种辅助装置应有较高的稳定性和可靠性。

（2）柔性连接生产线　这类生产线根据需要可在两台机床之间设置储料装置（见图1-87c），也可以相隔若干台机床设置储料装置（见图1-87d）。在储料装置中储存有一定数量的被加工工件，当生产过程中某台机床因故障停机时，其余机床可以在一定时间内继续工作；或当前后两台机床的节拍相差较大时，储料装置可以在一定时间内起到调节平衡的作用。

4. 按工件的输送方式分类

（1）直接输送的生产线　这类生产线上的工件由输送装置直接带动，输送基面为工件上的某一表面。加工时工件从生产线的始端送入，完成加工后工件从生产线的末端输出，如图1-88所示。

（2）带随行夹具的生产线　这类生产线将工件安装在随行夹具上，由主输送带将随行夹具依次输送到各个工位，完成工件的加工。加工完毕后，随行夹具又返回输送带将其送回到主输送带的起始端，如图1-89所示。

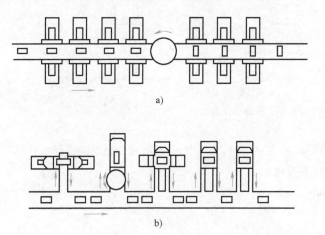

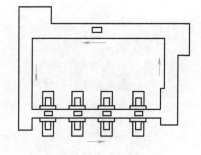

图1-88　直接输送的生产线　　　　图1-89　带随行夹具的生产线

习题与思考题

1-1　举例说明何谓外联系传动链？何谓内联系传动链？其本质区别是什么？对这两种传动链有何不同要求？

1-2　举例说明何谓简单成形运动？何谓复合成形运动？其本质区别是什么？

1-3　按图1-90所示的传动系统完成下列题目：

1）写出传动路线表达式。

2）分析主轴的转速级数。

3）计算主轴的最高、最低转速。

注：图中 M_1 为齿形离合器。

1-4　试分析下列几种车削螺纹的传动原理图各有何优缺点（见图1-91）。

1-5 试用简图分析以下列方法加工所需表面时的成形方法，并标明所需的机床运动。

1）用成形车刀车削外圆柱面。

2）用普通外圆车刀车削外圆锥面。

3）用圆柱铣刀铣削平面。

4）用插齿刀插削直齿圆柱齿轮。

5）用钻头钻孔。

6）用丝锥攻螺纹。

7）用（窄）砂轮磨削（长）圆柱体。

8）用单片薄砂轮磨削螺纹。

1-6 传动原理图与传动系统图有何区别？

1-7 母线和导线的形成方法各有哪几种？为什么导线形成方法中没有成形法？

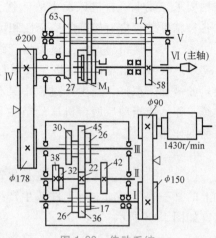

图 1-90 传动系统

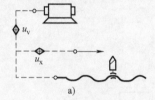
a)

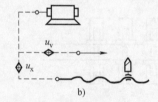
b)

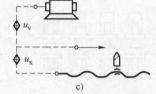
c)

图 1-91 车削螺纹的传动原理图

1-8 发生线的形成与切削刃的形状有何关系？发生线有哪几种形成方法？

1-9 在 CA6140A 型车床上车削下列螺纹：

1）米制螺纹 $P=3\text{mm}$；$P=8\text{mm}$，$n=2$。

2）寸制螺纹 $a=4\frac{1}{2}$牙/in。

3）径节螺纹 $DP=14$ 牙/in。［提示：$(64/100)\times(100/97)\times(36/25)\approx25.4\pi/84$］

4）模数螺纹 $m=4\text{mm}$，$n=2$。

试写出其传动路线表达式和运动平衡式。［提示：$(64/100)\times(100/97)\times(25/36)\approx7\pi/48$］

1-10 欲在 CA6140A 型车床上车削 $Ph=10\text{mm}$ 的米制螺纹，试指出能够加工这一螺纹的传动路线有哪几条？

1-11 当 CA6140A 型车床的主轴转速为 $450\sim1400\text{r/min}$（其中 500r/min 除外）时，为什么能获得细进给量？在进给箱中变速机构调整情况不变的条件下，细进给量与常用进给量的比值是多少？

1-12 CA6140A 型车床主传动链中，能否用双向牙嵌离合器或双向齿形离合器代替双向多片离合器，实现主轴的开停及换向？在进给传动链中，能否用单向摩擦离合器代替齿形离合器 M_3、M_4、M_5？为什么？

1-13 卧式车床进给传动系统中，为何既有光杠又有丝杠来实现刀架的直线运动？可否单独设置丝杠或光杠？为什么？

1-14 CA6140A 型车床主轴前后轴承的间隙怎样调整（见图 1-14）？作用在主轴上的轴向力是怎样传递到箱体上的？

1-15 为什么卧式车床溜板箱中要设置互锁机构？丝杠传动与纵向、横向机动进给能否同时接通？纵向和横向机动进给之间是否需要互锁？为什么？

1-16 如果卧式车床刀架横向进给方向相对于主轴轴线存在垂直度误差，将会影响哪些加工工序的加工精度？产生什么样的加工误差？

1-17 回转、转塔车床与卧式车床在布局和用途上有哪些区别？回转、转塔车床的生产率是否一定比卧式车床高？为什么？立式车床的主要加工用途有哪些？

1-18 在万能外圆磨床上磨削圆锥面有哪几种方法？各适用于什么场合？

1-19 如磨床头架和尾架的锥孔中心线在垂直平面内不等高，磨削的工件将产生什么误差？如何解决？如两者在水平面内不同轴，磨削的工件又将产生什么误差？如何解决？

1-20 无心外圆磨床工件托板的顶面为什么做成倾斜的？工件中心为什么必须高于砂轮与导轮的中心连线？

1-21 内圆磨削的方法有哪几种？各适用于什么场合？

1-22 分析并比较应用展成法与成形法加工圆柱齿轮各有何特点。

1-23 齿轮加工机床常用的切齿方法有哪些？各有什么特点？

1-24 在滚齿机上加工直齿和斜齿圆柱齿轮分别需要调整哪几条传动链？试画出传动原理图，并说明各传动链的两端件是什么及计算位移是多少。

1-25 在滚齿机上加工斜齿圆柱齿轮时，工件的展成运动（B_{12}）和附加运动（B_{22}）的方向如何确定？以 Y3150E 型滚齿机为例，说明在使用中如何检查这两种运动方向是否正确。

1-26 在滚齿机上加工直齿和斜齿圆柱齿轮时，如何确定滚刀刀架扳转角度与方向？若扳转角度有误差或方向有误，将会产生什么后果？

1-27 在滚齿机上加工一对斜齿轮时，当一个齿轮加工完成后，再加工另一个齿轮前应进行哪些交换齿轮计算和机床调整工作？

1-28 在 Y3150E 型滚齿机上，采用单头右旋滚刀，滚刀螺旋升角 $\omega = 2°19'$，滚刀直径为 55mm，切削速度 $v = 22m/min$，轴向进给量取 $f = 1mm/r$，加工斜齿圆柱齿轮，螺旋方向为右旋，螺旋角 $\beta = 12°17'9''$，模数 $m_n = 2mm$，齿数 $z = 58$，8 级精度。要求：

1）画图表示滚刀安装角 δ、刀架扳动方向、滚刀和工件的运动方向。

2）列出加工时各传动链的运动平衡式，确定其交换齿轮齿数。

1-29 在其他条件不变，而只改变下列某一条件的情况下，滚齿机上哪些传动链的换向机构应变向？

1）由滚切右旋齿改为滚切左旋齿。

2）由逆铣滚齿改为顺铣滚齿（改变轴向进给方向）。

3）由使用右旋滚刀改为使用左旋滚刀。

4）由加工直齿齿轮改为加工斜齿齿轮。

1-30 在 Y3150E 型滚齿机上加工齿数大于 100 的质数直齿圆柱齿轮时，需要调整哪几条传动链？

1-31 对比滚齿机和插齿机的加工方法，说明它们各自的特点及主要应用范围。

1-32 叙述用数控机床加工零件的过程。

1-33 什么是插补运算？试述插补运算的必要性。

1-34 当被加工直线分别在第 Ⅱ、Ⅲ、Ⅳ 象限时，试推导其偏差计算公式，并判断当偏差 $F \geqslant 0$、$F < 0$ 时刀具沿坐标轴的运动方向。当圆弧为顺时针方向时又如何？

1-35 什么是脉冲当量？脉冲当量的大小对机床的加工精度有何影响？

1-36 数控机床由哪些部分组成？它们各有什么功用？

1-37 什么是开环、闭环和半闭环控制系统？比较其优缺点。它们各适用于什么场合？试举例说明。

1-38 各类机床中，可用来加工外圆表面、内孔、平面和沟槽的各有哪些机床？它们的适用范围有何区别？

1-39 摇臂钻床可实现哪几个方向运动？

1-40 卧式铣镗床可实现哪些运动？

1-41 刨削加工有何特点？拉削加工有何特点？

1-42 单工位组合机床和多工位组合机床各有何特点？它们的适用范围怎样？

1-43 什么是机械加工生产线？它由哪几个基本部分组成？

第二章
金属切削机床典型部件

主轴部件是指主轴、主轴轴承、安装在主轴上的传动件及其他各种零件的组合，是机床的执行件，其功用是带动工件或刀具旋转完成表面成形运动中的主运动，它承受切削力和驱动力等载荷，同时还要使主轴与机床其他有关部件间保持正确的相对位置。因此，主轴部件是机床中的一个关键部件，它的工作性能直接影响机床的加工质量，它的转速影响机床的生产率。

一、主轴部件的基本要求

1. 旋转精度

主轴部件的旋转精度是指主轴在手动或低速、空载时，主轴前端定位面的径向圆跳动、轴向圆跳动和轴向窜动值。当主轴以工作转速旋转时，主轴回转轴线在空间的漂移量即为运动精度。

主轴部件的旋转精度取决于部件中各主要件（如主轴、轴承及支承座孔等）的制造精度和装配、调整精度；运动精度还取决于主轴的转速、轴承的性能和润滑以及主轴部件的动态特性。各类通用机床主轴部件的旋转精度已在机床精度标准中做了规定，专用机床主轴部件的旋转精度则根据工件精度要求确定。

2. 刚度

主轴部件的刚度 K 是指其在承受外载荷时抵抗变形的能力，如图 2-1 所示，即 $K = F/y$（单位为 N/μm），刚度的倒数 y/F 称为柔度。显然，主轴部件的刚度越高，主轴受力后的变形越小；若刚度不足，主轴及其支承处将产生

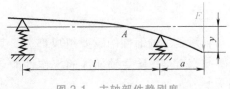

图 2-1　主轴部件静刚度

较大的弹性变形，不仅影响工件的加工质量，还会破坏齿轮和轴承的正常工作条件，加快磨损，降低精度。

主轴部件的刚度是综合刚度，它与主轴的结构尺寸、所选用的轴承类型和配置及其预紧、支承跨距和主轴前端悬伸量、传动件的布置方式（如驱动主轴的齿轮传动应尽量靠近前支承）、主轴部件的制造和装配质量等有关。

3. 抗振性

主轴部件的抗振性是指其抵抗受迫振动和自激振动而保持平稳运转的能力。在切削过程中，主轴部件不仅受静载荷的作用，同时也受冲击载荷和交变载荷的作用，使主轴产生振动。如果主轴部件的抗振性差，则工作时容易产生振动，从而影响工件的表面质量，降低刀具的寿命和主轴轴承的寿命，还会产生噪声，影响工作环境。随着机床向高精度、高效率的方向发展，其对抗振性的要求将越来越高。

影响抗振性的主要因素有主轴部件的刚度、固有频率和阻尼特性等。

4. 温升和热变形

主轴部件工作时由于摩擦和搅油等耗损而产生热量，出现温升。温升使主轴部件的形状和位置发生畸变，称之为热变形。温升使润滑油黏度下降或润滑脂熔化而流失；热变形使轴承间隙发生变化，影响轴承寿命，并使主轴轴线偏离正确位置或倾斜，影响其工作性能和加工精度。因此，对各种类型机床连续运转下的允许温升均有一定的规定，如高精度机床为 $8 \sim 10 \text{℃}$，精密机床和数控机床为 $15 \sim 20 \text{℃}$，普通机床为 $30 \sim 40 \text{℃}$，特别精密的机床不得超过室温 10℃。

影响主轴部件温升、热变形的主要因素有：轴承类型和布置方式、轴承间隙及预紧力大小、润滑方式和散热条件等。

5. 耐磨性

主轴部件的耐磨性是指长期保持其原始精度的能力，即精度的保持性。因此，主轴部件的各个滑动表面，包括主轴端部的定位面、锥孔，与滑动轴承配合的轴颈表面，移动式主轴套筒的外圆表面等，都必须具有很高的硬度，以保证其耐磨性。

为了提高主轴部件的耐磨性，应该正确地选用主轴和滑动轴承的材料及热处理方式、润滑方式，合理调整轴承间隙以及保证良好的润滑和可靠的密封。

此外，对于数控机床，其工作特点是工序高度集中，一次装夹可完成大量的工序，主轴的变速范围很大，既要满足高速性能的要求，又要适应低速性能的要求；既要完成精加工，又要适应粗加工。因此，数控机床主轴部件对旋转精度、转速、变速范围、刚度、温升和可靠性等性能，一般都应按精密机床的要求，并结合各种数控机床的具体要求综合考虑。

二、主轴轴承

轴承是主轴部件的重要组成部分，其类型、配置方式、精度、安装、调整、润滑和冷却等都直接影响主轴部件的工作性能。机床上常用的主轴轴承有滚动轴承和滑动轴承两大类。

（一）滚动轴承

1. 主轴常用的滚动轴承

主轴部件中常用的滚动轴承除圆柱滚子轴承、圆锥滚子轴承、推力球轴承、深沟球轴承等类型外，还有图 2-2 所示的几种类型。

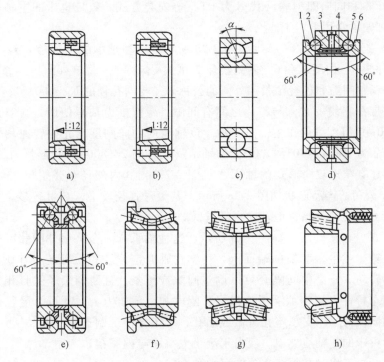

图 2-2　几种常用的主轴滚动轴承

1、6—内圈　2、5—滚珠　3—外圈　4—隔套

（1）双列圆柱滚子轴承　这种轴承以 NN3000K 系列轴承最为常用（见图 2-2a）。它的挡边在内圈上，外圈可以分离，内圈锥孔锥度为 1∶12 与主轴的锥形轴颈相配，内圈轴向移动使其径向胀大，从而达到消除间隙和预紧的目的。图 2-2b 所示为超轻型 NNU4900K 系列轴承，挡边在外圈上，内圈可以分离，将内圈装到主轴轴颈上，再精磨滚道，可以进一步提高滚道和主轴旋转中心的同轴度；外滚道槽易存油，润滑较好，但制造复杂，适用于内径为 100mm 以上的大规格轴承。这类轴承的滚子数多（50~60 个），两列滚子交错排列，其径向刚度和承载能力较大，允许转速较高，但它的内外圈均较薄，对主轴颈和箱体孔的制造精度要求较高。这类轴承只能承受径向载荷，适用于载荷较大、转速中等的主轴部件。

（2）角接触球轴承　如图 2-2c 所示，这种轴承多用于高速主轴，它既能承受径向载荷，又能承受轴向载荷。常用的有 7000C（接触角 $\alpha = 15°$）和 7000AC（$\alpha = 25°$）两个系列。前者允许转速高，但轴向刚度较低，常用于高速、轻载的机床主轴，如磨床主轴或不承受轴向载荷的车、镗、铣床主轴后轴承；后者轴向刚度较高，但径向刚度和允许转速略低，多用于车、镗、铣、加工中心等机床主轴。为适应主轴转速进一步提高，可通过采用陶瓷滚珠或减小滚珠直径的方式，减小滚珠的离心力，来满足高速的要求。目前，国外已开发出超高速角接触球轴承。

球轴承为点接触，刚度不高。为提高刚度，同一支承处可以多联组配，如两个（代号为/D）、三个（代号为/T）或四个（代号为/Q）等，常有背靠背（代号为 DB）、面对面（代号为 DF）和同向即串联（代号为 DT）等安装方式。数控机床的主轴轴承应采用 DB 组配，丝杠轴承常用 DT 组配。

（3）双向推力角接触球轴承　如图 2-2d 所示，这种轴承的接触角 $\alpha = 60°$（代号为234400），由外圈 3、内圈 1 和 6、两列滚珠 2 和 5 及保持架、隔套 4 组成。修磨隔套 4 的长度可以精确调整间隙和进行预紧。外圈的公称外径与同孔径的 NN3000K 系列轴承相同，但其外径公差带在零线下方，与箱体之间有间隙，专作推力轴承使用，与双列圆柱滚子轴承（NN3000K）组配可用作主轴前支承。该轴承的轴向刚度、允许转速均较高。瑞典 SKF 公司的产品为双向 $\alpha = 40°$ 和 $\alpha = 30°$ 的轴承（代号为 246800），其形状与 234400 系列相同；该公司还有窄形双向形式的轴承（见图 2-2e），其内外径和公差与 234400 系列相同。日本 NSK 公司的产品形状如图 2-2c 所示，其滚珠直径较小，数量较多。这种类型轴承的 α 越小，允许转速越高，但轴向刚度越低。

（4）双列圆锥滚子轴承　如图 2-2f 所示，这种轴承有一个公用外圈和两个内圈。外圈的凸肩靠在箱体或主轴套筒的端面上，可实现轴向定位。其凸肩上还有缺口，插入螺钉可防止外圈转动。修磨中间隔套可以调整间隙或预紧，且两列滚子数目相差一个，改善了轴承的动态特性。该轴承滚子数量多，刚度和承载能力大，既可承受径向载荷，又可承受双向轴向载荷。因支承座孔可做成通孔，加工方便，制造精度高，适用于中低速、中等以上载荷机床的主轴前支承。但由于滚子大端面与内圈挡边为滑动摩擦，发热较大，极限转速受限制，工作时必须有充分的润滑和冷却。

（5）加梅（Gamet）轴承　如图 2-2g、h 所示，这类轴承是由法国加梅公司开发生产的。图 2-2g 所示为 H 系列，其结构与图 2-2f 相似，用于前支承。图 2-2h 所示为 P 系列，与 H 系列配套，用于后支承。它的外圈带有预紧弹簧（16~20 根），均匀增减弹簧可以改变预加载荷的大小。这类轴承的滚子做成空心，保持架为整体结构并充满空间，大部分润滑油通过滚子内孔流向挡边摩擦处，润滑和冷却效果好。中空并充油的滚子还起到吸振和缓冲的作用。

此外，为适应新型数控机床对高转速的要求，在某些数控机床上采用了陶瓷滚动轴承和磁悬浮轴承等新型轴承。

陶瓷材料密度小，线胀系数小，弹性模量大。在高转速下，陶瓷滚动轴承与钢制滚动轴承相比，其重量轻，作用在滚动体上的离心力较小，从而使其压力和滑动摩擦也较小，且温升较低，刚度较大。常用的陶瓷滚动轴承有仅滚动体用陶瓷材料制成、滚动体和内圈用陶瓷材料制成、滚动体和内外圈均用陶瓷材料制成三种。前两种类型适用于高速、超高速、精磨机床的主轴部件，后一种类型适用于要求耐高温、耐腐蚀、非磁性、绝缘或要求减轻重量和超高速机床的主轴部件。

磁悬浮轴承是利用磁力来支承运动部件实现轴承功能的，其工作原理如图 2-3 所示，它由转子、定子等组成。转子和定子均为铁磁材料。转子压入回转轴承的回转筒中，工作时定子线圈产生磁场，将转子悬浮起来，四个位置传感器连续检测转子的位置如果转子中心发生偏离，则位置传感器将测得的偏差信号输送给控制装置，通过控制装置调整定子线圈的励磁功率，以保证转子中心回到理想的中心位置。

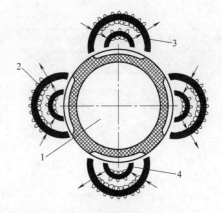

图 2-3 磁悬浮轴承的工作原理
1—转子 2—定子 3—电磁铁 4—位置传感器

2. 滚动轴承的典型配置形式

大多数机床主轴部件采用两支承结构，其配置和选用的一般原则如下：

（1）**适应承载能力和刚度的要求** 线接触的圆柱或圆锥滚子轴承，其径向承载能力和刚度要比点接触的球轴承好；在轴向承载能力和刚度方面，以推力球轴承为最高，圆锥滚子轴承次之，角接触球轴承最低。

对于两支承结构的主轴部件，因其前支承所受载荷通常大于后支承，且前支承变形对主轴轴端位移（即刚度）影响较大，故前支承处轴承的承载能力和刚度应比后支承处大。有冲击载荷时，宜选用滚子轴承。

（2）**适应转速的要求** 合适的转速可以限制轴承的温升，保持轴承的精度，提高轴承的使用寿命。不同类型、规格和精度等级的轴承，其允许的最高转速是不相同的。相同类型的轴承，其规格越小，精度等级越高，允许的最高转速也越高；相同规格的轴承，点接触的球轴承比线接触的滚子轴承允许的转速高，滚子轴承比滚锥轴承允许的转速高。因此，选择轴承时应综合考虑转速和承载能力等诸方面的因素。

（3）**适应结构的要求** 为了使主轴部件具有高的刚度，且结构紧凑，主轴直径应选大一些的，这时轴承选用轻型或特（超）轻型，或者可在同一支承处（尤其是前支承）配置两联或多联轴承；对于中心距很小的多主轴机床（如组合机床），可采用滚针轴承，并将推力球轴承轴向错开排列（见图2-4），以避免其外径干涉。

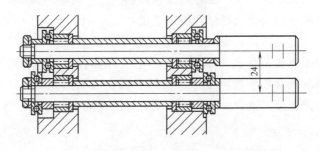

图 2-4 组合机床主轴部件

（4）**推力轴承的配置形式** 主轴的轴向定位精度（热伸长）主要取决于承受轴向载荷的轴承，如推力球轴承、角接触球轴承和圆锥滚子轴承等。这类轴承的配置形式不同，对主轴轴向精度的影响也不相同。推力轴承的配置形式主要有三种，其特点和应用范围见表 2-1。

表 2-1 推力轴承的配置形式

配置形式	示意图	特点	应用范围
前端定位		前支承发热大,温升高,主轴热伸长向后,不会(或很少)影响主轴前端的轴向定位精度。需提高前支承处的冷却润滑条件	用于轴向精度和刚度要求较高的高精度机床,如精密车床、铣床、坐标镗床、落地镗床等
后端定位		前支承发热小,温升低,主轴热伸长向前,影响主轴前端的轴向定位精度	用于轴向精度要求不高的普通精度机床,如立式铣床、多刀车床等
两端定位		前支承发热较小,两推力轴承之间的主轴段受热后会产生弯曲,既影响轴承的间隙,又使轴承处产生角位移而影响机床精度	用于较短的主轴或轴向间隙变化不影响正常工作的机床,如钻床等

必须指出,在配置主轴轴承时,除满足上述要求外,还应做经济分析,以提高经济效益。

3. 主轴滚动轴承的精度和配合

前、后轴承内圈偏心量对主轴端部的影响如图 2-5 所示。图 2-5a 所示为前轴承轴心有偏移 δ_a,后轴承偏移为零的情况,这时反映到主轴端部的偏移 δ_{a1} 为

$$\delta_{a1} = \frac{L+a}{L}\delta_a$$

图 2-5b 所示为后轴承轴心有偏移 δ_b,前轴承偏移为零的情况,则反映到主轴端部的偏移 δ_{b1} 为

$$\delta_{b1} = \frac{a}{L}\delta_b$$

若 $\delta_a = \delta_b$,则 $\delta_{a1} > \delta_{b1}$,这说明前轴承的精度对主轴旋转精度的影响较大,因此,前轴承的精度通常应选得比后轴承高一级。各种精度等级的机床,可参考表 2-2 选用其主轴滚动轴承的精度,数控机床可按精密或高精度机床选用。

滚动轴承的配合对主轴部件精度的影响也很大。轴承内圈与轴颈、外圈与支承孔的配合必须适当,过松时受载后会出现松动,影响主轴部件的旋转精度和刚度、缩短轴承的使用寿命;过紧时则会使内外圈变形,同样会影响主轴部件的旋转精度,加速轴承的磨损,增加温升和热变形,也会给装配带来困难。滚动轴承的配合可参考表 2-3 选用。

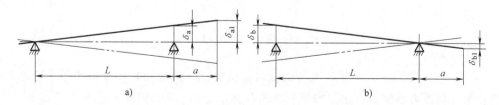

a)   b)

图 2-5 前、后轴承内圈偏心量对主轴端部的影响

表 2-2 主轴滚动轴承的精度

机床精度等级	前 轴 承	后 轴 承
普通精度级	P5 或 P4(SP)	P5 或 P4(SP)
精 密 级	P4(SP) 或 P2(UP)	P4(SP)
高精度级	P2(UP)	P2(UP)

表 2-3 滚动轴承的配合

配 合 部 位	配 合			
主轴轴颈与轴承内圈	m5	k5	js6	k6
座孔与轴承外圈	K6	J6 或 JS6	或规定一定过盈量	

4. 主轴滚动轴承间隙调整和预紧

主轴轴承通常采用预加载荷的方法消除间隙，并产生一定的过盈量，使滚动体与滚道之间产生一定的预压力和弹性变形，增大接触面，使承载区扩大到整圈，各滚动体受力均匀。图 2-6 所示为滚动轴承预紧前后的受力情况。显然，轴承的合理预紧可提高其刚度和寿命，提高主轴的旋转精度和抗振性，降低噪声；超过合理的预紧量，轴承的刚度提高不明显，但发热增大，磨损加快，使用寿命缩短，承载能力和极限转速均下降。

预紧力通常分为三级：轻预紧、中预紧和重预紧。轻预紧适用于高速主轴；中预紧适用于中、低速主轴；重预紧适用于分度主轴。预紧力也可按轴承厂的样本规定选取。

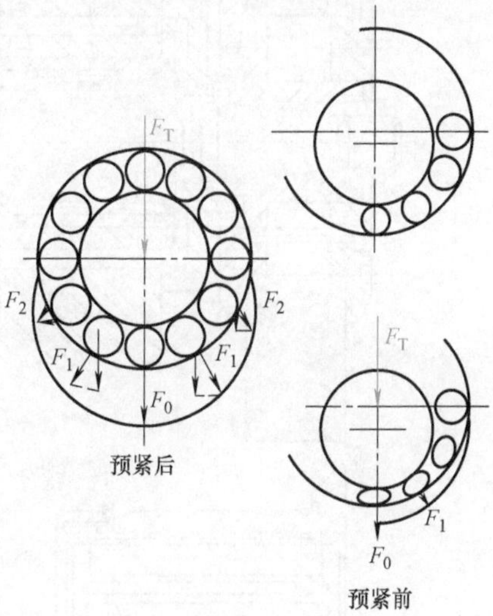

图 2-6 滚动轴承预紧前后的受力情况

5. 滚动轴承的润滑和密封

滚动轴承润滑的目的是减少摩擦与磨损、延长寿命，也起到冷却、吸振、防锈和降低噪声的作用。常用的润滑剂有润滑油、润滑脂和固体润滑剂。通常，速度较低、工作负荷较大时用脂润滑；速度较高、工作负荷较小时用油润滑。

密封的作用是防止润滑油外漏，防止灰尘、屑末及水分侵入，减少磨损和腐蚀，保护环境。密封主要分为接触式和非接触式，前者有摩擦磨损，发热严重，适用于低速主轴；后者制成迷宫式和间歇式，发热很小，应用广泛。

（二）滑动轴承

滑动轴承在运转中阻尼小，有良好的抗振性和运动平稳性。主轴滑动轴承按其产生油膜压强的方式，可分为动压轴承和静压轴承；按流体介质不同，可分为液体动压轴承和气体动压轴承。

1. 液体动压轴承

动压轴承依靠主轴以较高的转速旋转时，带着润滑油从大间隙处向小间隙处流动，形成压力油楔而将主轴浮起，产生压力油膜，以承受载荷。图 2-7 所示为外圆磨床砂轮主轴部件，其前支承采用固定多油楔轴承，轴瓦 1 的外柱与箱体孔配合，内锥孔与主轴轴颈配合，转动螺母 3 可使主轴相对于轴瓦轴向移动，以调整轴承的径向间隙；主轴的轴向定位靠圆环 2 和 5（均为滑动推力轴承）来保证，螺母 4 用来调整其轴向间隙。图 2-7b 所示为固定多油楔轴承的结构，轴瓦内壁上开有五个等分的油囊，形状为阿基米德螺旋。当主轴按箭头方向旋转时，五个油楔便有相应的油压分布（见图 2-7c）。活动多油楔滑动轴承的结构、性能及应用等，可参阅本书第一章中的 M1432B 型磨床砂轮主轴。

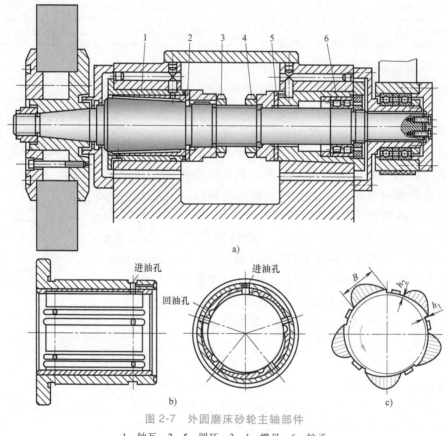

图 2-7　外圆磨床砂轮主轴部件

1—轴瓦　2、5—圆环　3、4—螺母　6—轴承

2. 液体静压轴承

图 2-8 所示为静压轴承径向承载的工作原理，它由专门的供油系统、节流器和轴承组成。轴承的内圆柱面上对称地开有四个油腔，各油腔之间用回油槽隔开，分别形成轴向油封面和周向油封面，内孔和轴颈之间保持 $0.02 \sim 0.04\mathrm{mm}$ 的间隙。供油系统提供的液压油经节流器 T 进入各油腔，将轴颈推向中央，油液最后经回油槽流回油箱。

当主轴不受载荷且忽略自重时，各油腔的油压相等，轴颈表面与各油封面之间的间隙均为 h_0，这时主轴在轴承中保持其中心位置不变；当主轴受径向载荷 F 作用时，轴颈

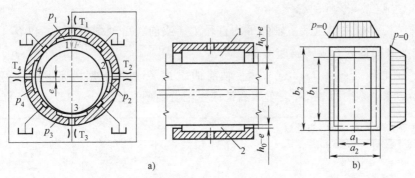

图 2-8　静压轴承径向承载的工作原理

1、2、3、4—油腔

下移出现偏心量 e，这时油腔 3 处的间隙减小为 h_0-e，油流阻力增大，因而流过节流器 T_3 的流量减少，压力损失也减小，则油腔 3 内的油压 p_3 升高，同时油腔 1 处的间隙增大为 h_0+e，流过节流器 T_1 的流量增加，压力损失也增加，则油腔 1 处的油压 p_1 降低，这样油腔 3 和油腔 1 之间出现压力差，由此产生与载荷方向相反的支承力，以平衡外载荷。

　　静压轴承克服了动压轴承的缺点，具有抗振性好、旋转精度高和刚度高等优点，但成本较高。它适用于中、低速，重载的大型、重型机床主轴。

三、主轴

1. 主轴的结构

　　主轴端部的结构应保证夹具或刀具安装可靠、定位准确、连接刚度高、装卸方便并能传递足够的转矩。由于夹具和刀具已标准化，因此，通用机床主轴端部的形状和尺寸均已标准化，设计时应遵循相关标准。

　　主轴本身的结构和形状主要取决于主轴上所安装的传动件、轴承等零件的类型、数量、位置和安装定位方法等因素，此外还应考虑其加工工艺性和装配工艺性。通常主轴均呈头大尾小、逐级递减的阶梯形状，但某些机床主轴则呈两头小、中间为等直径的形状，如内圆磨床砂轮主轴（见图 2-12）。

2. 主轴的材料和热处理

　　主轴的材料主要根据耐磨性、载荷特点和热处理后的变形大小来选择。机床主轴常用的材料及热处理要求可参见表 2-4。

表 2-4　主轴材料及热处理要求

钢　　材	热　　处　　理	用　　途
45 钢	调质 22~28HRC，局部高频淬硬 50~55HRC	一般机床主轴、传动轴
40Cr	淬硬 40~50HRC	载荷较大或表面要求较硬的主轴
20Cr	渗碳、淬硬 56~62HRC	中等载荷、转速很高、冲击较大的主轴
38CrMoAlA	氮化处理 850~1000HV	精密和高精度机床主轴
65Mn	淬硬 52~58HRC	高精度机床主轴

3. 主轴主要结构参数的确定

主轴的结构参数主要包括主轴的平均直径 D（或前、后轴颈直径 D_1 和 D_2）、内孔直径 d、前端的悬伸量 a 和支承跨距 L 等。

（1）主轴前轴颈直径 D_1 的选取　主轴前轴颈 D_1 一般可根据机床类型、主电动机功率以及主参数来选取，见表 2-5。车床和铣床主轴后轴颈直径 $D_2 \approx (0.7 \sim 0.85)D_1$。

表 2-5　主轴前轴颈直径 D_1 的选取　　　　　　　　　　　　　　　（单位：mm）

机床 \ 功率/kW	2.6~3.6	3.7~5.5	5.6~7.2	7.4~11	11~14.7	14.8~18.4
车床	70~90	70~105	95~130	110~145	140~165	150~190
升降台铣床	60~90	60~95	75~100	90~105	100~115	—
外圆磨床	50~60	55~70	70~80	75~90	75~100	90~100

（2）主轴内孔直径 d 的确定　很多机床主轴具有内孔，主要用来通过棒料、拉杆、冷却管等，并能减轻主轴重量。内孔直径的大小，应在满足主轴刚度要求的前提下尽量取大值，但一般应保证 $d/D < 0.7$。

（3）主轴前端悬伸量 a 的确定　主轴前端悬伸量是指主轴前支承径向反力作用点到前端受力作用点之间的距离。设计时，应在满足结构要求的前提下尽可能取小值，如主轴端部采用短锥法兰式，前支承中的推力轴承安装在径向支承的内侧，尽量利用主轴端部结构构成密封装置，成对安装的圆锥滚子轴承或角接触球轴承采用背靠背的配置等措施，均可以减小 a 值，以提高主轴部件的刚性和抗振性。

（4）主轴合理跨距的确定　合理确定主轴两主要支承间的跨距，可提高主轴部件的静刚度。可以证明，若支承跨距小，主轴自身的刚度较大，则弯曲变形较小，但支承变形引起的主轴前端的位移量将增大；若支承跨距大，则支承变形引起的主轴前端的位移量较小，但主轴的弯曲变形将增大。可见，支承跨距过大或过小都会降低主轴部件的刚度。下面是有关资料给出的合理跨距的推荐值，可做参考。

1）$L_{合理} = (4 \sim 5)D_1$。

2）$L_{合理} = (3 \sim 5)a$，用于悬伸长度较小时，如车床、铣床、外圆磨床等。

3）$L_{合理} = (1 \sim 2)a$，用于悬伸长度较大时，如镗床、内圆磨床等。

四、典型的主轴部件

1. 车、镗、铣机床类主轴部件

图 2-9 所示为某数控车床主轴部件，主轴前端采用短锥法兰式标准结构，可减小悬伸长度，前支承内三个角接触球轴承为背靠背组配（DB/T），能同时承受径向载荷和两个方向的轴向载荷（属于前端定位方式），转动调整螺母 4 可以轴向预紧前支承（轻预紧），锁紧螺母 5 用于防松。前端盖 1 与主轴 6 之间采用迷宫式密封。V 带轮安装在主轴尾部悬伸端，因此后支承的径向载荷较大，故采用双列圆柱滚子轴承，由调整螺母 8 径向预紧，锁紧螺母 7 防松。后轴承直径比前轴承小，预紧量也小，其温升不会超过前轴承。这种形

式的主轴部件适用于转速较高（$dn \leqslant 500000 \sim 1000000$）、刚度略低的高精度机床，如数控车床、镗床、铣床和磨床等。

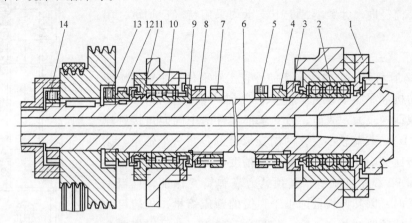

图 2-9　数控车床主轴部件

1—前端盖　2—角接触球轴承　3、9、11—内隔套　4、8—调整螺母　5、7、13、14—锁紧螺母

6—主轴　10—双列圆柱滚子轴承　12—齿形带轮

图 2-10 所示为某卧式铣床主轴部件，由于跨距较长，故设计为三支承结构，前、中支承为主要支承（属于两端定位方式），采用圆锥滚子轴承背靠背组配（DB），锁紧螺母 6 用于调整其预紧量，并用碟形弹簧 5 控制其预紧力，还可补偿主轴受热伸长而引起的轴承预紧力的变化。后轴承为辅助支承，采用深沟球轴承 7，外径与座孔间保留有游隙，使其处于游动状态，以消除三个支承座孔不同心的影响，当载荷较大时该轴承才参与工作。这种形式的主轴部件适用于载荷较大、刚度较高、转速较低（$dn \leqslant 250000 \sim 300000$）的普通机床，如车床、铣床等。

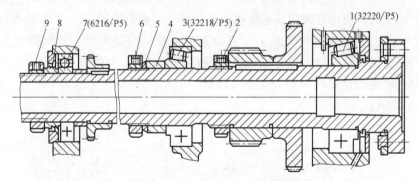

图 2-10　卧式铣床主轴部件

1、3—圆锥滚子轴承　2、6、9—锁紧螺母　4—隔套　5—碟形弹簧　7—深沟球轴承　8—环

2. 钻床类主轴部件

图 2-11 所示为摇臂钻床主轴部件，主轴的旋转运动由其尾部的花键传入，主轴支承在可移动的套筒 5 中，随套筒一起移动实现进给运动（由齿轮 6 控制）。该主轴的轴向载荷较大，径向载荷较小，推力球轴承 4 和 7 分别承受两个方向的轴向力，螺母 9 用于调整

轴承 4 和 7 的轴向预紧量；径向载荷由深沟球轴承 3 支承，因钻床主轴的径向圆跳动不影响钻孔精度，故其游隙不需调整。为使主轴套筒径向尺寸紧凑，上下支承均采用特轻型轴承，用脂润滑。

3. 磨床类主轴部件

图 2-12 所示为一种内圆磨床的砂轮主轴部件，主轴的旋转运动由电动机经平带轮从左端传入，主轴右端装砂轮，因此，主轴两端载荷均较大，故前、后支承都配置两个同向角接触球轴承（DT/D）；载荷较小时，两端支承可以各装一个轴承。该主轴最高转速为 16000r/min，属于高精度、高转速型的主轴部件，故选用 P2 级精度轴承，其预紧力靠弹簧 5 保证，且当主轴受热伸长时，因其伸长量远小于弹簧的预压缩量，故能自动消除间隙并使预紧力基本不变。修磨隔套 3 和 4，可以使两个轴承受力均匀。

4. 电动机主轴

电动机主轴简称电主轴。多年来，主轴驱动从不可调速的异步电动机或其他外部电动机，发展到内装式电动机的驱动系统，使得机床的工作效率和工件的加工质量有了明显的提高。在车床、铣床和加工中心上采用转速可调的直接驱动内装式电动机主轴，从 20 世纪 90 年代开始得到迅速发展。

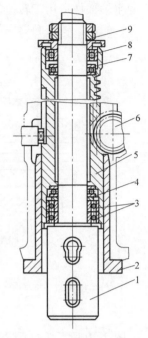

图 2-11　摇臂钻床主轴部件

1—主轴　2、5—套筒

3、4、7、8—轴承

6—齿轮　9—螺母

图 2-13 所示为车床用电动机主轴部件，主轴前端装有四个有过盈的主轴轴承（DT/D），后端装有一单列无隙滚珠轴承；内装式电动机为笼型交流异步电动机，由冷却液冷却，其转子 1 通过压入配合直接与主轴结合在一起，直接与主轴结合的还有用作位置传感器的齿轮，用于调节规定范围内的电动机转速负载关系和对 C 轴（见"车削中心"）进行精确定位。这种主轴部件由于排除了有齿隙和易磨损的传动元件，也消除了反向间隙、剪力和振动等干扰因素，所以具有扭转刚度较高、动态调节性能良好、可对 C 轴精确定位、噪声较小和运转速度较平稳等优点。因此，电动机主轴非常适用于车削、铣削和用特定刀具加工硬材料等情况。

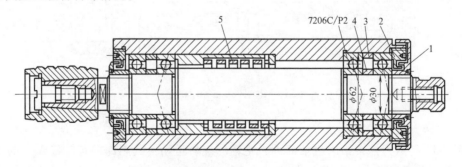

图 2-12　内圆磨床砂轮主轴部件

1—外端盖　2—内盖　3—外隔套　4—内隔套　5—弹簧

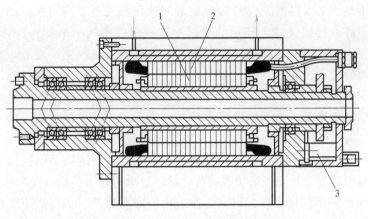

图 2-13 车床用电动机主轴部件
1—转子 2—定子 3—传感器

第二节 支承件及导轨

一、支承件

支承件是指床身、立柱、横梁、摇臂、底座、刀架、工作台、箱体和升降台等尺寸大的零件，也称为大件，它是机床的基础构件。

(一) 支承件的功用及基本要求

机床的各种支承件有的互相固定连接，有的在导轨上运动。支承件起着支承机床部件的作用，承受重力、切削力、惯性力、摩擦力等；支承件内部空间常作为变速箱、液压油箱，或安置电气箱、冷却和润滑装置及电动机；正确设计支承件结构及其布局对保证各部件之间的相对位置精度和运动部件的运动精度具有重要意义。

对支承件的基本要求是：

(1) 足够的静刚度 在机床额定载荷作用下，变形量不得超出规定值，以保证刀具和工件在加工过程中的相对位移不超过加工允许误差。支承件静刚度包括以下三个方面：

1) 自身刚度。支承件抵抗自身变形的能力称为自身刚度。支承件的自身刚度主要为弯曲刚度和扭转刚度。例如，摇臂钻床的摇臂的自身刚度主要是垂直平面内朝立柱方向的弯曲刚度和绕中心轴的扭转刚度。自身刚度主要取决于支承件材料、构造、形状、尺寸及隔板的布置等。

2) 局部刚度。支承件抵抗局部变形的能力，称为局部刚度。局部变形主要发生在支承件上载荷较集中的局部结构处。例如，摇臂钻床底座装立柱的部位。局部刚度主要取决于受载部位的构造、尺寸以及肋条的设置。

3) 接触刚度。支承件的结合面在外载荷作用下抵抗接触变形的能力，称为接触刚度。接触刚度 K_j（单位为 $MPa/\mu m$）是平均压强与变形之比，即 $K_j = p/\delta$。

接触刚度不是一个固定值。K_j 与接触面之间的压强有关，当压强很小时，两个面之间只有少数几个高点接触（两个接触的平面都有一定的宏观不平度），实际接触面积很小，接触变形很大，接触刚度较低；压强较大时，这些高点产生了变形，实际接触面积随之扩大，从而使接触变形减小，接触刚度提高。接触刚度与结合面的结合方式有关，同样的接触面，接触面间有相对运动的活动接触的接触刚度，比接触面间无相对运动的固定接触的接触刚度要低。接触刚度与表面粗糙度和宏观不平度、材料的硬度、预压压强等因素有关，同时支承件的自身刚度和局部刚度对接触刚度也有影响。

（2）良好的动态特性 在规定的切削条件下工作时，受迫振动的振幅不应超过允许值，不产生自激振动等，从而保证切削的稳定性。要求有较大的动刚度和阻尼。

（3）较小的热变形和内应力 机床工作过程中的摩擦热、切削热等热量会引起支承件的热变形和热应力；支承件在铸造、焊接、粗加工过程中会形成内应力，在使用中内应力将重新分布并逐渐消失，导致支承件变形。

（4）较高的刚度/质量比 在满足刚度要求的前提下，应尽量减小支承件的质量。支承件的质量往往占机床总质量的 80% 以上，所以它在很大程度上反映了支承件设计的合理性。

最后，支承件的设计应便于制造、装配、维修、排屑及吊运等。

（二）支承件的结构分析

支承件结构及布局是否合理将直接影响机床的加工质量和生产率，因此，应该正确地选用。合理的结构通常是根据使用要求和受力情况，参考同类型机床，初步确定其形状和尺寸。对较重要的支承件要进行验算或模型试验，根据验算或试验结果做适当修改。

设计支承件时主要考虑如何提高刚度、减小热变形、合理选用材料及热处理方式、保证有较好的结构工艺性等。

1. 提高支承件自身刚度和局部刚度

（1）正确选择截面的形状和尺寸 由于支承件主要承受弯矩、扭矩以及弯扭复合载荷，所以自身刚度主要考虑弯曲刚度和扭转刚度。表 2-6 中列出了各种截面形状的抗弯抗扭惯性矩。横截面积相同时，空心截面的刚度大于实心截面的刚度，封闭截面的刚度大于不封闭截面的刚度，方形截面的抗弯刚度比圆形的大，而抗扭刚度较低。因此，设计支承件时总是采用空心截面，适当加大轮廓尺寸并在工艺允许的前提下减小壁厚；在可能的条件下，尽量把支承件的截面设计成封闭的框形，如数控车床要有高的刚度，以适应粗加工要求，故床身为四面封闭结构，其导轨倾斜以利于排屑；在支承件以承受弯矩为主时，则应采用方形截面或矩形截面；矩形截面在其高度方向的抗弯刚度比方形截面高，但抗扭刚度则较低，支承件以承受一个方向的弯矩为主时，常取矩形截面，并以其高度方向作为受弯方向；当支承件以承受扭矩为主时，应采用圆形（空心）截面；如果所承受的弯矩和扭矩都相当大，则常取近似方形截面。

（2）合理布置隔板和加强肋 在两壁之间起连接作用的内壁称为隔板。隔板的功用在于把作用于支承件局部区域的载荷传递给其他壁板，从而使整个支承件能比较均匀地承受载荷。因此，当支承件不能采用全封闭截面时，应布置隔板和加强肋来提高支承件的刚度。

表 2-6 各种截面形状的抗弯抗扭惯性矩（横截面积均为 100mm^2）

序号	截面形状及尺寸/mm	惯性矩计算值/mm⁴ 惯性矩相对值 抗弯	抗扭	序号	截面形状及尺寸/mm	惯性矩计算值/mm⁴ 惯性矩相对值 抗弯	抗扭
1	φ113	800/1.0	1600/1.0	6	100×100	833/1.04	1400/0.88
2	φ113 φ160, 23.5	2412/3.02	4824/3.02	7	100×100 142×142	2555/3.19	2040/1.27
3	φ160 φ196, 18	4030/5.04	8060/5.04	8	50×200	3333/4.17	680/0.43
4	φ160 φ196	—	108/0.07	9	85, 200, 235, 50	5860/7.325	1316/0.82
5	300×150, 25, 10, 25	15521/19.4	143/0.09	10	300, 150, 10, 25, 25	2720/3.4	

隔板布置有横向、纵向和斜向等基本形式。横向隔板布置在与弯曲平面垂直的平面内，抗扭刚度较高；纵向隔板布置在弯曲平面内，抗弯刚度较高；斜向隔板的抗弯刚度和抗扭刚度均较高。表 2-7 中列出了隔板布置对封闭式箱体结构刚度的影响。

加强肋一般配置在内壁上，其作用与隔板相同。图 2-14a、b 中的肋分别用来提高导轨和轴承座处的局部刚度；图 2-14c、d、e 所示为当壁板面积大于（400×400）mm^2 时，为避免薄壁振动而在内表面加肋，以提高壁板的抗弯刚度。加强肋的高度可取壁厚的 4~5 倍，肋的厚度取壁厚的 80%~100%。

（3）合理选择连接部位的结构 图 2-15 所示为支承件连接部位的四种结构形式。设图 2-15a 所示一般凸缘连接的相对连接刚度为 1.0，则图 2-15b 所示有加强肋的凸缘连接为 1.06，图 2-15c 所示凹槽式连接为 1.80，图 2-15d 所示 U 形加强肋结构连接为 1.85。显然后两种加强肋结构效果较好，特别是用来承受弯矩的效果更好，但结构复杂。

表 2-7　隔板布置对封闭式箱体结构刚度的影响

序号	模　型	弯曲刚度相对值（$X—X$）	扭转刚度相对值	序号	模　型	弯曲刚度相对值（$X—X$）	扭转刚度相对值
1	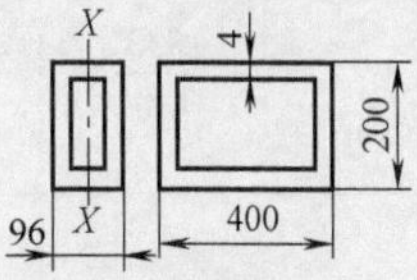	1.0	1.0	4		1.11	1.67
2	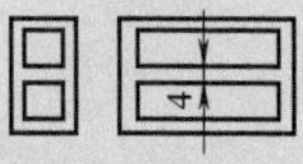	1.16	1.44	5		1.13	2.02
3	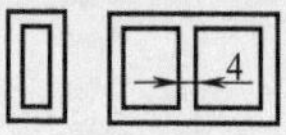	1.02	1.33				

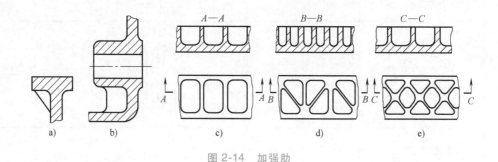

图 2-14　加强肋

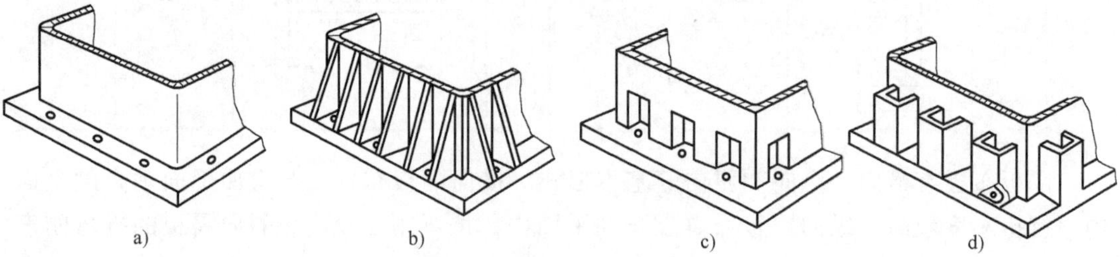

图 2-15　连接部位的结构形式

a）一般凸缘连接　b）有加强肋的凸缘连接　c）凹槽式连接　d）U 形加强肋结构连接

（4）注意局部结构对机床刚度的影响　在支承件外壁上开孔，会降低抗弯刚度和抗扭刚度，故设计时应该尽量避免在主要支承件上开孔。必须开孔时，孔的尺寸及位置要合理，工作时加盖，用螺钉拧紧，以补偿一部分刚度损失。注意床身与导轨连接处的局部过渡，如采用直接连接、双壁连接、适当加厚过渡壁并增添加强肋等措施来提高导轨处的局部刚度。

2. 提高接触刚度

（1）导轨面和重要的固定面必须配刮或配磨 刮研时，每 25mm×25mm，高精度机床为 12 点，精密机床为 8 点，普通机床为 6 点，并应使接触点均匀分布。配磨固定结合面时，表面粗糙度 Ra 的值应小于 $1.6\mu m$。

（2）施加预载 用固定螺钉联接时拧紧螺钉使接触面间有一预压压强，这样工作时由外载荷引起的接触面间压强变化相对较小，可有效消除微观不平度的影响，提高接触刚度。

3. 提高支承件的抗振性

改善支承件的动态特性，提高支承件抵抗受迫振动的能力，主要通过提高系统的静刚度、固有频率以及增加系统的阻尼来实现。下面简要说明增加阻尼的措施。

（1）采用封砂结构 将支承件泥芯留在铸件中不清除，利用砂粒良好的吸振性能提高阻尼比。同时，封砂结构降低了机床重心，有利于床身结构稳定，可提高抗弯、抗扭刚度。在焊接结构支承件内腔时，也可内灌混凝土等以提高阻尼。

（2）采用具有阻尼性能的焊接结构 如采用间断焊接、焊减振接头等措施来加大摩擦阻尼。

（3）采用阻尼涂层 对于弯曲振动结构，尤其是薄壁结构，在其表面喷涂一层具有高内阻尼的黏滞弹性材料，如由沥青基制成的胶泥减振剂、内阻尼高而切变模量低的压敏式阻尼胶等。

（4）采用环氧树脂粘结的结构 其抗振性超过铸造和焊接结构。

4. 减小支承件的热变形

机床工作时，切削过程、电动机、液压系统、机械摩擦等会产生热量，支承件受热以后会形成不均匀的温度场，产生不均匀的热变形。此外，由于支承件各处的温度是不同的，因此其热变形不是定值。在高精度机床上，热变形对加工精度的影响非常突出。机床热变形无法消除，只能采取一定措施予以改善。

（1）散热和隔热 隔离热源，如将主要热源与机床分离。适当加大散热面积，加设散热片，采用风扇、冷却器等来加快散热。高精度的机床可安装在恒温室内。

（2）均衡温度场 如车床床身，可以用改变传热路线的办法来减少温度不均。如图 2-16 所示，A 处装主轴箱，是主要的热源，C 处是导轨，在 B 处开了一个缺口，就可以使从 A 处传出的热量分散传至床身各处，床身温度就比较均匀。当然缺口不能开得太深，否则将会降低床身刚度。

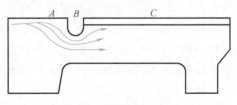

图 2-16 车床床身的均热

（3）热对称结构 同样的热变形，由于构造不同，对精度的影响也不同。采用热对称结构，可使热变形后对称中心线的位置基本不变，这样可减小对工作精度的影响。例如，卧式车床床身采用双山形导轨，可以减小车床溜板箱在水平面内的位移和倾斜度。

5. 合理选择支承件材料及热处理方式

支承件的材料主要为铸铁和钢。近年来人造花岗石、预应力钢筋混凝土等支承件（主要为床身、立柱、底座等）也有较大发展。

人造花岗石阻尼高（为灰铸铁的8~10倍）、尺寸稳定性好、热容量大、构件热变形小、耐蚀性好，而且人造花岗石支承件后期加工量小，可大大缩短加工支承件的时间和降低加工成本，但其材质较脆，抗弯强度较低，主要用于高精度机床。

混凝土的阻尼高于铸铁，刚度也较高，适合制造受载均匀、横截面积大、抗振性要求较高的支承件。采用钢筋混凝土可节约大量钢材，降低成本。但其支承件的变形、侵蚀、导轨与支承件连接刚度不足等问题，有待进一步研究解决。

铸铁支承件上没有导轨时，一般可采用HT150。如导轨与支承件铸为一体，则铸铁牌号应根据导轨的要求选择。

由型钢和钢板焊接的支承件，常采用Q235AF钢或Q275钢。

在铸造或焊接中产生的残余应力，将使支承件产生变形。因此，必须进行时效处理以消除残余应力。普通精度机床的支承件在粗加工后安排一次时效处理即可，精密级机床最好进行两次时效处理，即粗加工前、后各一次。有些高精度机床在进行热时效处理后，还应进行自然时效处理，即把铸件露天堆放一年左右，让它们充分变形。

6. 焊接结构的支承件

与铸件相比，焊接结构支承件的突出优点是制造周期短，刚度/质量比高，焊接结构设计灵活，可做成全封闭的结构，可按刚度要求很方便地加焊隔板和肋来提高其承载和抗变形能力。因此，焊接支承件在单件小批量生产和自制设备等场合的应用越来越多。

焊接结构要符合焊接的工艺性特点和要求，如合理选择壁板厚度，尽量减少焊缝的数量和减小长度，尽量避免焊缝密集，减轻焊缝的载荷，避免在加工面上、配合面上、危险断面上布置焊缝，轮廓形状应规整化，对大型结构分段焊接组装等。

7. 支承件的结构工艺性

为便于制造和保证支承件的加工质量，应注意铸件的结构工艺性。

例如，造型和起模要容易，型芯应少且便于支承，安装应简单可靠；壁厚应尽量均匀，如果壁厚不能相等，则应均匀过渡，避免突变，拐角处应圆滑过渡，不能突拐，以避免产生缩孔、气孔和裂纹；要便于清砂；大型铸件要铸出或加工出起吊孔等。

机械加工工艺性主要考虑以下几个方面：

1) 较长支承件（如车床的床身）应尽量避免两端有加工面，避免支承件内部深处有加工面以及倾斜的加工面。

2) 尽可能使加工面集中，以减少加工时的翻转及装夹次数。同一方向的加工，应处于一个平面内，以便一次刨出或铣出。

3) 所有加工面都应有支承面较大的基准，以便加工时进行定位、测量和夹紧。

如图2-17所示，图2-17a中立柱的背面是曲

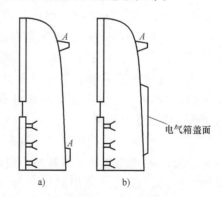

a)   b)

图 2-17　工艺搭子

电气箱盖面

面，当加工正面的导轨时就没有可靠的工艺基面。因此，必须在曲面上铸出"工艺搭子"
A，加工时，先把搭子表面刨出或铣出，然后以它为基面来加工导轨面。加工完毕并经检
验合格后割去搭子。图 2-17b 则借用了电气箱盖面作为工艺基准，一举两得。

二、导轨

（一）导轨的功用、分类和基本要求

导轨的功用是导向和承载。一对导轨副中，运动的一方称为动导轨，不动的一方称
为支承导轨或静导轨。动导轨相对于支承导轨通常只有一个自由度的直线运动或回转
运动。

1. 导轨分类

1）按工作性质可分为主运动导轨、进给运动导轨和调位导轨。调位导轨只用于调整
部件之间的相对位置，在加工时没有相对运动，如车床尾座用的导轨。

2）按摩擦性质可分为滑动导轨和滚动导轨。

滑动导轨按两导轨面间的摩擦状态又可分为液体静压导轨、液体动压导轨、混合摩
擦导轨和边界摩擦导轨。静压导轨两导轨面间有一层静压油膜，属于纯液体摩擦，在高
精度、高效率的大型、重型机床上应用得越来越多。动压导轨两导轨面间的相对滑动速
度达到一定值后，液体的动压效应使导轨油腔处出现压力油楔，把两导轨面分开，从而
形成液体摩擦。这种导轨只能用于高速运动的场合，因此，仅用作主运动导轨，如立式
车床的导轨。混合摩擦导轨在导轨面间虽有一定的动压效应，但由于速度还不够高，油
楔不足以隔开导轨面，导轨面仍处于直接接触状态。边界摩擦导轨的导轨速度很低，导
轨间不足以产生动压效应，处于边界摩擦状态。

滚动导轨是在两导轨面间装有滚珠、滚柱
或滚针等滚动体，具有滚动摩擦的性质。

3）按受力情况可分为开式导轨和闭式导
轨。如图 2-18 所示，开式导轨是指靠外载荷和
部件自重，使两导轨面在全长上保持贴合的导
轨；闭式导轨是指必须用压板作为辅助导轨面
才能保证主导轨面贴合的导轨，它能承受力 F，
还能承受力矩 M。

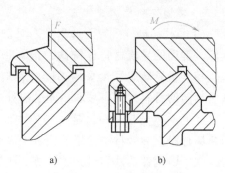

a)   b)

图 2-18 开式导轨和闭式导轨

2. 导轨应满足的基本要求

（1）导向精度 导向精度是指动导轨沿支
承导轨运动时，直线运动导轨的直线性和圆周运动导轨的真圆性，以及导轨同其他运动
部件（如主轴）之间相互位置的准确性。影响导向精度的主要因素有导轨的几何精度、
导轨的结构形式、导轨及其支承的自身刚度和油膜刚度以及热变形等。

（2）刚度和耐磨性 为了能长期保持导向精度，对导轨提出了刚度和耐磨性的要求。
若刚度不足，则直接影响部件之间的相对位置精度和导轨的导向精度，使导轨面上的比
压分布不均，加剧导轨面的磨损，所以刚度是衡量导轨工作质量的另一个重要指标。导

轨的耐磨性是决定能否长期保持导向精度的关键，是衡量机床质量的重要指标。常见的磨损形式有磨粒磨损、咬合磨损（咬焊）、疲劳磨损和压溃现象。滑动导轨磨损的基本形式是磨粒磨损和咬合磨损，这两种磨损一般都是伴随发生，相互影响的。磨粒磨损往往是咬合磨损的起因，咬合磨损反过来又会加剧磨粒磨损，只是有时其中一种磨损可能起主导作用。滚动导轨则主要是疲劳磨损。导轨耐磨性与导轨材料及热处理方式、导轨面的摩擦性质、导轨受力情况及导轨相对运动速度等有关。

（3）低速运动平稳性　低速运动平稳性就是要保证在低速运动或有微量位移时不出现爬行现象（低速时运动速度不平稳现象）。进给运动时的爬行将使被加工表面粗糙度值增大；定位运动时的不平稳将降低定位精度。产生爬行的原因主要是摩擦副存在着静、动摩擦因数之差，运动部件质量较大，传动机构刚度不足等。

（4）结构简单、工艺性好　在可能的情况下，导轨的结构应尽量简单，以便于制造和维护。对于刮研导轨，应尽量减少刮研量；对于镶装导轨，应做到更换容易。

数控机床的导轨除了满足以上的基本要求外，还有其特殊的要求：① 承载能力大、精度高，既要有很高的承载能力，又要求精度保持性好；②速度范围宽，具有适应较宽的速度范围并能及时转换的能力；③高灵敏度，运动准确到位，不产生爬行等。

（二）滑动导轨

滑动导轨是最常见的导轨，其他类型的导轨都是在滑动导轨的基础上逐步发展形成的。由于滑动导轨结构简单，制造方便，接触刚度大，在一般机床上得到了广泛应用。但传统滑动导轨摩擦阻力大，磨损快，静、动摩擦因数差别大，低速时易产生爬行现象。因此，在数控机床上常用带有耐磨粘贴带覆盖层的滑动导轨和新型塑料滑动导轨，它们具有摩擦性能良好及使用寿命长的特点，塑料导轨有代替滚动导轨的趋势。

1. 导轨材料及热处理方式

（1）对导轨材料的要求和搭配　对导轨材料的主要要求是耐磨性好、工艺性好、成本低。常用的导轨材料有铸铁、钢、非铁金属和塑料。为了提高耐磨性和防止咬焊，动导轨和支承导轨应尽量采用不同的材料，一般动导轨采用较软的材料，以便于维修。若选用相同的材料，则应采取不同的热处理方式以使其具有不同的硬度。

（2）铸铁导轨　铸铁是一种成本低、有良好减振性和耐磨性、易于铸造和切削加工的金属材料。导轨材料常用的铸铁有灰铸铁 HT200、孕育铸铁 HT300 和耐磨铸铁，如高磷铸铁、磷铜钛铸铁和钒钛铸铁等。HT200 常用于对精度保持性要求不高的导轨，HT300 常用于较精密的机床导轨，耐磨铸铁常用于精密级机床导轨。

铸铁导轨经常采用高频淬火、超音频淬火、中频淬火及电接触自冷淬火等来提高表面硬度，表面淬火硬度一般为 45～55HRC，以增加抗硬磨粒磨损的能力和防止撕伤。

（3）镶钢导轨　由于淬火钢的耐磨性比普通铸铁高 5～10 倍，故在耐磨性要求较高的机床支承导轨上，可采用淬硬钢制成的镶钢导轨。

镶钢导轨常用材料有 45、40Cr 等，表面淬硬或全淬透，硬度可达 52～58HRC，或者采用 20Cr、20CrMnTi 等渗碳淬硬至 55～62HRC。

镶装方法很多。例如，采用倒装螺钉将钢导轨镶装在铸铁床身上，或采用焊接方式镶装，或采用粘接方式将导轨固接在床身上（在导轨工作面上不宜钻孔，以免积存杂质导致磨损）。为便于处理和减小变形，可把钢导轨分段镶装在床身上。镶钢导轨工艺复杂，加工困难，成本高，目前国内主要用作数控机床的滚动导轨。

（4）非铁金属导轨 非铁金属镶装导轨耐磨性好，可以防止咬合磨损和保证运动平稳性，提高运动精度。常用作重型机床运动部件的动导轨与铸铁的支承导轨搭配，材料主要有锡青铜、铝青铜等。

（5）塑料导轨 通过粘接或喷涂把塑料覆盖在导轨面上，这种导轨称为塑料导轨。常用的塑料导轨有聚四氟乙烯（PTFE）导轨软带、环氧型耐磨导轨涂层、复合材料导轨板等。

聚四氟乙烯导轨软带是在聚四氟乙烯基体中添加锡青铜粉、MoS_2和石墨等填充剂混合烧结，并做成软带状，如国产的 TSF 导轨软带、美国产的 Turicite-B 导轨软带等。用相应的胶粘剂将软带粘贴到导轨粘贴面上，因此，这类导轨习惯上称为"贴塑导轨"。聚四氟乙烯导轨软带的特点是摩擦性能好，其静、动摩擦因数基本不变；耐磨性好，材质中添加剂有自润滑作用，对润滑油供油量要求不高，采用间歇式供油即可；减振性能好，塑料的阻尼性能好；此外还有工艺性好，化学稳定性好，维修方便，经济性好等优点。由于导轨软带使用、维修、换带方便，因此应用较广泛。

环氧型耐磨导轨涂层是以环氧树脂和 MoS_2 为基体，加入增塑剂，混合成液状或膏状为一组分，以固化剂为另一组分的双组分塑料涂层。如国产的 HNT 导轨涂层，国外产的 SKC3 导轨涂层等。按厂家指定的表面处理工艺和涂层工艺，将涂层涂刮或注塑（注入膏状塑料）在金属导轨面上，因此，这类导轨习惯上称为"注塑导轨"或"涂塑导轨"。耐磨涂层具有良好的摩擦特性和耐磨性，适用于重型机床和不能用导轨软带的复杂配合型面。这种涂层方法对修复导轨磨损非常方便。

用复合材料制成导轨板，如 FQ-1 导轨板是用金属和塑料制成的三层复合材料。它是在内层钢板上镀铜并烧结一层多孔青铜，在青铜间隙中压入聚四氟乙烯及其他填料制成的。导轨板是用厂家配套的胶粘剂，粘贴在导轨面上的。三层复合材料的导轨板还有 SF-1、SF-2、JS、GS 等，以及国外的 DU 导轨板。导轨板使用、维修方便，应用较广。

2. 导轨的结构

（1）截面形状与组合 滑动导轨可分为凸形和凹形两大类。对于水平布置的机床，凸形导轨不易积存切屑，但难以保存润滑油，因此只适合于低速运动；凹形导轨润滑性能良好，适合于高速运动，但为防止落入切屑等，必须配备良好的防护装置。

直线运动滑动导轨的截面形状主要有三角形（支承导轨为凸形时，也称为山形；支承导轨为凹形时，也称为 V 形）、矩形、燕尾形和圆形，并可互相组合，如图 2-19 所示。旋转运动导轨的截面形状主要有平面圆环形、锥形圆环形和 V 形圆环形。

图 2-19a 所示为双三角形导轨。利用三角形的两个侧面导向，它的导向精度高，精度保持性好，当导轨面出现磨损时会自动下沉补偿磨损量。但由于其属于超定位性质，故加工、检验和维修都比较困难。双三角形导轨常用于精度要求较高的机床，如 Y3150E 型滚齿机立柱导轨。三角形顶角 α 通常取 90°。

图 2-19b 所示为双矩形导轨。这种导轨的刚度高，具有较大的承载能力，制造与维修

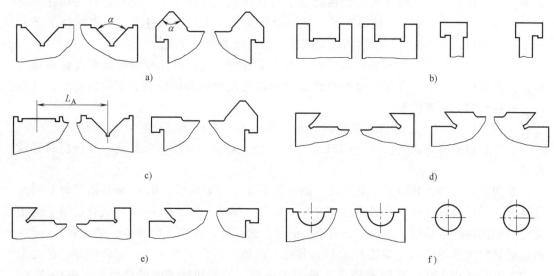

图 2-19　直线运动滑动导轨常用组合形式

简单，适用于卧式精密机床、重型机床、组合机床，特别是数控机床。采用双矩形、动导轨贴塑料软带，是滑动导轨的主要形式。但矩形导轨导向性差，磨损后不能自动补偿，存在侧向间隙，需要用镶条调节，影响了导向精度。当用一条导轨的两侧面导向时，为窄导向；当用两条导轨的外侧导向时，则为宽导向。窄导向的导向精度比宽导向的高，目前以窄导向应用得最多。数控机床上，为提高导向精度，多采用窄导向的双矩形导轨。

图 2-19c 所示为三角形和矩形导轨的组合。这种组合形式兼有导向性好、制造方便和刚度高的优点，应用最广泛。如 CA6140A 型卧式车床溜板、龙门刨床、龙门铣床导轨等。三角形顶角 α 通常取 90°。重型机床由于载荷大，为了增加承载面积，可取 $\alpha = 110° \sim 120°$；对于精密级机床，为了提高导向性，常取 $\alpha < 90°$。

图 2-19d 所示为燕尾形导轨。其结构紧凑，高度尺寸较小，可以承受倾覆力矩，用一根镶条就可调整各接触面的间隙。但这种导轨的刚性较差，摩擦损失较大。燕尾形导轨可用于受力小、层次多、高度尺寸小、要求调整间隙方便和移动速度不大的场合，如卧式车床刀架、升降台铣床的床身导轨等。

图 2-19e 所示为矩形和燕尾形导轨的组合。这种组合形式能承受较大的倾覆力矩，间隙调整也较方便，适合用作横梁、立柱、摇臂等的导轨。

图 2-19f 所示为双圆柱形导轨的组合。圆柱形导轨制造方便，耐磨性较好，不易积存较大的切屑，但磨损后不易补偿，对温度变化敏感，间隙难以调整，常用于移动件只受轴向力的场合。

当工作台宽度很大时，可采用三条或三条以上导轨组合的形式。例如，用三矩形导轨的组合，两边的矩形导轨主要起承载作用，以中间的矩形导轨进行双侧导向。

（2）间隙调整　为保证导轨的正常运动，运动导轨与支承导轨之间应保持适当的间隙。间隙过小会增大摩擦力，使运动不灵活；间隙过大，则会使导向精度降低。导轨结合面的松紧对机床的工作性能有相当大的影响。配合过紧不仅操作费力，还会加快磨损；

配合过松则将影响运动精度，甚至会产生振动。因此，除应在装配过程中仔细地调整导轨的间隙外，使用一段时间后因出现磨损还需重新调整间隙。

间隙调整方法：压板调整，如图 2-20 所示，用压板调整辅助导轨面的间隙和承受倾覆力矩；镶条（平镶条、斜镶条）调整，如图 2-21 所示，将平镶条或斜镶条放在导轨受力较小或不受力的一侧，以保证导轨面的正常接触，这是调整矩形导轨和燕尾形导轨侧向间隙常用的方法。

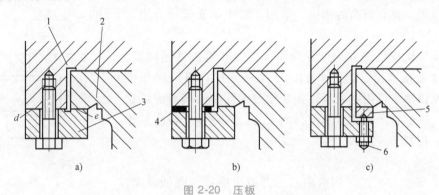

图 2-20　压板

1—动导轨　2—支承导轨　3—刮压板　4—垫片　5—平镶条　6—螺钉

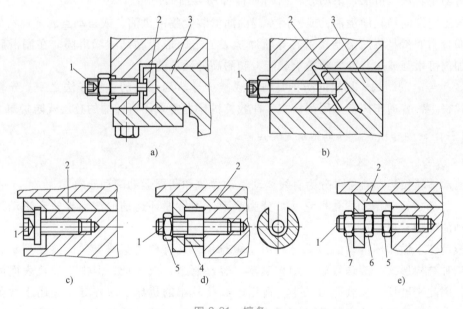

图 2-21　镶条

a)、b) 平镶条　c)、d)、e) 斜镶条

1—螺钉　2—镶条　3—支承导轨　4—开口垫圈　5、6、7—螺母

3. 静压导轨简介

静压导轨是指在两个相对运动的导轨面之间通入具有一定压力的润滑油以后，使动导轨微微抬起，使导轨面间充满润滑油所形成的油膜，工作过程中，导轨面上油腔的油压随外加载荷的变化自动调节，保证导轨面在液体摩擦状态下工作。静压导轨的间隙相

当于润滑油膜的厚度，间隙越大，流量越大，则刚度越小，且导轨容易出现漂移；导轨的间隙越小，流量越小，则刚度越大。

静压导轨按其结构形式可分为开式静压导轨和闭式静压导轨两类。开式静压导轨如图 2-22a 所示，用于运动速度比较低的重型机床。闭式静压导轨如图 2-22b 所示，可以承受双向外载荷，具有较高的刚度，常用于要求承受倾覆力矩的场合。

静压导轨按供油方式可分为恒压供油和恒流供油两类。恒压供油是指节流器进口处的油压是一定的，目前应用较多。恒流供油是指用定量泵供油，使流经油腔的润滑油流量保持一个定值，工作油压随载荷而变化，油膜刚度较高且稳定，但结构复杂。

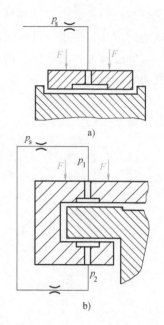

图 2-22 静压导轨

4. 导轨的润滑与防护

（1）导轨的润滑 润滑的目的是减少磨损、降低温度、减小摩擦力和防止锈蚀。导轨常用的润滑剂有润滑油和润滑脂，滑动导轨用润滑油，滚动导轨则两种都可用。油润滑可采用人工定期向导轨面浇油，或采用专门的润滑装置集中供油，或自动点滴式润滑等。

润滑脂润滑是将润滑脂覆盖在导轨摩擦表面上，形成粘结型润滑膜。在润滑脂中加入添加剂可增强或改善导轨副的承载能力和耐高低温性能。

（2）导轨的防护 导轨的防护是防止或减少导轨副磨损的重要方法之一。导轨的防护方式很多，普通车床常采用刮板式，在数控机床上常采用可伸缩的叠层式防护罩。

（三）滚动导轨的结构类型及其特点

1. 滚动导轨的结构类型

滚动导轨按运动轨迹可分为直线运动滚动导轨和圆周运动滚动导轨。

（1）直线运动滚动导轨 它又可分为滚动体不做循环运动的滚动导轨和滚动体做循环运动的滚动导轨。

滚动体不做循环运动的滚动导轨用于短行程，又可分为滚珠导轨、滚柱导轨和滚针导轨三种结构形式。滚珠导轨的结构紧凑，容易制造，成本低，但由于导轨表面属于点接触，因此刚度低，承载能力较小，适用于载荷较小的机床。滚柱导轨适用于载荷较大的机床。滚针导轨的特点是滚针直径小，结构紧凑。与滚柱导轨相比，滚针导轨在同样长度内可以排列更多的滚动体，因而承载能力较大，但摩擦力大一些，适用于结构尺寸受限制的场合。

滚动体做循环运动的滚动导轨在数控机床上应用较多，因为数控机床导轨行程一般较长，所以滚动体必须循环。常用的有直线滚动导轨副和滚动导轨块两种。

直线滚动导轨副一般用滚珠作为滚动体，包括导轨条和滑块两部分。导轨条通常为两根，每根导轨条上有两个滑块，固定在动导轨体上。如果动导轨体较长，可以在一个导轨上装三个滑块；如果动导轨体较宽，可采用三根导轨。如图 2-23 所示，滑块 5 中装有四组滚珠 1，在导轨条 7 和滑块的直线滚道内滚动。当滚珠滚到滑块的端点时，就经合成树脂制造的端面挡板 4 和滑块中的回珠孔 2 回到另一端，经另一端面挡块再进入循环。四组滚珠各有自己的回珠孔，分别处于滑块的四角。四组滚珠和滚道相当于四个直线运动角接触球轴承。接触角 $\alpha = 45°$ 时，四个方向具有相同的承载能力。由于滚道的曲率半径略大于滚珠半径，在载荷作用下接触区为椭圆，接触面积随载荷的大小而变化。整体型的滚动导轨由制造厂家通过选配不同直径钢球的办法来决定间隙或进行预紧。用户可根据对预紧的要求订货，不需要自己调整。

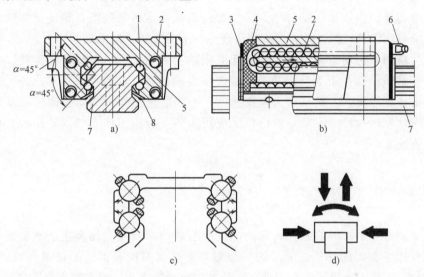

图 2-23　直线滚动导轨副

1—滚珠　2—回珠孔　3、8—密封垫　4—端面挡板　5—滑块　6—油嘴　7—导轨条

滚动导轨块用滚子作为滚动体，承载能力和刚度都比直线滚动导轨高，但摩擦因数略大。如图 2-24 所示，导轨块 2 用固定螺钉 1 固定在动导轨 3 上，滚动体 4 在导轨块 2 与支承导轨（一般用镶钢导轨）5 之间滚动，滚动体经两端带返回槽挡块 6、7 及上面返回槽返回，做循环运动。

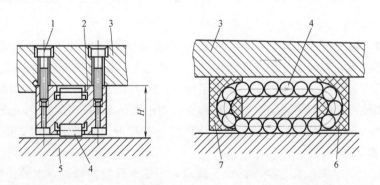

图 2-24　滚动导轨块

1—固定螺钉　2—导轨块　3—动导轨　4—滚动体　5—支承导轨　6、7—带返回槽挡块

（2）圆周运动滚动导轨 这类导轨用于机床回转工作台。常用的有滚珠导轨和滚柱导轨。滚珠导轨适用于轻载低速运动的工作台。滚柱导轨适用于数控立式车床、立式磨床的回转工作台。

为了保证滚动导轨所需的运动精度、承载能力和刚度，需进行消隙或预紧调整。有预紧的滚动导轨常用于对移动精度要求较高的精密机床导轨，垂直配置的立式机床滚动导轨，倾覆力矩较大、滚动体易翻转的滚动导轨等。

2. 滚动导轨的特点和应用

与滑动导轨相比，滚动导轨的优点是运动灵敏度高，其摩擦因数小于0.005，静、动摩擦因数很接近，在低速运动时不会产生爬行现象，定位精度高，精度保持性好，可用润滑脂润滑等。但其抗振性差，对脏物很敏感，结构复杂，制造成本高。

滚动导轨用于实现微量进给，如外圆磨床砂轮架的移动；实现精确定位，如坐标镗床工作台的移动；也可用于对运动灵敏度要求高的场合，如数控机床。此外，工具磨床为使手摇工作台轻便、立式车床为提高速度、平面磨床工作台为防止高速移动时浮起等也都采用滚动导轨。目前滚动导轨已广泛应用于各类通用机床，特别是在数控机床上应用得更为普遍。

第三节 自动换刀装置

在机械制造业中，一般数控机床的出现对改进产品质量、提高生产率和改善劳动条件等已经发挥了重要的作用。为了进一步缩短非切削时间，提高生产率和自动化程度，在20世纪60年代末出现了能在工件一次装夹中自动顺序地完成多种不同工序加工的数控机床。这类多工序的数控机床均带有自动换刀装置（Automatic Tool Change，ATC），它能够自动地更换加工中所用的刀具。自动换刀装置包括贮存刀具的刀库，以及能够将刀具在刀库和主轴间进行交换的装置。自动换刀装置应满足换刀时间短、刀具重复定位精度高、换刀安全可靠以及有足够的刀具贮存量等基本要求。

一、自动换刀装置的常见形式

1. 回转刀架

回转刀架常用于数控车床。回转刀架的形式有立轴式和卧轴式。立轴式回转刀架一般为四方刀架或六方刀架，分别可安装四把或六把刀具；卧轴式通常为圆盘式回转刀架，可安装的刀具数量较多，在数控车床中应用较多。图2-25所示为CK3225型数控车床上卧轴式八刀位回转刀架的结构，刀架的夹紧和回转均由液压驱动。它的工作原理如下。

（1）松开刀架 当接到回转信号后，液压缸6右腔进油，将中心轴2和刀盘1左移，使鼠牙盘12和11分离。

（2）刀架转位 液压马达驱动凸轮5旋转，凸轮5拨动回转盘3上的柱销4，使回转盘带动中心轴和刀盘旋转。回转盘上均布着八个柱销4，凸轮每转一周，拨动一个柱销，使刀盘转过一个刀位，同时，固定在中心轴尾端的选位凸轮9相应地压合计数开关10一

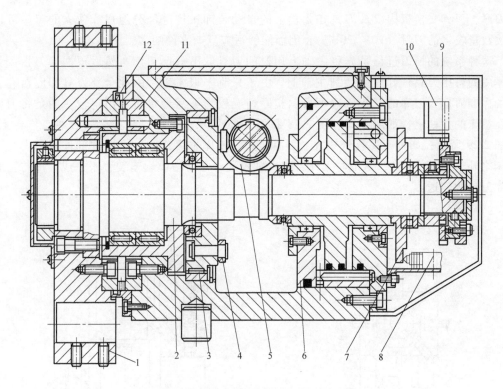

图 2-25 CK3225 型数控车床刀架结构

1—刀盘 2—中心轴 3—回转盘 4—柱销 5、9—凸轮
6—液压缸 7—圆盘 8、10—开关 11、12—鼠牙盘

次，当刀盘转到新的预选刀位时，液压马达停转。

（3）刀架夹紧 液压缸 6 左腔进油，将中心轴 2 和刀盘 1 右移，两鼠牙盘啮合实现精确定位，并将刀架夹紧，此时圆盘 7 压下开关 8，发出回转结束信号。

2. 动力刀架

动力转塔刀架（见图 1-61）适用于车削中心机床，其刀盘上既可以安装各种非动力辅助刀夹夹持刀具进行加工，也可以安装动力刀夹夹持刀具进行主动切削，完成横向钻孔及攻螺纹、端面钻孔及攻螺纹、铣平面、铣键槽、铣扁方等各种复杂工序（见图1-60），实现加工自动化、高效化。

3. 主轴与刀库合为一体的自动换刀装置

在主运动为刀具转动的数控机床中，这是一种比较简单的换刀方式。若干根主轴（一般为 6~12 根轴）安装在一个可以转动的转塔头上，每根主轴对应装有一把可旋转的刀具。根据工序要求可以依次将装有所需刀具的主轴转到加工位置，实现自动换刀，同时接通主传动。因此，这种换刀方式又称为更换主轴换刀，转塔头实际上就是一个刀库。图 2-26 所示为更换主轴换刀在数控机床上的应用实例，转塔上均布的八把可旋转的刀具对应装在八根主轴上，转动转塔头，即可更换所需的刀具。

4. 主轴与刀库分离的自动换刀装置

这种换刀装置具有独立的刀库，因此又称为带刀库的自动换刀系统。这种换刀系统由刀库、刀具交换机构以及刀具在主轴上的自动装卸机构等部分组成。独立的刀库可以存放数量较多的刀具（20~120 把），因而能够适应复杂零件的多工序加工。

这种系统的换刀过程是先将主轴上用过的刀具取下放回刀库，然后根据选刀指令将刀库中的待用刀具选好后交换到主轴上。由于只有一根主轴，因此全部刀具都应具有统一的标准刀柄。刀库的安装位置可根据实际情况较为灵活地设置，用得较多的是将刀库装在机床的立柱上，如图 2-27、图 2-28 和图 1-65 所示；也可以将刀库安装在工作台上，如图 2-29 所示；如果刀库容量较大、刀具较重，刀库也可作为一个独立部件落地安装在机床之外（见图 2-30），落地时刀库若离主轴较远，常需增设运输装置来完成刀库与主轴之间刀具的输送。

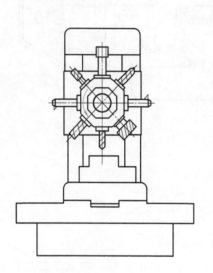

图 2-26　更换主轴换刀

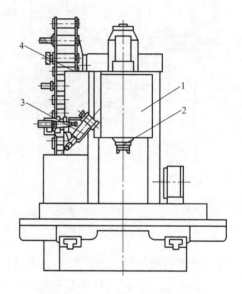

图 2-27　带刀库的自动换刀系统 （一）

1—主轴箱　2—主轴　3—机械手　4—刀库

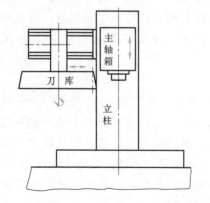

图 2-28　带刀库的自动换刀系统 （二）

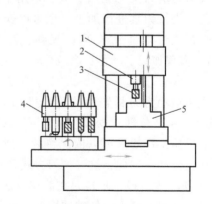

图 2-29　带刀库的自动换刀系统 （三）

1—主轴箱　2—主轴　3—刀具

4—刀库　5—工件

二、刀库及刀具的选择方式

1. 刀库

刀库是自动换刀装置中最重要的部件之一，其功能是贮存加工所需的各种刀具，它的容量和具体结构对数控机床的设计有很大影响。

根据刀库所需的容量和取刀的方式，可将刀库设计成各种不同的形式，图 2-31 所示为几种常见的刀库形式。图 2-31a～d 所示为单盘式刀库，刀具轴线相对刀库轴线分别按轴向、径向、斜向配置（见图 2-31a～c），图 2-31d 所示为刀具可做 90° 翻转的圆盘刀库，采用这种结构可以简化取刀动作，故其应用较广泛；图 2-31e 所示为鼓轮弹仓式（又称刺猬式）刀库，其结构紧凑、容量大，但选刀和取刀动作较复杂；图 2-31f～h 所示为链式刀库，这种刀库结构简单、布局灵活、容量较大，故应用较多。

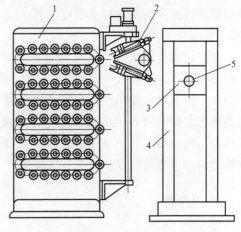

图 2-30 带刀库的自动换刀系统（四）
1—刀库 2—机械手 3—主轴箱 4—立柱 5—主轴

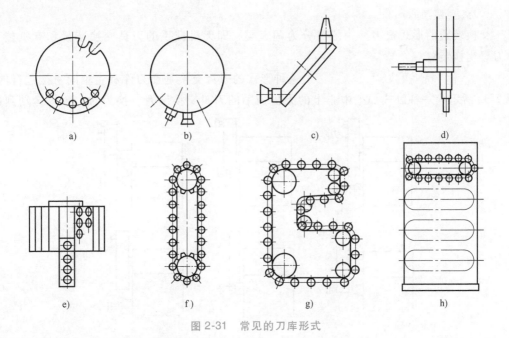

图 2-31 常见的刀库形式

2. 刀具的选择方式

刀具的选择方式是否合理是影响自动换刀系统性能的重要因素之一。从刀库中选出需要的刀具，然后将其运送到换刀位置有两种基本方式：一是顺序选刀，二是任意选刀。

（1）顺序选刀　这种选刀方式是将加工所需刀具按预先确定的加工顺序依次排列于刀库中，无需进行各把刀具的识别，选择并取出时简单容易。但是，刀具放入刀库时必须重新排列刀库中的刀具顺序，这一过程比较繁琐。

（2）任意选刀　这种选刀方式是目前加工中心普遍采用的选刀方式。任意选刀必须对各把刀具或附件进行必要的编码，使其成为可识别的刀具。这种编码是在刀具的刀座或刀柄上进行的，由此可见，任意选刀又有两种换刀方式，即刀座编码方式和刀柄编码（随机换刀）方式。

在刀座编码方式中，一把刀具只对应一个刀座，刀具从哪一个刀座中取出，用毕仍归回哪个刀座。这种方式的取刀、归刀比较麻烦，时间较长。

在刀柄编码（随机换刀）方式中，以刀柄编码结合刀座地址，寄存于 PC 的保持性存储器中，并始终对刀具进行跟踪，随时掌握刀具和刀座的动态，实现从刀库取用刀具，用毕归刀时不必返回原来位置，而是刀库上有空刀位即可插入。刀库上有检测装置，可以检测每个刀座的位置，还设有机械原点，使每次选刀时能够就近选取。

三、刀具交换装置

在刀库与主轴之间传递与装卸刀具的装置称为刀具交换装置。交换装置的形式和结构对数控机床的总体布局和生产率有直接影响，而交换装置的工作是否可靠是影响数控机床工作可靠性的重要因素。

1. 交换装置的形式

交换装置的形式很多，一般可分为两大类，即无机械手的刀具交换装置和有机械手的刀具交换装置。

（1）无机械手的刀具交换装置　这种形式的刀具交换是在刀库和主轴间直接进行的。图 2-32 所示为一种卧式加工中心上的无机械手的刀具交换装置，换刀时，主轴运动到达

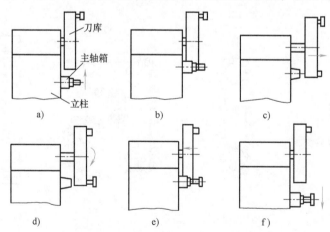

图 2-32　无机械手的刀具交换装置

a）初始位置　b）主轴上移至换刀位置　c）刀库右移将主轴刀具取出　d）刀库旋转将待换刀具转至主轴位置
e）刀库左移将刀具送进主轴　f）换刀结束后主轴返回原位

换刀位置，使主轴轴线与刀库空刀座轴线重合，利用刀库的前后移动和转动对主轴进行刀具的装卸交换。这种形式的换刀装置结构简单，可靠性较高，但刀库容量较小，换刀动作较多，换刀时间较长。

无机械手换刀方式中特别需要注意的是刀库转位和定位的准确度。为保证转位准确，就要尽力消除刀库驱动传动链中各传动副的间隙，为此可采用双导程蜗杆副，或采用可以相互错位的两片齿轮结构形式，或采用插销定位、反靠定位等方法来准确定位。

（2）有机械手的刀具交换装置 有机械手的刀具交换装置及其换刀过程如图 1-72 所示。图 2-33 所示为一种双机械手结构，一只机械手在主轴位置取刀时，另一只机械手已抓好待用刀具准备装刀，因而其换刀时间也较短。双机械手换刀装置在布局上较为灵活，因此其应用范围比较广。

2. 机械手的类型

在自动换刀装置中，机械手的功用是把主轴上已用过的刀具送回刀库，再把刀库中待用的刀具送到主轴上。机械手的形式也是多种多样的，图 2-34 所示为机械手的几种基本形式，图 2-34a 所示为钩手，抓刀运动为旋转运动；图 2-34b 所示为抱手，抓刀运动为两个手指的旋转运动；图 2-34c、d 所示

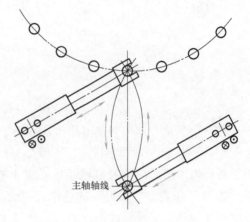

图 2-33 双机械手自动换刀

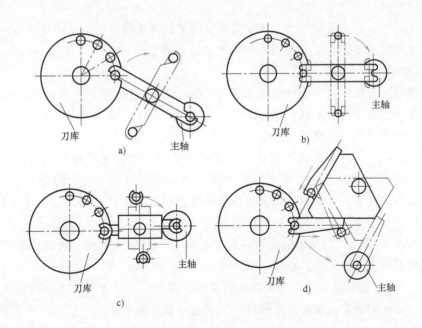

图 2-34 机械手的几种基本形式

为叉手，抓刀运动为直线运动。

图 2-35 所示为常见的几种机械手。

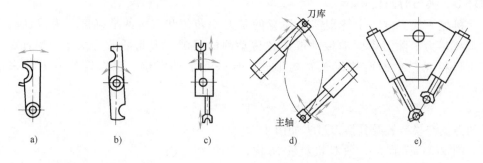

图 2-35 常见的机械手

（1）回转式单臂单手机械手 图 2-35a 所示机械手的手臂可以回转不同的角度，手臂上只有一个平爪，卸刀和装刀均由这一个手爪完成，因此换刀时间较长。

（2）回转式单臂双手机械手 图 2-35b 所示为两手不可伸缩的形式，图 2-35c 所示为两手可伸缩的形式，这种机械手的手臂上有两个手爪，两个手爪各有分工，分别完成卸下"旧刀"和装上"新刀"的动作，因此其换刀时间较短。这种类型的机械手适用于刀库中刀座轴线与主轴轴线平行的自动换刀装置。图 2-35c 所示机械手由于其两臂在缩回后回转，可避免与刀库中的其他刀具发生干涉，但由于增加了伸缩动作，故其换刀时间相对较长。

（3）双机械手 图 2-35d 所示机械手相当于两个单臂单手机械手，工作时相互配合进行换刀，因而其换刀时间也较短。

（4）双手交叉式机械手 图 2-35e 所示机械手的两手臂可做直线往复运动，并交叉一定角度，工作时两手配合以实现刀库与主轴间的运刀工作。

3. 刀具的夹持

在自动换刀系统中，为了便于机械手的抓取，所有刀具应采用统一的标准刀柄。图 2-36 所示为一种标准刀柄形式，图中 1 为机械手抓取部位，2 是刀柄，3 是键槽，4 是安装可调节拉杆的螺孔，供拉紧刀柄用。

在换刀过程中，由于机械手抓住刀柄后要做快速回转，进行拔刀、插刀的动作，还要保证刀柄键槽的位置对准主轴上的端面驱动键，因此机械手的夹持部分要十分可靠，并保证有适当的夹紧力，其活动爪要有锁紧装置，以防止刀具在换刀过程中转动或脱落。机械手夹持刀具的方法有柄式夹持和法兰盘夹持两种。

图 2-37 所示为柄式机械手的夹持机构，刀具装入时活动手指 1 可绕轴 2 回转，其左端被弹簧柱塞 6 顶紧，使刀具进出手爪时手指具有一定的夹紧力（螺栓 5 可以调节这个夹紧力的大小）。锁紧销 4 使活动手指 1 的左端紧靠在挡销 3 上，右端与固定爪 7 将刀柄牢固夹持，防止刀具在交换过程中脱落。锁紧销 4 还可轴向移动，放松活动手指 1，以便插刀或送刀。

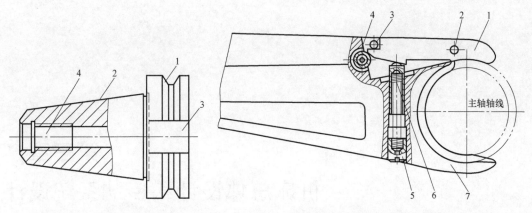

图 2-36　标准刀柄形式
1—机械手抓取部位　2—刀柄
3—键槽　4—安装可调节拉杆的螺孔

图 2-37　柄式机械手的夹持机构
1—活动手指　2—轴　3—挡销　4—锁紧销
5—螺栓　6—弹簧柱塞　7—固定爪

习题与思考题

2-1　在两支承主轴部件中，前、后轴承的精度对主轴部件旋转精度的影响是否相同？为什么？

2-2　角接触轴承（如圆锥滚子轴承、角接触球轴承等）的安装方式对主轴的刚度有何影响？

2-3　主轴支承跨距与主轴部件刚度有什么关系？确定合理跨距时应考虑哪些问题？

2-4　何谓支承件的自身刚度、局部刚度和接触刚度？

2-5　何谓支承件的静刚度和动刚度？

2-6　从结构上考虑，提高机床支承刚度的主要措施有哪些？

2-7　导轨副的材料应如何选配？

2-8　直线运动滑动导轨的截面形状有哪些？各有什么优缺点？

2-9　直线运动滑动导轨间隙的调整方法有哪些？各用于什么场合？

2-10　塑料导轨有何特点？

2-11　静压导轨和滚动导轨各有何特点？各适用于什么场合？

2-12　自动换刀装置的功用是什么？有哪些基本要求？

2-13　自动换刀装置包括什么？

2-14　自动换刀装置的常见形式有哪些？它们的主要区别是什么？各有何优缺点？

2-15　常见的刀库形式有哪些？分别用于什么场合？

2-16　刀具交换有哪些方法？各有何优缺点？机械手有哪几种基本形式？各有何特点？

第三章
机床总体设计和传动系统设计

一、机床设计的基本要求

为了设计和制造技术先进、质量好、效率高、结构简单、使用方便的机床,设计时应考虑如下基本要求。

1. 工艺范围

机床的工艺范围是指机床适应不同生产要求的能力,包括机床可以完成的工序种类,所加工零件的类型、材料和尺寸范围、毛坯种类、加工精度和表面粗糙度。如果机床的工艺范围过宽,将使机床的结构复杂,不能充分发挥机床各部件的性能;如果机床的工艺范围较窄,可使机床结构简单,易于实现自动化,提高生产率。但工艺范围过窄,会使机床的使用范围受到一定的限制。所以,机床的工艺范围必须根据使用要求和制造条件合理确定。

一般来说,传统的通用机床都具有较宽的工艺范围,以适应不同工序的需要;数控机床的工艺范围比传统通用机床宽,使其具有良好的柔性;专用机床和专门化机床则应合理地缩小工艺范围,以简化机床结构,保证质量,降低成本,提高生产率。

2. 生产率和自动化程度

机床的生产率是指在单位时间内机床加工出合格产品的数量。使用高效率机床可以降低生产成本,提高机床的自动化程度,减轻工人的劳动强度,稳定加工精度。实现机床自动化加工所采用的方法与生产批量有关。数控机床因具有很大的柔性,且不需专用的工装,适应能力强,生产率高,故是实现机床自动化加工的一个重要发展方向。

3. 加工精度和表面粗糙度

加工精度是指被加工零件在形状、尺寸和相互位置方面所能达到的准确程度,主要的影响因素是机床的精度和刚度。

机床的精度包括几何精度、传动精度、运动精度和定位精度。在空载条件下检测的精度，称为静态精度；机床在重力、夹紧力、切削力、各种激振力和温升作用下，主要零部件的几何精度称为动态精度。为了保证机床的加工精度，要求机床具有一定的静态精度和动态精度。工件加工表面的表面粗糙度与工件和刀具材料、进给量、刀具的几何角度及切削时的振动有关，机床的振动与机床的结构刚度、阻尼特性、主要零部件的固有频率等有关。

4. 可靠性

机床的可靠性是指在其额定寿命期限内，在正常工作条件下和规定时间内出现故障的概率。由于故障会造成加工中的部分废品，故可靠性也常用废品率来表示，废品率低则说明可靠性好。

5. 机床的效率和寿命

机床的效率是指消耗于切削的有效功率与电动机输出功率之比。两者的差值即为损失，该损失转化为热量，若损失过大（效率低），将使机床产生较大的热变形，影响加工精度。

机床的寿命是指机床保持其应有加工精度的使用期限，也称精度保持性。寿命期限内，在正常工作条件下，机床不应丧失设计时所规定的精度指标。为提高机床寿命，主要是提高一些关键性零件的耐磨性，并使主要传动件的疲劳寿命与之相适应。

6. 系列化、通用化、标准化程度

产品系列化、零部件通用化和标准化的目的是便于机床的设计、使用与维修。机床产品系列化是指对每一类型不同组、系的通用机床，合理确定其应有哪几种尺寸规格，以便以较少品种的机床来满足各类用户的需求。提高机床零部件通用化和零件标准化程度，可以缩短设计、制造周期，降低生产成本。

7. 环境保护

机床噪声影响正常的工作环境，危害人的身心健康。机床传动机构中各传动副的振动，某些结构的不合理及切削过程中的颤振等都将产生噪声。特别是现代机床切削速度的提高、功率的增大、自动化功能的增多，其噪声污染的问题也越来越严重。所以，设计机床时应尽量设法降低其噪声。此外，机床的油雾、粉尘和腐蚀介质等都对人体有害，设计时应考虑尽量避免这些有害物质向四周扩散而污染环境，避免操作者与这些有害物质直接接触而危害人体健康。

8. 其他

机床的操作必须方便、省力、易于掌握，这样既可提高机床的可靠性，又可减少事故的发生，保证操作者的安全。此外，机床的外形必须合乎时代要求，美观大方的造型和适宜的色彩均能使操作者有舒适宜人的感觉，从而提高工作效率。

总之，设计机床时必须从实际出发综合考虑，既要有重点又要照顾其他，一般应充分考虑加工精度、表面质量、生产率和可靠性。

二、机床的设计方法和设计步骤

1. 机床的设计方法

理论分析、计算和试验研究相结合的设计方法是机床设计的传统方法，随着科学技术的进步，机床设计的理论和方法也在不断进步。计算机技术和分析技术的迅速发展，使得计算机辅助设计（CAD）和计算机辅助工程（CAE）等技术，已经应用于机床设计的各个阶段，改变了传统的设计方法，由定性设计向定量设计、由静态和线性分析向动态和非线性分析、由可靠性设计向最佳设计过渡，提高了机床的设计质量和设计效率。

机床的设计方法还应考虑机床的类型，如通用机床应采用系列化设计方法等。

2. 机床的设计步骤

不同类型的机床其设计方法也不尽相同，一般机床的设计步骤为调查研究、拟定方案、技术设计和整机综合评定。

（1）调查研究　掌握第一手资料是做好机床设计工作的关键。调查市场对机床的需求情况，调查用户对机床的新要求及现行加工方法的优缺点，收集并分析国内外同类型机床的先进技术、发展趋势和有关的科技动向，调查制造厂家的设备条件、技术能力和生产经验等。

（2）拟订方案　在调查研究、分析工件和加工工艺的基础上，提出多种总体设计方案。它包括运动功能、基本参数、机床总体布局、传动系统、电气系统、液压系统、主要部件的结构草图、试验结果及技术经济综合分析等。然后，对所选择的方案进行进一步修改或优化，直至确定最终方案。

拟订方案时要尽可能采用新结构、新材料、先进的工艺和技术，并注意以生产实践和科学实验为依据。

（3）技术设计　根据最终确定的总体设计方案，绘制机床总图、部件装配图、液压与电气装配图，并进行运动计算和动力计算，然后进行零件图设计和各种技术文件编写。

（4）整机综合评定　在所有设计完成之后，还须对所设计的机床进行整机性能分析和综合评价。

三、机床的总体布局和主要技术参数的确定

（一）机床的总体布局

机床的总体布局设计是指按工艺要求决定机床所需的运动，确定机床的组成部件，确定各个部件的相对运动和相对位置关系，同时也要确定操纵和控制机构在机床中的配置。通用机床的布局已形成传统的形式，但随着数控等新技术的应用，传统的布局也在发生变化。专用机床的布局没有固定的形式，灵活性较大。

1. 影响机床总体布局的基本因素

（1）表面成形方法　不同形状的加工表面往往采用不同的刀具、不同的表面成形方法和不同的表面成形运动来完成，从而导致了机床总体布局上的差异。即使是相同形状

的加工表面，也可用不同的刀具、表面成形运动和表面成形方法来实现，从而形成不同的机床布局。例如，齿轮的加工可用铣削、拉削、插齿和滚齿等方法。

（2）机床运动的分配　工件表面成形方法和运动相同，而机床运动分配不同，机床布局也不相同。图 3-1 所示为数控镗铣床布局，其中图 3-1a 所示是立式布局，适用于对工件的顶面进行加工；如果要对工件的多个侧面进行加工，则应采用卧式布局，使工件在一次装夹时完成多侧面的铣、镗、钻、铰、攻螺纹等加工，如图 3-1b、c 所示。

在分配运动时，必须注意使运动部件的质量尽量小，使机床有较高的刚度，这样有利于保证加工精度，并使机床占地面积小。

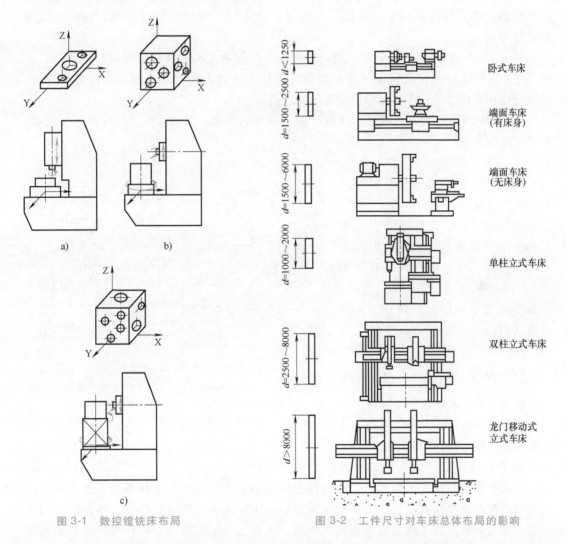

图 3-1　数控镗铣床布局　　　　　　图 3-2　工件尺寸对车床总体布局的影响

（3）工件的尺寸、质量和形状　工件的表面成形运动与机床部件的运动分配基本相同，但是工件的尺寸、质量和形状不同，也会使机床布局不尽相同。图 3-2 所示为车削不同尺寸和质量的盘类工件时机床的不同布局。

（4）工件的技术要求　工件的技术要求包括加工表面的尺寸精度、几何精度和表面粗糙度等。技术要求高的工件，在进行机床总体布局设计时，应保证机床具有足够的精度和刚度，小的振动和热变形等。对于某些有内联系要求的机床，缩短传动链可以提高其传动精度；采用框架式结构可以提高机床刚度；高速车床采用分离式传动可以减少振动和热变形。

（5）生产规模和生产率　生产规模和生产率的要求不同，也必定会对机床布局提出不同的要求，如考虑主轴数目、刀架形式、自动化程度、排屑和装卸等问题，从而导致机床布局的变化。以在车床上车削盘类零件为例，单件小批生产时可采用卧式车床；中批生产时可采用转塔车床；大批大量生产时就要考虑安装自动上下料装置，采用多主轴、多刀架同时加工，其控制系统可实现半自动或全自动循环等，同时还应考虑排屑方便。

（6）其他　机床总体布局还必须充分考虑人的因素，机床部件的相对位置安排、操纵部位和安装工件部位应便于观察和操作，并和人体基本尺寸及四肢活动范围相适应，以减轻操作者的劳动强度，保障操作者的身心健康。

其他如机床外形美观，调整、维修、吊运方便等问题，在总体布局设计时也应综合、全面地进行考虑。

2. 模块化设计

所谓模块化设计是对具有同一功能的部件或单元（如刀架），根据用途或性能不同，设计出多种能够互相换用的模块，让用户能根据生产需要选用，从而组合成各种通用机床、变型机床或专用机床。图3-3所示为卧式车床的各种模块，不同模块互相组合，就可得到不同用途的车床。

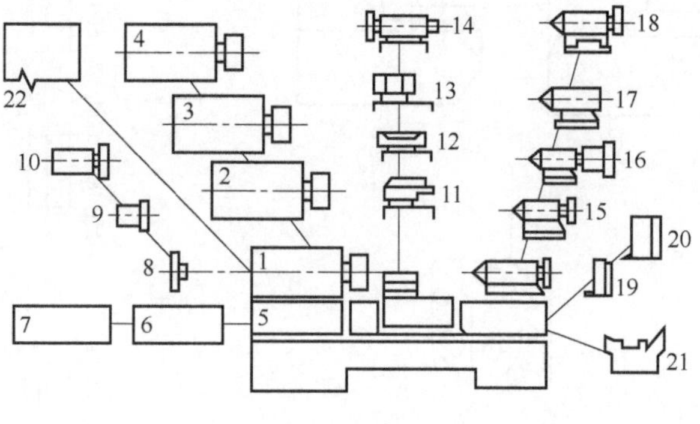

图3-3　卧式车床模块化设计实例

1、2、3、4—主轴箱　5、6、7、19、20—进给机构
8、9、10—夹紧装置　11、12、13、14—刀架
15、16、17、18—尾座　21—床身　22—双轴主轴箱模块

（二）机床主要技术参数的确定

机床主要技术参数包括机床的主参数和基本参数，基本参数包括尺寸参数、运动参数和动力参数三种。

1. 主参数和尺寸参数

机床主参数是代表机床规格大小及反映机床最大工作能力的一种参数。通用机床的主参数通常都以机床的最大加工尺寸来表示，专用机床的主参数一般以与通用机床相对应的主参数表示。为了更完整地表示机床的工作能力和加工范围，可在主参数后面标出第二主参数，如最大工件长度、最大跨距等。

机床尺寸参数是指机床主要结构的尺寸参数，包括与被加工工件有关的尺寸参数，如卧式车床最大加工工件长度、刀架上最大加工直径等；与工具、夹具、量具有关的尺寸参数，如卧式车床的主轴锥孔及其前端尺寸等。

2. 运动参数

运动参数是指机床执行件（如主轴、工作台、刀架）的运动速度。

（1）主运动参数　主运动为旋转运动时，机床的主运动参数是主轴转速 n（单位为 r/min），即

$$n = \frac{1000v}{\pi d}$$

式中　v——切削速度，单位为 m/min；

d——工件（或刀具）直径，单位为 mm。

主运动为往复直线运动时，如刨床、插床等，主运动参数是刀具或工件的每分钟往复次数（单位为次/min）。

对于专用机床，由于它是用来完成特定工序的，可根据特定工序实际使用的切削速度和工件（或刀具）的直径确定主轴转速，且大多数情况下只需要一种速度。对于通用机床，为适应各种不同的加工要求，主轴应有一定的变速范围和变速方式（有级或无级变速）。

1）主运动速度范围。主运动最高转速、最低转速及其变速范围为

$$n_{max} = \frac{1000v_{max}}{\pi d_{min}} \qquad n_{min} = \frac{1000v_{min}}{\pi d_{max}} \qquad R_n = \frac{n_{max}}{n_{min}}$$

其中，v_{max} 与 v_{min} 可根据切削用量手册、现有机床使用情况调查或切削试验确定；d_{min} 和 d_{max} 不是指机床上可能加工的最小直径和最大直径，而是根据典型加工情况决定的，一般有推荐值。

2）主轴转速的合理安排。通用机床采用有级变速时，机床主传动系统的转速数列或双行程数列均按等比级数排列，若其公比用 φ 表示，转速级数为 Z，则转速数列为

$$n_1 = n_{min} \quad n_2 = n_{min}\varphi \quad n_3 = n_{min}\varphi^2 \quad n_4 = n_{min}\varphi^3, \cdots, n_Z = n_{min}\varphi^{Z-1}$$

主轴转速数列按等比级数的规律排列，主要原因是使其转速范围内的任意两个相邻转速之间的相对转速损失均匀。如加工某一工件所需的最有利的切削速度为 v，相应转速为 n，则 n 通常介于两个相邻转速 n_j 和 n_{j+1} 之间，即 $n_j < n < n_{j+1}$。如果采用 n_{j+1}，将会提高切削速度，降低刀具寿命，为了不降低刀具的寿命，只能选用 n_j，而这将带来转速损失 $(n-n_j)$，用相对转速损失表示为

$$A = \frac{n-n_j}{n}$$

最大的相对转速损失是当所需的最有利的转速 n 趋近于 n_{j+1} 时，即

$$A_{max} = \lim_{n \to n_{j+1}} \frac{n-n_j}{n} = \frac{n_{j+1}-n_j}{n_{j+1}} = 1 - \frac{n_j}{n_{j+1}}$$

可见，最大相对转速损失取决于两相邻转速之比。在其他条件（直径、进给量、背吃刀量）不变的情况下，相对转速的损失就反映了生产率的损失。假如通用机床主轴的每一级转速的使用机会均等，则应使任意相邻两转速间的 A_{max} 相等，即

$$A_{max} = 1 - \frac{n_j}{n_{j+1}} = 常数 \qquad 或 \qquad \frac{n_j}{n_{j+1}} = 常数 = \frac{1}{\varphi}$$

可见，当任意相邻两级转速之间的关系为 $n_{j+1} = n_j\varphi$ 时，可使各相对转速损失（即生产率损失）均等。

此外，按等比规律排列的转速数列，还可通过串联若干个滑移齿轮组来实现较多级的转速，从而减少传动齿轮数，使传动系统得到简化。

变速范围 R_n、公比 φ 和转速级数 Z 有如下关系

$$R_n = \frac{n_{max}}{n_{min}} = \varphi^{Z-1} \tag{3-1}$$

两边取对数得

$$Z = 1 + \frac{\lg R_n}{\lg \varphi} \tag{3-2}$$

按上式求得的 Z 应圆整为整数。为便于采用双联或三联滑移齿轮变速，Z 最好是因子 2 和 3 的乘积。

3）标准公比和标准转速数列。因为转速数列是递增的，所以规定标准公比 $\varphi > 1$，并规定 A_{max} 不大于 50%，则相应 φ 不大于 2，故 $1 < \varphi \leqslant 2$。标准公比见表 3-1。

表 3-1 标准公比

φ	1.06	1.12	1.26	1.41	1.58	1.78	2
$\sqrt[E_1]{10}$	$\sqrt[40]{10}$	$\sqrt[20]{10}$	$\sqrt[10]{10}$	$\sqrt[20/3]{10}$	$\sqrt[5]{10}$	$\sqrt[4]{10}$	$\sqrt[20/6]{10}$
$\sqrt[E_2]{2}$	$\sqrt[12]{10}$	$\sqrt[6]{2}$	$\sqrt[3]{2}$	$\sqrt{2}$	$\sqrt[3/2]{2}$	$\sqrt[6/5]{2}$	2
A_{max}	5.7%	11%	21%	29%	37%	44%	50%
与1.06的关系	1.06^1	1.06^2	1.06^4	1.06^6	1.06^8	1.06^{10}	1.06^{12}

当选定标准公比 φ 之后，转速数列可以直接从表 3-2 中查出。表中给出了公比为 1.06 的从 1～15000 的数列，其他公比的数列可由此派生得到。表 3-1 和表 3-2 均适用于转速、双行程和进给系列，也可以用于机床尺寸和功率参数等数列。

表 3-2 标准数列表

1	2	4	8	16	31.5	63	125	250	500	1000	2000	4000	8000
1.06	2.12	4.25	8.5	17	33.5	67	132	265	530	1060	2120	4250	8500
1.12	2.24	4.5	9.0	18	35.5	71	140	280	560	1120	2240	4500	9000
1.18	2.36	4.75	9.5	19	37.5	75	150	300	600	1180	2360	4750	9500
1.25	2.5	5.0	10	20	40	80	160	315	630	1250	2500	5000	10000
1.32	2.65	5.3	10.6	21.2	42.5	85	170	335	670	1320	2650	5300	10600
1.4	2.8	5.6	11.2	22.4	45	90	180	355	710	1400	2800	5600	11200
1.5	3.0	6.0	11.8	23.6	47.5	95	190	375	750	1500	3000	6000	11800
1.6	3.15	6.3	12.5	25	50	100	200	400	800	1600	3150	6300	12500
1.7	3.35	6.7	13.2	26.5	53	106	212	425	850	1700	3350	6700	13200
1.8	3.55	7.1	14	28	56	112	224	450	900	1800	3550	7100	14100
1.9	3.75	7.5	15	30	60	118	236	475	950	1900	3750	7500	15000

标准公比的选用：由上述可知，公比 φ 选取得小一些，可以减少相对速度损失，但在一定变速范围内变速级数 Z 将增加，会使机床的结构复杂化。所以，对于用于大批大量生产的自动化与半自动化机床，因为要求有较高的生产率，相对转速损失要小，故 φ 要取小一些，可取 $\varphi = 1.12$ 或 1.25；对于大型机床，因其机动时间长，选择合理的切削速度对提高生产率作用较大，故 φ 也应取得小一些，取 $\varphi = 1.12$ 或 1.25；对于中型通用机床，通用性较大，要求转速级数 Z 大一些，但结构又不能过于复杂，常取 $\varphi = 1.25$ 或 1.41；对于非自动化小型机床，其加工时间常比辅助时间短，转速损失影响不大，要求结构简单一些，可取 $\varphi = 1.58$ 或 1.78。

还须指出，如 $\varphi = 1$，则 $A = 0$，机床主轴无转速损失，为无级变速，即主轴可在任一最合理的转速下工作，而没有生产率损失。但此类机床主传动链应配置机械或电气的无级变速装置。

（2）进给运动参数　机床的进给运动大多数是直线运动，进给量用工件或刀具每转的位移表示，单位为 mm/r，如车床、钻床；也可以用每一往复行程的位移表示，如刨床、插床等。

机床进给量的变换可以采用无级变速和有级变速两种方式。

采用有级变速方式时，进给量一般为等比数列。螺纹加工机床和卧式车床的进给量数列，按照加工标准螺纹导程数列来选取。因此，进给量数列为分段等差数列。刨床和插床采用棘轮机构实现进给运动，进给量大小靠每次拨动一齿、两齿或几齿来改变，因此，进给量也是等差数列。而用交换齿轮改变进给量大小的自动车床，其进给量就不是按一定规律排列的了。

3. 动力参数

动力参数是指主运动、进给运动和辅助运动的动力消耗，它主要由机床的切削载荷和驱动的工件质量决定。对于专用机床，机床的功率可根据特定工序的切削用量计算或测定；对于通用机床，由于加工情况多变，切削用量的变化较大，且对传动系统中的摩擦损失及其他因素消耗的功率研究不够等，目前单纯用计算的方法来确定功率是有困难的，故通常用类比、测试和近似计算几种方法互相校核来确定。下面介绍用近似计算的方法确定机床动力参数的步骤。

（1）主传动功率的确定　开始设计机床时，当主传动链的结构方案尚未确定时，可用消耗于切削的功率 $P_{切}$ 和主传动链的总效率 $\eta_{总}$ 来估算主电动机的功率 $P_{主}$（单位为 kW），即

$$P_{主} = \frac{P_{切}}{\eta_{总}} \tag{3-3}$$

其中 $\eta_{总}$ 的取值，对于通用机床，$\eta_{总} = 0.7 \sim 0.85$；对于做直线运动的通用机床，$\eta_{总} = 0.6 \sim 0.7$（结构简单的取大值，复杂的取小值）。

当主传动的结构方案确定后，可由消耗于切削的功率 $P_{切}$ 和主传动链的机械效率 $\eta_{机}$ 及消耗于空载运动的功率 $P_{空}$ 来估算主电动机的功率，即

$$P_{主} = \frac{P_{切}}{\eta_{机}} + P_{空} \tag{3-4}$$

其中 $\eta_{机}$ 为主传动链中各传动副的机械效率的乘积。各种传动副的机械效率可参见《机械设计手册》。

空载功率是指机床主运动空转时，由于各传动件的摩擦、搅油、空气阻力等原因所消耗的功率，其值与传动件的数目、转速和装配质量有关，传动件数目越多、转速越高和装配质量越差，则空载功率越大。中型机床主传动链的空载功率可用以下经验公式进行估算

$$P_{空} = \frac{k}{10^6}(3.5d_{平}\sum n + cd_{主} n_{主})\tag{3-5}$$

式中　$d_{平}$——主传动链中除主轴外所有传动轴轴颈直径的平均值，单位为 mm；

　　　$d_{主}$——主轴前后轴颈直径的平均值；

　　　$n_{主}$——在切削功率 $P_{切}$ 条件下的主轴转速，单位为 r/min，如要求计算主传动的最大空载功率时，则 $n_{主}$ 为主轴的最高转速 n_{max}；

　　　$\sum n$——在主轴转速为 $n_{主}$ 时，其他各传动轴（含空转轴）的转速之和，单位为 r/min；

　　　c——主轴轴承系数，用滚动轴承时，$c = 1.5$，用滑动轴承时，$c = 2$；

　　　k——取 3~5，根据传动链结构、制造装配及润滑情况而定，情况好时取小值。

（2）进给传动功率的确定　进给传动功率可以用计算、统计分析和实测的方法确定。进给运动采用普通交流电动机驱动时，进给电动机功率 P_s（单位为 kW）可用下式计算

$$P_s = \frac{F_Q v_s}{60000\eta_s}\tag{3-6}$$

式中　F_Q——进给抗力，单位为 N；

　　　v_s——进给速度，单位为 m/min；

　　　η_s——进给运动系统总机械效率，取值为 0.12~0.15。

对于数控机床的进给运动，伺服电动机按转矩选择，即

$$T_{s电} = \frac{9550P_s}{n_{s电}}\tag{3-7}$$

式中　$T_{s电}$——电动机转矩，单位为 N·m；

　　　$n_{s电}$——电动机转速，单位为 r/min。

第二节　传动系统设计

机床的传动系统通常由下列几种传动系统的全部或一部分组成。

1. 表面成形运动传动系统

被加工表面通常是由母线沿一定运动轨迹移动而形成的。表面成形运动传动系统用于传动工件或刀具做母线和母线运动轨迹的运动。它由下列部分组成：

1）主运动传动系统，用于传动切下切屑的运动，也称主传动系统。

2）进给运动传动系统，用于实现维持切削运动连续进行的运动。

3）切入运动传动系统，用于实现使工件表面逐步达到规定尺寸的运动。

2. 辅助运动传动系统

用于实现使加工过程能正常进行的辅助运动，如快速趋近、快速退出，刀具和工件的自动装卸和夹紧等运动。

其他还有分度运动传动系统、控制运动传动系统、校正运动传动系统等。

一、主传动系统设计

机床的主传动系统用于实现机床的主运动，它对机床的使用性能、结构等都有明显的影响。

机床的主运动往往必须变换速度，以适应各种不同的工艺要求。实现运动变速的方法很多，可以采用液压传动和电气传动的方法，这两种方法容易实现无级变速。常见的是机械变速，它可分为无级变速和有级变速两种。机械无级变速有一定缺点，目前未能获得广泛使用，现在广泛使用的是有级变速的齿轮传动，特别是以齿轮变速箱的应用最为广泛。齿轮变速箱同其他变速方法（如液压、电气、机械或无级变速机构）相比具有一些优点，如变速范围较大，传动功率也较大，传动比准确，工作可靠等。但是由于采用齿轮传动，齿轮变速箱也存在一些缺点，如不能实现无级变速，齿轮传动不够平稳，变速机构的结构复杂，不宜用于高速精加工机床上等。

数控机床广泛应用无级变速，这可使机床在一定调速范围内，选择到合理的切削速度，而且能在运转中自动变速。一般数控机床都采用由直流或交流调速电动机作为动力源的电气无级变速。大型机床（如龙门刨床）也采用电气无级变速装置。

在设计机床的主传动系统时，必须满足下列基本要求：

1）机床的末端执行件（如主轴）应有足够的转速范围和变速级数。

2）机床的动力源和传动机构应能够输出和传递足够的功率和转矩，并有较高的传动效率。

3）机床的传动结构，特别是末端执行件必须有足够的精度、刚度、抗振性能和较小的热变形。

4）应该合理地满足机床的自动化程度和生产率的要求。

5）机床的操作和控制要灵活，安全可靠，噪声小，维修方便。机床的制造要方便，成本要低。

（一）有级变速主传动系统

机床的运动参数（如转速范围、公比）基本确定之后，通常采用图解的方法（即用转速图来表达）来设计传动系统，以便合理地实现主传动系统的基本要求。

使用转速图可以直观地表达传动系统中各轴转速的变化规律和传动副的速比关系。它可以用来拟定新的传动系统，也可以用来对现有的机床传动系统进行分析和比较。

1. 转速图的基本规律和拟定方法

图 3-4a 所示为一个变速箱的传动系统图，图 3-4b 所示为该变速箱的转速图。其原动轴 I 的转速为 630r/min，主轴Ⅲ的转速范围为 100～1000r/min，公比 $\varphi = 1.58$，转速级数

$Z = 6$。

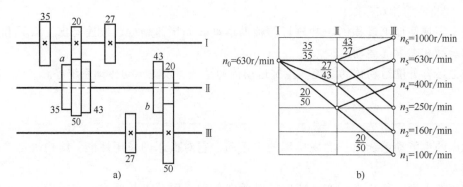

图 3-4　六级主传动系统

在图 3-4b 所示的转速图中：

1）距离相等的竖直线代表传动系统的各轴，从左到右依次标注 Ⅰ、Ⅱ 等。

2）距离相等的横直线与竖直线的交点（用圆圈表示）代表各级转速。例如，Ⅲ 轴有 100r/min、160r/min、250r/min、400r/min、630r/min、1000r/min 共六级转速。它们之间的关系是每一条横线都等于它下面一条横线所代表转速的 φ 倍，即

$$\frac{n_2}{n_1} = \varphi, \frac{n_3}{n_2} = \varphi, \cdots, \frac{n_Z}{n_{Z-1}} = \varphi$$

两边取对数

$$\lg n_Z - \lg n_{Z-1} = \lg \varphi = 常数$$

将转速图上的坐标取对数坐标，则代表转速的各横线的间距相等，其值等于 $\lg \varphi$，通常习惯在交点上直接写出转速的数值。

3）相邻两轴之间相应转速的连线代表相应传动副的传动比，传动比的大小以连线的倾斜方向和倾斜度表示，从左向上斜是升速传动，从左向下斜是降速传动。

由图 3-4 可知，轴 Ⅰ-Ⅱ 之间为第一变速组，由三对齿轮组成，其传动比

$$u_{a1} = \frac{20}{50} = \frac{1}{2.5} = \frac{1}{1.58^2} = \frac{1}{\varphi^2}$$

$$u_{a2} = \frac{27}{43} = \frac{1}{1.58} = \frac{1}{\varphi}$$

$$u_{a3} = \frac{35}{35} = 1$$

轴 Ⅱ-Ⅲ 之间为第二变速组，由两对齿轮组成，其传动比

$$u_{b1} = \frac{20}{50} = \frac{1}{2.5} = \frac{1}{1.58^2} = \frac{1}{\varphi^2}$$

$$u_{b2} = \frac{43}{27} = 1.58 = \varphi$$

图 3-4 所示的传动系统由两个变速组互相串联，使变速系统获得六级转速。

从转速图中可见传动系统的基本变速规律如下：

1）变速系统的变速级数是各变速组传动副数的乘积。图 3-4 所示的传动系统由一个

三级和一个两级的变速组构成，主轴Ⅲ的变速级数可以写成：$Z = 3 \times 2 = 6$。

如以 p_a、p_b、p_c、…、p_m 分别代表各变速组的传动副数和相应变速组先后排列的传动顺序（从运动源到最后的轴），则变速级数可写成

$$Z = p_a p_b p_c \cdots p_m \tag{3-8}$$

2）机床的总变速范围 R_n 是各变速组变速范围的乘积

$$R_n = \frac{n_6}{n_1} = \frac{1000}{100} = 10$$

$$R_n = \frac{35/35 \times 43/27}{20/50 \times 20/50} = \varphi^5 = 10$$

$$R_n = \frac{n_{max}}{n_{min}} = \frac{u_{max}}{u_{min}} = \frac{u_{amax} u_{bmax} \cdots u_{mmax}}{u_{amin} u_{bmin} \cdots u_{mmin}} \tag{3-9}$$

3）变速组的传动比之间的关系。在第一变速组内三个传动比之间的关系为

$$u_{a1} : u_{a2} : u_{a3} = \frac{1}{\varphi^2} : \frac{1}{\varphi} : 1 = 1 : \varphi : \varphi^2 = 1 : \varphi^{x_0} : \varphi^{2x_0}$$

变速组内的相邻传动比之间的比值称为级比，在这里是 φ^{x_0}，其中 x_0 称为级比指数，级比指数在转速图中表现为相邻传动比相间隔的格数。

第一变速组内的三个传动比存在 $1 : \varphi : \varphi^2$ 的关系，即级比指数 $x_0 = 1$，三个传动比的连线相互间隔一格，由轴Ⅰ的一种转速（630r/min）通过它变速后在轴Ⅱ上得到630r/min、400r/min 和250r/min 三种转速，这种级比指数 $x_0 = 1$ 的变速组称为"基本变速组"或"基本组"。

第二变速组内两个传动比之间的关系为

$$u_{b1} : u_{b2} = \frac{1}{\varphi^2} : \varphi = 1 : \varphi^3 = 1 : \varphi^{x_1}$$

式中，$x_1 = 3$，x_1 是该变速组的级比指数。其相邻的传动比之间相差 φ^3 倍，即相差三格，所以通过它变速后，在轴Ⅲ上得到六级连续的等比数列 100r/min、160r/min、250 r/min、…、1000r/min。第二变速组的作用就是将基本组的变速范围第一次加以扩大，这种在基本组之后首先扩大转速范围的变速组称为"第一扩大组"。

同理，机床如需第二次、第三次……扩大转速范围，则相应有第二扩大组、第三扩大组……。变速组这种按扩大转速范围的顺序过程排列的基本组、第一扩大组、第二扩大组……的排列顺序，称为"扩大顺序"。

由图 3-4 可知第一变速组是基本组，其级比指数 $x_0 = 1$，传动副数是 3。第二变速组是第一扩大组，其级比指数 $x_1 = 3$，恰好等于基本组的传动副数，而第二扩大组的级比指数 x_2 应等于基本组的传动副数与第一扩大组传动副数的乘积。

综上所述，变速的基本规律是：变速系统是以基本组为基础，再通过扩大组（可以有第一扩大组、第二扩大组……）把转速范围（级数）加以扩大的。若要求变速系统是一个连续的等比数列，则基本组的级比等于 φ，级比指数 $x_0 = 1$；扩大组的级比等于 φ^{x_j}，级比指数 x_j 应等于该扩大组前面的基本组的传动副数和各扩大组传动副数的乘积。

分析和拟定转速图的一般原则如下：

（1）变速组及传动副的选择　以12级转速为例，其传动方案有

$$12 = 4 \times 3 \qquad\qquad 12 = 3 \times 4$$

$$12 = 3 \times 2 \times 2 \qquad 12 = 2 \times 3 \times 2 \qquad\qquad 12 = 2 \times 2 \times 3$$

在变速级数 Z 一定时，减少变速组个数势必会增加各变速组的传动副数，并且会由于降速过快而导致齿轮的径向尺寸增大，为使变速箱中的齿轮个数最少，每个变速组的传动副数最好取 $2 \sim 3$ 个。

当机床的传动功率为定值时，转速 n 越高，转矩 T 越小，零件尺寸就越小，所以应该尽量选择传动副数多的变速组放在传动顺序前面的高速范围，而把传动副数少的变速组放在传动顺序的后面。

（2）基本组和扩大组的排列顺序　在一般情况下，应尽量将基本组放在传动顺序最前面，其次是第一扩大组、第二扩大组……使变速组的扩大顺序和传动顺序一致。

这样，因为中间轴的变速范围比较小，当中间轴的最高转速一定时，其最低转速能处于较高的位置，使传动件的转矩也较小。

（3）变速组的极限传动比　一般限制降速的最小传动比 $u_{min} \geqslant 1/4$，升速的最大传动比 $u_{max} = 2 \sim 2.5$。这样主传动系统各变速组的变速范围限制在 $r = \dfrac{2 \sim 2.5}{1/4} = 8 \sim 10$。

（4）各中间轴的转速尽量高　在传动顺序上，各变速组的最小传动比应遵循逐步降速的原则，也就是说降速要晚，以使中间轴处于高转速范围，转矩较小。

2. 卧式铣床的主传动系统（见图3-5）分析

从转速图中可知，卧式铣床的主轴转速范围为 $30 \sim 1500 \text{r/min}$，主轴有18级转速，公比 $\varphi = 1.26$。

变速系统中采用传动方案 $18 = 3 \times 3 \times 2$，共三个变速组，该机床的主传动系统的总降速比为 $30/1440 = 1/48$，在主传动系统的最前端增加一对 $26/54$ 的降速传动齿轮副，使中间的两个变速组降速缓慢一些，齿轮的径向尺寸小一些。在三个变速组中：

a 变速组为 Ⅱ-Ⅲ 轴之间的传动

$$u_{a1} = \frac{16}{39} \approx \frac{1}{\varphi^4} = \frac{1}{2.5} \quad u_{a2} = \frac{19}{36} \approx \frac{1}{\varphi^3} = \frac{1}{2} \quad u_{a3} = \frac{22}{33} \approx \frac{1}{\varphi^2} = \frac{1}{1.5}$$

$$u_{a1} : u_{a2} : u_{a3} = 1 : \varphi : \varphi^2$$

b 变速组为 Ⅲ-Ⅳ 轴之间的传动

$$u_{b1} = \frac{18}{47} \approx \frac{1}{\varphi^4} = \frac{1}{2.5} \quad u_{b2} = \frac{28}{37} \approx \frac{1}{\varphi} = \frac{1}{1.26} \quad u_{b3} = \frac{39}{26} \approx \varphi^2 = 1.5$$

$$u_{b1} : u_{b2} : u_{b3} = 1 : \varphi^3 : \varphi^6$$

c 变速组为 Ⅳ-Ⅴ 轴之间的传动

$$u_{c1} = \frac{19}{71} \approx \frac{1}{\varphi^6} = \frac{1}{4} \quad u_{c2} = \frac{82}{38} \approx \varphi^3 = 2$$

$$u_{c1} : u_{c2} = 1 : \varphi^9$$

传动顺序依次为 a、b、c 变速组。按扩大顺序，a 变速组为基本组，$x_0 = 1$；b 变速组

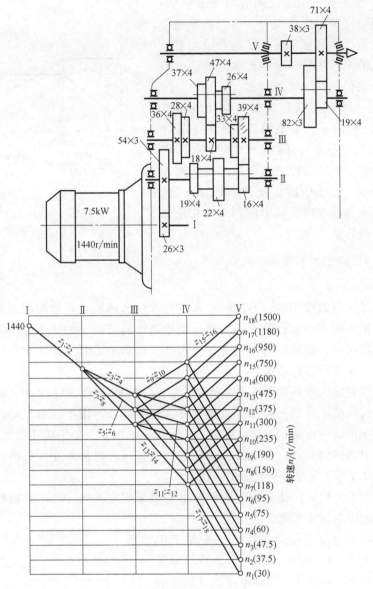

图 3-5　卧式铣床主传动系统

为第一扩大组，$x_1 = 3$；c 变速组为第二扩大组，$x_2 = 3 \times 3 = 9$。传动顺序与扩大顺序一致，最大和最小传动比都在 c 变速组中，并在极限传动比范围之内。

另外，每个变速组的传动副个数都是 2 或 3，且各变速组的最小传动比也是依次逐步降速的。

以上所说的传动系统是正常的传动系统，在实际的机床中，还常采用多速电动机、交换齿轮、公用齿轮和多公比齿轮传动系统。

3. 主轴的功率和转矩特征

以交流异步电动机为动力源的有级变速主传动系统是恒功率变速系统，但在实际生产中，并不需要在整个调速范围内均为恒功率。机床实际使用情况调查统计表明，通用机床主传动系统中的各传动件只是从某一转速开始才有可能使用电动机的全部功率，这一传递全部功率的最低转速称为该传动件的计算转速（n_j）。这样，转速在 n_j 以上为恒功率传动，在 n_j 以下为恒转矩传动，如图 3-6 所示。中型通用机床的主轴计算转速 n_j 为主轴第一个（低档）1/3 转速范围内的最高一级转速。例如，卧式铣床的主轴转速为 $n_j = n_6 = 95r/min$。至于中间传动件的计算转速，可取主轴传递全部功率时，各中间传动件相应转速中最低的一级转速。

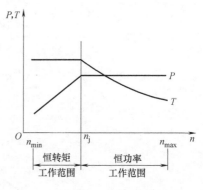

图 3-6　主轴的功率和转矩特性

（二）　无级变速主运动传动系统设计

1. 概述

机床主运动采用无级变速，不仅能在调速范围内选择到合理的切削速度，而且换向迅速、平稳，能实现不停车自动变速，简化了变速箱的结构，缩短了传动链。所以这种变速方式在数控机床、高精度机床和大型机床的主运动中得到了广泛的应用。无级调速有机械、液压和电气等多种形式。

机械无级变速箱大多是靠摩擦力来传递转矩的。柯普（KOOP）B 型、K 型属于恒功率传动，用于旋转的主运动；行星锥轮型和分离锥轮环型可用于进给运动；齿链和带齿的锥轮型接近于恒功率传动，能获得可靠的传动比。机械无级变速箱在做恒功率传动时，变速范围一般只能达到 6~8，因此必须串联有级变速箱，以扩大变速范围。变速箱的公比 φ，理论上必须等于无级变速箱的变速范围 $R_无$。

龙门刨床等大型机床广泛采用直流调速电动机来实现无级变速，数控机床一般采用直流或交流调速电动机来实现无级变速。

FANUC-BESK 直流主轴电动机系列专用于机床的主运动，有 3、4、6、8、12、15 型共六种规格，功率范围为 3.7~15kW，这种电动机有较宽的调速范围，额定转速 n_d 以下为调压调速，可获得恒转矩输出；n_d 以上为调磁调速，可获得恒功率输出，其功率、转矩与转速的特性如图 3-7 所示。通常额定转速 $n_d = 1000~2000r/min$，恒功率 P 的调速范围为 2~4，恒转矩 T 的调速范围则很大，可达几十甚至超过 100。

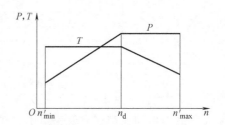

图 3-7　直流主轴电动机功率、
转矩与转速的特性

交流调速电动机靠改变供电频率调速，也称为调频主轴电动机。通常其额定转速 $n_d = 1500r/min$，n_d 以上至最高转速 n_{max} 为恒功率，调速范围为 3~5；n_d 以下至最低转速 n_{min} 为恒转矩，调速范围为几十甚至可超过 100。

上述两种电动机在数控机床上已得到广泛应用。

2. 采用无级调速电动机的主运动传动系统设计

（1）主轴与电动机在功率特性上的匹配 上述直流和交流主轴电动机的恒转矩—恒功率的输出特性如图 3-7 所示，它与机床所要求的转矩与功率特性（见图 3-6）是相似的。但电动机转速要在额定转速 n_d 以上才是恒功率输出，而主轴在计算转速 n_j 以上达到恒功率区，一般 $n_d \gg n_j$，且电动机恒功率区小于主轴恒功率区。因此，存在机床主轴与电动机在功率特性方面的匹配问题。

例如，某一数控机床，主轴最高转速 n_{max} = 3000r/min，最低转速 n_{min} = 30r/min，计算转速 n_j = 120r/min，则变速范围 $R_n = n_{max}/n_{min}$ = 100，恒功率变速范围 $R_P = n_{max}/n_j$ = 25。

如采用直流主轴电动机，设其额定转速 n_d = 1000r/min，最高转速 n_{max} = 3500r/min，恒功率调速范围 $R_{DP} = n_{max}/n_d$ = 3500/1000 = 3.5。显然，它远小于主轴要求的恒功率调速范围 R_P = 25。因此，虽然直流电动机的最低转速可以低于 35r/min，总的调速范围可以超过主轴要求的 R_n = 100，但由于恒功率调速范围不够，功率性能不匹配，是不能简单地用电动机直接拖动主轴的。解决的办法是在电动机与主轴之间串联一个有级变速箱。

（2）有级变速箱设计 串联有级变速箱的变速级数 Z 通常为 2~4。如果变速箱的公比 φ 大于电动机恒功率变速范围 R_{DP}，如图 3-8a 所示，轴 O 的左边表示电动机在最高转速 n'_{max} 和最低转速 n'_{min} 之间无级变速的功率特性曲线，经三个传动比为 u_1、u_2、u_3 的有级变速箱变速后，将转速范围扩大为 $n_{min} \sim n_{max}$，在此范围内主轴 I 的功率特性曲线的右边形成两个缺口，称为功率降低区。显然，在每一档内有部分低转速只能恒转矩变速，尤其是尖谷处的功率很小，这不符合机床的要求。

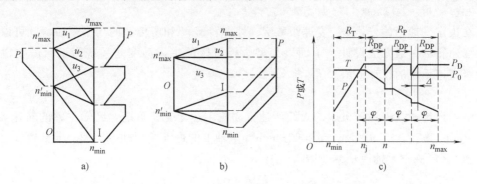

图 3-8 调速电动机变速系统的功率、转矩特性曲线

当取变速箱的公比 φ 等于或小于电动机的恒功率变速范围 R_{DP}（即 $\varphi \leq R_{DP}$）时，主轴 I 的功率特性曲线缺口完全消除了，如图 3-8b 所示，主轴 I 的恒功率变速范围分成几段，每段的变速范围等于电动机的恒功率调速范围 R_{DP}。当 $\varphi = R_{DP}$ 时，几段成直线排列，并首尾相连；当 $\varphi < R_{DP}$ 时，几段首尾互相重叠搭接。φ 越小，则重合长度越大。这样会使变速范围难以扩大，如果按照机床要求来扩大变速范围，则需增加有级变速箱的传动副，从而增加了机械结构的复杂性。如数控车床车端面时，为保持恒切削速度，可采用恒功率重合方案。

为使电动机恒功率范围 R_{DP} 和变速级数 Z 不致过大（简化机械结构），常在主轴恒功率区内保留一定宽度的"缺口"，即 $\varphi > R_{DP}$，如图 3-8c 所示，并将电动机的额定功率 P_D 选得稍大于机床实际需要的最大功率 P_{max}，即 $P_D > P_{max}$，使缺口尖谷处的功率 P_0 能满足机床的要求，实际设计中经常采用这种方法。电动机功率降低区的变速范围（即"缺口"的宽度）Δ 为

$$\Delta = \frac{\varphi}{R_{DP}} = \frac{P_D}{P_0} \tag{3-10}$$

式中　P_0——功率降低区内的最小输出功率，单位为 kW。

齿轮变速箱的变速级数 Z 和公比 φ 可由下式计算

$$\varphi^{Z-1} = \frac{R_P}{R_{DP}} \tag{3-11}$$

当 R_P 和 R_{DP} 为已知值时，可由表 3-3（$\varphi > 2$ 时）查出几组可能的 φ 和 Z 的组合，再根据所选用电动机的 P_D 及 R_{DP} 和机床所允许的 P_0 按式（3-10）确定一组合适的 φ 和 Z 值。

表 3-3　φ 和 Z 值

R_P/R_{DP} — φ / Z	2.11	2.24	2.37	2.51	2.66	2.82	2.99	3.16	3.35	3.55	3.76	3.98
2	2.11	2.24	2.37	2.51	2.66	2.82	2.99	3.16	3.35	3.55	3.76	3.98
3	4.47	5.01	5.62	6.31	7.08	7.94	8.91	10.0	11.2	12.6	14.1	15.8
4	9.44	11.2	13.3	15.8	18.8	22.4	26.6	31.6	37.6	44.7	53.1	63.1

注：$\varphi \leqslant 2$ 时，查参考文献［17］《机床设计手册》中的表 7.3-4。

在决定变速箱的公比 φ、变速级数 Z、计算转速 n_j 和所传递的功率之后，就可以按照有级变速箱的一般方法设计。下面以某型数控机床的主运动变速系统为例，简要说明这类无级变速系统的设计方法。

（3）设计举例

例　设计一数控镗铣机床的无级调速电动机主运动变速系统。已知主轴的转速 $n_{max} = 1600 \text{r/min}$，$n_{min} = 12.5 \text{r/min}$，$n_j = 80 \text{r/min}$，主轴上的最大输出功率为 $P_{max} = 5\text{kW}$。

解　1）确定主轴恒功率范围。

$$R_P = \frac{n_{max}}{n_j} = \frac{1600}{80} = 20$$

2）选用电动机及齿轮变速箱的 Z 和 φ。

① 初选直流电动机 Z2-51，额定功率 $P_D = 5.5\text{kW}$，额定转速为 1500r/min，高速为 2400r/min。将电动机恒功率调速范围 $R_{DP} = 2400/1500 = 1.6$，代入式（3-11）得

$$\varphi^{Z-1} = \frac{R_P}{R_{DP}} = 12.5$$

根据以上计算，查表 3-3 得下列两组 φ 和 Z：$\varphi = 2.37$，$Z = 4$；$\varphi = 3.55$，$Z = 3$。选用 $\varphi = 2.37$，$Z = 4$，代入式（3-10）得

$$P_0 = \frac{P_D R_{DP}}{\varphi} = \frac{5.5 \times 1.6}{2.37}\text{kW} = 3.71\text{kW}$$

功率降低区的最小输出功率 P_0 为 3.71kW，与要求的 P_{max} 相差过大，不符合要求（若选用 $\varphi = 3.55$，P_0 将更小）。

② 改选直流电动机 Z2-52，额定功率 $P_D = 7.5$kW，额定转速为 1500r/min，高速为 2400r/min。R_{DP} 仍为 1.6，φ^{Z-1} 仍为 12.5，仍选用 $\varphi = 2.37$，$Z = 4$，代入式（3-10）得

$$P_0 = \frac{P_D R_{DP}}{\varphi} = \frac{7.5 \times 1.6}{2.37}\text{kW} = 5.06\text{kW}$$

所以选用 7.5kW 的电动机，4 级变速箱，$\varphi = 2.37$，符合要求。

3. 电主轴

电主轴的电动机转子与主轴为一体，置于前后轴承之间，电动机定子则在套筒内，一般前支承采用两个径向推力轴承。由于转动的零件少，主轴直接支承在前后轴承之间，因此可实现高速运转，主轴部件结构紧凑。电主轴可作为一个功能部件进行专业化生产。

电主轴的无级变速方式，多数厂家只提供变频和矢量控制两种选择。

电主轴以主轴套筒外径为主要规格，当前市场可供应的最小尺寸为 $\phi 33$mm（瑞士 IBAG 公司），相应的最高转速为 100000r/min，功率为 0.165kW；最大尺寸为 $\phi 300$mm（GMN 产品），其最高转速为 6000r/min，功率为 36kW。我国洛阳轴承研究所已开发生产 8 大类、13 个系列共 160 种电主轴，额定转速为 5000~150000r/min，功率为 0.2~75kW，输出方式分恒转矩和恒功率两种。

二、进给传动系统设计

进给传动系统是用来实现机床的进给运动和某些辅助运动（如快进、快退、调位等运动）的装置，它可以采用机械、液压或电气等传动方式。

（一）进给传动系统的组成

图 3-9 是两种典型的机床进给传动框图，其主要组成部分为动力源、传动装置和执行件。

1. 动力源

进给运动的动力源通常是各类电动机。当进给运动与主运动共用一个动力源时，它一般以主轴为始端，刀架或工作台为末端，进给量单位为 mm/r，如车床、钻床、镗床等。当进给运动为单独动力源时，则以电动机为始端，末端仍为刀架或工作台，进给量单位为 mm/min，如铣床。数控机床的进给运动一般采用单独动力源。

2. 传动装置

传动装置通常包括变速系统、换向机构、运动分配机构、安全机构、运动转换机构等。

变速系统用以改变进给量的大小。进给量的级数越多，变速范围越大，则变速系统越复杂。当有多条进给传动链传递运动时，变速系统应设置在运动分配机构之前，为各条传动链所共用，以简化机床结构。

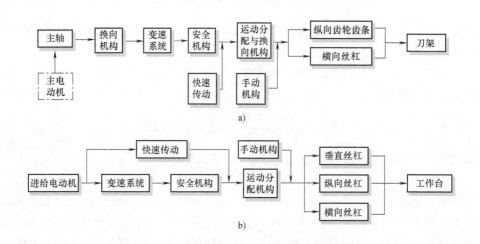

图 3-9 两种典型的机床进给传动框图

a) 卧式车床进给系统 b) 卧式铣床进给系统

换向机构应尽可能放在靠近执行件处，这样可以使参与换向的零件少些，以减少换向冲击。因此，换向机构一般放在变速系统的后面。换向机构若放在运动分配机构之后，则各条传动链需分别设置换向机构，致使结构较复杂。如图 3-9a 所示的卧式车床进给传动链，第一个换向机构放在变速系统的前面，用于车左、右螺纹时的换向；而第二个换向机构与运动分配机构组合在一起，由一个十字手柄控制纵向、横向进给。图 3-9b 所示的卧式铣床的进给链则是先换向后分配，即由进给电动机的正反转来换向，再由分配机构实现纵向、横向或垂进给。

安全机构一般放在变速系统之后，运动分配机构之前，以便于各条传动链共用一个安全机构，并应尽量安排在转速较高的轴上。

当输出为直线运动时，运动转换机构常采用丝杠螺母副或齿轮齿条副；当输出为回转运动时，则常采用蜗杆副。

3. 执行件

进给运动的执行件通常为刀架或工作台。例如，卧式车床的执行件是溜板刀架，卧式或立式铣床的执行件是工作台等。

此外，为节省辅助时间、改善工作条件以及便于调整机床，还要设置快速运动传动链和其他辅助装置。

图 3-9 所示的两种机床均为通用机床，各种机构的配置比较齐全。专用机床的结构较为简单，通常不设置运动分配机构，变速系统常为定比传动齿轮副（2~3 对）。可见，对于工艺要求不同的机床，进给传动系统中的机构配置是有较大差异的。

以上所述是机床中应用较多的机械传动形式，其特点是工作可靠、成本较低，但结构较复杂。其他传动形式，如液压传动，可以实现无级变速，传动平稳，且易于实现自动化。数控机床的进给运动由于采用伺服电动机驱动，其机械传动部分相当简单。

（二）进给传动系统的特点

1. 进给运动速度低，消耗功率少

进给运动的速度一般较低，因而常采用大降速比的传动机构，如丝杠螺母副、蜗杆副等机构。这些机构的传动效率虽低，但因进给功率小，相对功率损失也很小。当进给速度很低时，移动部件容易产生爬行（即时快时慢或时走时停的现象），直接影响着工件的表面质量和精度。因此，低速运动平稳性是进给传动设计中应考虑的重要问题。

进给运动所需功率与主运动相比小得多，因此，进给运动与主运动共用动力源时，进给功率可以不计。采用单独动力源的进给功率的计算，主要考虑切削力和摩擦力的影响，有垂直进给运动时，还要考虑移动部件重力的影响和是否有平衡配重等因素。

2. 进给运动的数量多

不同的机床对进给运动的种类和数量的要求也不同。例如，立式钻床只要求有一个进给运动，卧式车床为两个（纵向、横向），而卧式镗床则有五个进给运动。进给运动越多，相应的各种机构（如变速与换向、运动转换以及操纵等机构）也就越多，结构更为复杂。

3. 恒转矩传动

进给运动的载荷特点是主运动不同。当进给量较大时，常采用较小的背吃刀量；当进给量较小时，则选用较大的背吃刀量。所以，在采用和种不同进给量的情况下，其切削分力大致相同，即都有可能达到最大进给力。因此，进给传动系统最后输出轴的最大转矩可近似地认为相等。这就是进给传动的恒转矩工作特点。

进给传动系统是在恒转矩条件（即各种转速下最大传动转矩相等）下工作的。因此，确定进给传动系统的计算转速，主要用以确定所需的功率。进给系统的计算转速可以按下列三种情况来确定：

1）具有快速运动的进给系统，传动件的计算转速应取最大快速运动时的转速（速度）。

2）对于切削进给分力远大于移动部件摩擦力的中型机床，传动件的计算转速应取机床在最大切削抗力下工作时所用的最大进给速度，一般为机床规格中规定的最大进给速度的 $1/3 \sim 1/2$。

3）对于移动部件的摩擦力比切削进给分力大的大型机床和精密、高精度机床的进给传动系统，传动件的计算转速应取最大进给速度时的转速（速度）。

（三）数控机床进给传动系统及其组成元件

1. 数控机床进给传动系统的组成和特点

数控机床的进给传动系统通常称为伺服进给系统，它由伺服电路、伺服驱动元件、机械传动装置和执行件组成。伺服电路的作用是将数控系统发出的指令脉冲经控制和功率放大后传动给驱动元件。伺服进给系统的运动转换机构一般采用滚珠丝杠螺母副。另外，在闭环或半闭环系统中还要有位移检测装置。

数控机床是将高效率、高精度和高柔性集于一体的机床，因此，对伺服进给系统也提出了很高的要求。

（1）传动精度高 除要求各环节的自身精度较高外，还要求传动装置具有无间隙、低摩擦、小惯量、高刚度以及阻尼比适宜等特点。

（2）响应速度快 伺服进给系统应具有良好的快速响应特性，执行件跟踪指令信号的响应速度要快，过程时间要短，一般在200ms以内，要求较高时则在几十毫秒以内。

（3）调速范围宽 为了使数控机床能适应各种类型的刀具、不同材质的工件以及不同的工艺要求，并尽可能保证在复杂多变的情况下具有最佳切削条件，要求伺服系统具有足够宽的调速范围。例如，以1μm的脉冲当量输出时，要求系统在0~24m/min范围内连续可调，并能满足以下分段要求：

1）在1~24000mm/min范围内，速度均匀、稳定，低速时无爬行。

2）在1mm/min以下的低速状态下仍具有一定的响应能力。

3）零速度时，电动机处于伺服锁定状态，工作台停止运动并保持定位精度。零速度起动时具有最大输出转矩。

图3-10a是数控机床一个坐标轴的进给传动框图，点画线框中包含的是伺服进给系统的基本组成单元。现以一个基本组成单元为例，说明数控机床进给传动系统的组成及结构特点。

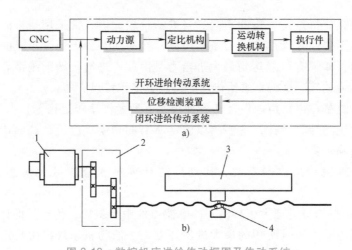

图3-10 数控机床进给传动框图及传动系统

a）数控机床进给传动框图 b）数控机床进给传动系统

1—驱动元件 2—定比机构 3—执行件 4—转换机构

如图3-10b所示，驱动元件1根据数控系统的指令驱动进给系统运动。定比机构2由一对（或两对）啮合齿轮或同步带传动组成，若选用合适的驱动元件，则可以由驱动元件直接驱动运动转换机构实现进给。运动转换机构4（滚珠丝杠螺母副）将旋转运动转变为直线运动输出。执行件3（工作台）与滚珠丝杠螺母副中的移动件固定连接。

由于驱动元件可在相当大的范围内调速，可以正反转，并具有过载保护能力等，因此，数控机床进给系统的机械部分是相当简单的。例如，数控车床进给系统只需要两个这样的基本组成单元，就能完成刀架纵向、横向运动的全部要求。

数控系统中所说的"轴"，即坐标轴，它与进给运动的数目相对应，每一个方向的运动均由单独的电动机驱动并构成以上所述的基本组成单元。"轴"数越多,基本组成单元就越多。数控系统集中控制全部驱动元件,为使某些运动之间保持严格的相对运动关系,数控系统可控制两个或更多的驱动元件联动(即在同一时间里,按统一要求分别运动)。因此,数控机床可以加工出形状很复杂的空间曲面。

2. 影响伺服性能的主要因素

(1) 传动间隙的影响　　在伺服进给系统中,传动间隙主要是由于组成传动链的各传动副、联轴器以及轴承等的制造与装配误差所产生的。由传动间隙引起的误差将会使系统的灵敏度下降,执行件的位移滞后于指令信号,从而影响系统的动态特性并影响加工精度。因此,必须尽可能地减小各种传动间隙。

(2) 系统伺服刚度的影响　　在伺服进给系统中,由于摩擦力、切削力、惯性力等因素的影响,执行件实际位置和指令位置之间存在位置偏差。为了纠正这种偏差,伺服电动机必须提供一定的输出转矩进行修正,这个转矩与位置偏差之比称为系统的伺服刚度。伺服刚度对数控机床的动态特性和精度有很大的影响。为了提高伺服刚度,不仅要求伺服电动机有良好的转矩特性,还要提高进给系统的刚度以及合理选择驱动方式。

(3) 系统传动刚度的影响　　系统的传动刚度是整个系统折算到执行件上的当量刚度。对于大多数数控机床来说,该当量刚度主要取决于系统的最后传动机构,即滚珠丝杠螺母副的传动刚度:

1) 传动副的刚度。滚珠丝杠螺母副通常采取消除传动间隙及预紧的方法来提高其刚度。

2) 丝杠的刚度。除了合理设计丝杠的结构外,对丝杠进行预拉伸,可以补偿热变形的影响,提高丝杠拉压刚度,减少细长丝杠水平安装时因自重而产生的弯曲变形的影响等。

3) 支承的刚度。采用不同的支承形式、不同精度的轴承及调整方式均会对系统的传动刚度产生很大影响。

(4) 移动件的摩擦　　为了提高伺服系统的灵敏度,应尽可能减少移动件之间的摩擦。但移动件之间应有一定的摩擦,使系统具有合适的阻尼,从而保证系统的刚度,这也有利于防止移动件低速时产生爬行现象。

3. 几种装置和元件介绍

(1) 伺服驱动元件

1) 直线步进电动机。直线步进电动机是从旋转式步进电动机演变而来的。直线步进电动机基本上是一个沿径向切开、再展开的旋转式步进电动机,如图3-11所示。两种电动机均是按电磁铁的作用原理进行工作的。步进电动机的定子演变为直线步进电动机的动子,转子演变为直线步进电动机的定子。

混合式直线步进电动机结构简图如图3-12所示。工作台在床身上沿滚动导轨做直线移动,直线步进电动机的定子(永磁铁)安装在床身上,动子(线圈绕组)安装在工作台下部。在直线步进电动机通入脉冲电流后,动子和定子间产生磁场,由磁力推动动子(工作台)做直线运动。

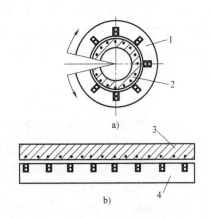

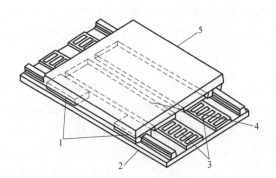

图 3-11 旋转步进电动机演变为直线
步进电动机的过程
a）旋转步进电动机 b）直线步进电动机
1、3—定子 2—转子 4—动子

图 3-12 混合式直线步进电动机结构简图
1—滚动导轨 2—床身 3—直线步进电动机定子
4—直线步进电动机动子 5—工作台

与步进电动机的开环控制系统相比，直线步进电动机进给系统不仅节省了丝杠螺母副、齿轮、轴承及润滑装置等，而且提高了伺服系统的传动精度、传动刚度及运动速度，并使进给系统结构简单，维护方便。

据有关资料介绍，直线步进电动机用于开环控制系统时，定位精度约为 0.03mm，最高速度可达 0.4~0.5m/s；用于闭环控制系统时，定位精度可达微米级，最高速度可达1~2m/s。小功率直线步进电动机的推力范围为 1~30N。

2）步进电动机。步进电动机是一种用电脉冲信号进行控制，并将电脉冲信号转换成相应的角位移的控制电动机。它的直线位移量或角位移量与电脉冲数量成正比，电动机的转速与脉冲频率成正比，通过改变脉冲的频率就可以在很大的范围内调节电动机的转速，并能快速起动、制动和反转。

选用时，应综合考虑步进电动机的步距角、最大静转矩、起动频率、运行频率以及传动比，最后选择步进电动机的规格和驱动电源。

3）大惯量直流伺服电动机。大惯量直流伺服电动机又称宽调速直流伺服电动机。直流伺服电动机根据定子产生磁场的方式不同，可分为永磁式和他励式。目前在数控机床上使用较多的是永磁式（如 FANUC-BESK 宽调速直流电动机）。直流伺服电动机自身装有位置检测元件，用于伺服进给系统时不再附加位移检测装置，就可以构成精度较高的半闭环系统。

大惯量直流伺服电动机的特点：转子惯量大，过载能力强，可直接驱动负载，功率较大，体积较小，重量较轻，效率高，调速范围宽，低速时仍能平滑转动，不会发生自转。

大惯量直流伺服电动机常采用可控硅调速电路和晶体管脉冲调宽调速系统（简称 PWM）驱动。

4）永磁同步交流伺服电动机。交流伺服电动机按产生磁场的方式可分为永磁式、电磁式等。在数控机床进给驱动中大多采用永磁同步交流伺服电动机。

交流伺服电动机的特点：体积较小，重量较轻，结构简单，动态响应好，效率高，运行可靠。

在选择伺服电动机时，要根据直流和交流伺服电动机各自的特点、使用场合、控制方式、电源频率和电压波动等具体使用情况，权衡利弊，合理选用。

（2）滚珠丝杠螺母副

1）工作原理与特点。滚珠丝杠螺母副的结构及原理示意图如图3-13所示。如图3-13a所示，在丝杠3和螺母1上加工有半圆弧形的螺旋槽，把螺母装到丝杠上形成滚珠的螺旋滚道。螺母上有滚珠回路管道，将几圈螺旋滚道的两端连接起来构成封闭的循环滚道，并在滚道内装满滚珠2。当丝杠旋转时，滚珠在滚道内既自转又沿滚道循环转动，从而迫使螺母（或丝杠）轴向移动。图3-13b所示为滚珠内循环式，图3-13c所示为滚珠外循环式。

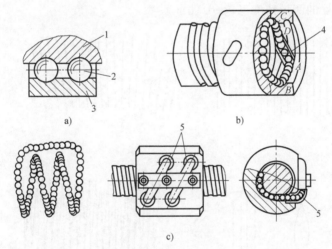

图 3-13 滚珠丝杠螺母副的结构及原理示意图
1—螺母 2—滚珠 3—丝杠 4—反向回珠器 5—插管式回珠器

滚珠丝杠螺母副又称滚动螺旋传动，它具有以下特点：①摩擦损失小，传动效率可达0.90~0.96；②丝杠螺母经预紧后，可以完全消除间隙，提高了传动刚度；③静、动摩擦因数差异很小，运动灵敏度高，不易产生爬行；④不能自锁，运动具有可逆性，丝杠垂直安置时，通常应采取安全制动措施。

2）轴向间隙的调整和预紧。数控机床上常采用有两个螺母的滚珠丝杠螺母副，通过使两个螺母产生轴向相对位移，以消除与丝杠之间的间隙，并产生预紧力。调整轴向间隙的方法有螺纹调隙式、垫片调隙式、齿差调隙式。其中齿差调隙式在数控机床中应用较多。

（3）位移检测装置

1）位移检测装置的要求。位移检测装置的主要作用是检测运动部件的位移量，它是保证机床工作精度和效率的关键，应满足以下要求：①工作可靠，抗干扰能力强，受温度和湿度等环境因素的影响小；②在机床执行件移动范围内，能满足精度和速度的要求；

③使用维修方便，成本低。

2）位移检测装置的工作方式有：①数字式和模拟式；②增量式和绝对式；③直接式和间接式。

3）光栅传感器介绍。光栅传感器有长光栅和圆光栅两类。长光栅用于长度或直线位移的测量，圆光栅用于角度或转角位移的测量。

光栅传感器的工作原理如图 3-14 所示。将一对栅距 ω 相等的光栅互相叠合，使两块光栅的栅线形成很小的夹角 θ，并置于如图 3-14b 所示的光路中，这时显现出如图 3-14c 所示的明暗相间的莫尔条纹。当两光栅沿垂直于栅线方向（向左或向右）相对移动一个栅距时，莫尔条纹沿栅线方向（向上或向下）准确地移动一个莫尔条纹间距 B，光强按明暗周期变化，这时光路中的光电元件输出的电信号变化一个周期。光电流经处理后，转换为数字脉冲信号，从而可准确测量并显示被测部件的位移大小、方向和速度。为了提高测量精度，光栅传感器具有精密的电子细分电路，可以将光栅传感器的分辨率提高很多倍。光栅传感器的测量精度可达 $\pm0.1\mu m$。

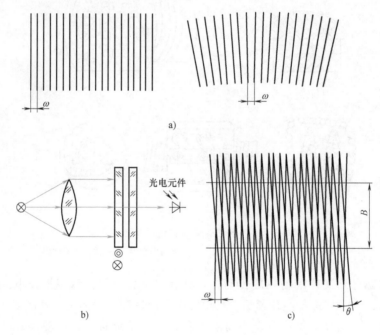

图 3-14 光栅传感器的工作原理

习题与思考题

3-1 机床设计应满足哪些基本要求？

3-2 影响机床总体布局的基本因素有哪些？试举例说明。

3-3 机床的主参数包括哪几种？它们各自的含义是什么？

3-4 什么是模块化设计？它有什么优点？

3-5 为何有级变速系统中的主传动系统的转速排列常采用等比数列?

3-6 公比 φ 的标准数列有何特性? 公比 φ 的选用原则是什么?

3-7 试述转速图的构成内容和绘制。

3-8 什么是变速组的级比和级比指数? 正常的有级主传动系统的某扩大组的级比指数与传动副数有何关系?

3-9 拟定转速图时,何谓"前紧后松""前多后少""前缓后急"的原则? 写出其数字表达式,并说明理由。

3-10 简要说明进给传动系统的组成及特点。

3-11 试说明数控机床对伺服进给系统的要求及伺服进给系统的组成特点。

3-12 在伺服进给系统中,为什么普遍采用滚珠丝杠螺母副传动? 其主要特点是什么?

3-13 在伺服进给系统中有哪些测量方式? 试说明光栅传感器的工作原理及作用。

第四章
金属切削刀具

一、金属切削刀具在机械制造工业中的作用、地位及发展趋势

机械制造工业在国民经济中占有十分重要的地位，是国民经济的支柱产业之一。金属切削加工是机械制造工业中应用最广泛的一种加工方法，占机械制造总工作量的50%以上，而金属切削刀具则是其中不可缺少的重要工具之一。无论是普通机床，还是先进的数控机床和加工中心，以至柔性制造系统，都必须依靠刀具才能完成各种类型的切削加工。

实践证明，刀具的更新可以成倍、数十倍地提高生产率。例如，群钻与麻花钻相比，工效可提高 3~5 倍，而数控机床、加工中心等先进设备效率的发挥，在很大程度上取决于刀具的性能，刀具所产生的效益远远大于刀具本身的费用。同时，数控机床和自动线的应用又要求刀具可靠性好，精度高，以及具有自动更换、自动识别和自动检测等功能。因此，不断采用新技术、新工艺、新材料是机械制造工业发展的基础，这里需特别指出的是，刀具材料（含磨料）的研制，新型刀具材料，新型刀具结构及新的磨削加工方法的应用，对切削加工技术，尤其对金属切削刀具的发展起着决定性的作用。它不仅能大幅度地提高生产率，降低成本和保证加工质量，而且能促进加工工艺和加工设备的更新和发展。

随着刀具材料的不断发展，在近一个世纪内，刀具的切削速度已提高了 100 多倍。在 20 世纪初，刀具材料为碳素钢，切削速度不超过 10m/min。自 20 世纪 80 年代以来，金刚石、立方氮化硼刀具材料的出现，使最高切削速度可达 1000m/min。各种新型刀具材料的出现和特种加工、精密加工等新技术、新工艺的应用，加工精度已超过 0.01μm。为适

应宇航、激光、电子等新型工业发展的需要，加工精度正向纳米（nm）级进军，因而对刀具的要求也越来越高。

近年来，随着机械制造工业的发展，金属切削刀具也在不断更新、不断发展。下面简单介绍当前国内外刀具的发展动向。

（1）通用刀具和齿轮刀具进入更新换代的新阶段　通用刀具（指麻花钻、丝锥、立铣刀等）已进入优质高性能的新时代，它们广泛采用钻高速工具钢、粉末冶金高速工具钢、细颗粒硬质合金材料，并可涂覆 TiN、TiCW、TiAlN、金刚石膜等复合涂层，使这类刀具的切削性能成倍地提高，同时也扩大了淬硬钢、模具钢等难加工材料的应用范围。例如，日本的 AQVA 麻花钻采用细颗粒硬质合金制造并涂覆耐热、耐磨润滑涂层，生产率可提高 2.5 倍。目前，各国厂商正在用粉末冶金高速工具钢滚刀替代高速工具钢滚刀。随着齿轮干式滚削工艺的发展，整体式硬质合金滚刀的应用也将不断扩大。美国推出的一种新的粉末冶金材料，是由硬质合金粉末与高速工具钢粉末配制而成的，其性能兼有两者的优点，滚削速度可达 150~180m/min。TiAlN 涂层齿轮滚刀的推出，更有利于新型刀具的推广和普及。

（2）可转位立铣刀朝着多功能、高性能、多品种方向发展　可转位刀具是当前刀具发展的主要趋势，尤其是可转位立铣刀的发展更为迅速。由于它在数控机床上应用范围广，通用性好，可加工轮廓、沟槽、仿形以及钻孔、镗孔等，已成为数控机床的主要刀具。此外，随着模具行业的快速崛起，作为模具加工的主要刀具，立铣刀也得以迅速发展。例如，日本三菱公司最新推出的多功能铣刀可安装八角形或圆形刀片，适用于五种加工范围。

（3）专用刀具趋向智能化　随着汽车、摩托车、柴油机等行业生产线或特殊零件加工的发展，国内外一些工具厂商专门开发了适应批量生产和特定零件加工的高效专用刀具，如曲轴内、外铣刀，缸体轴承孔镗刀等。其特点是结构复杂、功能复合、高效，刀具与机床、工艺构成有机整体，能巧妙地实现刀具的附加运动，如加工空刀槽、背面倒角、锪平面等，故又称为智能化刀具。

（4）刀具的新型夹头及装夹技术的发展　随着切削加工朝着高速度、高精度方向发展，对带柄刀具的装夹提出了新的要求。弹簧夹头、螺钉等传统的刀具装夹方法已不能满足要求，甚至制约了新型刀具切削性能的发挥。因此，新型刀柄和夹头已成为精密高效刀具的重要组成部分。例如，国内外近年来推出了高精度液压夹头、热装夹头、三棱变形夹头、内装动平衡机构刀柄、转矩监控夹头等新产品。这些夹头的特点是夹紧精度高，可提高加工精度；传递转矩大，可适应高效切削需要；结构对称性好，有利于刀具平衡；外形尺寸小，可加大刀具的悬伸量及扩大加工范围等。

随着精密机械、电子、宇航、造船等工业的发展，新产品、新材料的不断涌现，在金属切削加工中遇到的新问题也日益增多。例如，解决硬、韧、脆、黏等难加工材料的切削问题，解决精、光、深、长、薄、小工件的加工问题等，将使切削刀具面临新的挑战和机遇。从国内外金属切削原理与刀具的发展趋势来看，重点研究方向如下：①进一步研究、推广使用新型刀具材料，以满足精密、高速加工的要求，提高切削效率和加工质量；②不断研制、改革刀具的结构、几何参数与切削方法，扩大硬质合金（及涂层刀片）可转位刀具的应用范围，提高刀具标准化、系列化程度；③改革刀具使用中的管理方法，建立刀具管理系统；④采用现代化的测试手段，先进的实验方法，开展切削机理的研究；⑤应用刀具计算机辅助设计（简称刀具CAD），建立切削数据库，优化参数，设计复杂刀具，提高设计质量和工作效率。

二、刀具的分类

刀具的种类很多，根据用途和加工方法不同，通常把刀具分为以下类型。

（1）切刀　包括各种车刀、刨刀、插刀、镗刀、成形车刀等。

（2）孔加工刀具　包括各种钻头、扩孔钻、铰刀、复合孔加工刀具（如钻-铰复合刀具）等。

（3）拉刀　包括圆拉刀、平面拉刀、成形拉刀（如花键拉刀）等。

（4）铣刀　包括加工平面的圆柱铣刀、面铣刀等；加工沟槽的立铣刀、键槽铣刀、三面刃铣刀、锯片铣刀等；加工特形面的模数铣刀、凸（凹）圆弧铣刀、成形铣刀等。

（5）螺纹刀具　包括螺纹车刀、丝锥、板牙、螺纹切头、搓丝板等。

（6）齿轮刀具　包括齿轮滚刀、蜗轮滚刀、插齿刀、剃齿刀、花键滚刀等。

（7）磨具　包括砂轮、砂带、砂瓦、磨石和抛光轮等。

（8）其他刀具　包括数控机床专用刀具、自动线专用刀具等。

也可从其他方面进行分类，如分为单刃（单齿）刀具和多刃（多齿）刀具；标准刀具（如麻花钻、铣刀、丝锥等）和非标准刀具（如拉刀、成形刀具等）；定尺寸刀具（如扩孔钻、铰刀等）和非定尺寸刀具（如外圆车刀、直刨刀等）；整体式刀具、装配式刀具和复合式刀具等。

尽管各种刀具的形状、结构和功能各不相同，但它们都有功能相同的组成部分，即工作部分和夹持部分。通常，工作部分承担切削加工；夹持部分将工作部分与机床连接在一起，传递切削运动和动力，并保证刀具处于正确的工作位置。

三、刀具材料及其合理选用

1. 刀具材料简介

刀具材料对刀具的寿命、加工质量、切削效率和制造成本均有较大的影响，因此必须合理选用。刀具切削部分在切削时要承受高温、高压、强烈的摩擦、冲击和振动，所以，刀具切削部分材料的性能应满足以下基本要求：①高的硬度；②高的耐磨性；③高的耐热性（热稳定性）；④足够的强度和韧性；⑤良好的工艺性。

刀具材料有碳素工具钢、合金工具钢、高速工具钢、硬质合金、陶瓷、金刚石、立方氮化硼等。碳素工具钢（如T10A、T12A）及合金工具钢（如9SiCr、CrWMn）因耐热性较差，通常仅用于手工工具和切削速度较低的刀具。陶瓷、金刚石和立方氮化硼等目前仅用于较为有限的场合。目前，刀具材料中使用最广泛的仍是高速工具钢和硬质合金。

（1）高速工具钢　高速工具钢具有较高的硬度（热处理硬度可达62~67HRC）和耐热性（切削温度可达550~600℃），而且具有较高的强度和韧性，抗冲击、振动的能力较强。高速工具钢刀具制造工艺较简单，切削刃锋利，适合制造各种形状复杂的刀具（如钻头、丝锥、成形刀具、拉刀、齿轮刀具等）。常用的通用型高速工具钢牌号为W6Mo5Cr4V2 和 W18Cr4V。近年来，开发了一些高性能高速工具钢（如 9W6Mo5Cr4V2、W6Mo5Cr4V3），与通用型高速工具钢相比具有更好的切削性能，适合加工奥氏体型不锈钢、高温合金、钛合金和高强度钢等难加工材料。此外，还有粉末冶金高速工具钢，其性能优于上述的高速工具钢。

（2）硬质合金　硬质合金是用高耐热性和高耐磨性的金属碳化物（如碳化钨、碳化钛、碳化钽等）与金属黏结剂（如钴、钨、钼等）在高温下烧结而成的粉末冶金材料，它的硬度可达 89～93HRA，切削温度可达 800～1000℃，允许切削速度可达 100～300m/min，但其抗弯强度低，不能承受较大的冲击载荷。通常，硬质合金可分为 K、P、M 三个主要类别。

1）K 类硬质合金（对应于旧牌号中的 YG 类）。它适合加工短切屑的脆性金属和非铁金属材料，如灰铸铁、耐热合金、铜铝合金等，其牌号有 K01、K10、K20、K30、K40 等，精加工可用 K01，半精加工选用 K10，粗加工宜用 K30。

2）P 类硬质合金（对应于旧牌号中的 YT 类）。它适合加工长切屑的塑性金属材料，如普通碳钢、合金钢等，其牌号有 P01、P10、P20、P30、P50 等，精加工可用 P01，半精加工选用 P10、P20，粗加工宜用 P30。

3）M 类硬质合金（对应于旧牌号中的 YW 类）。它具有较好的综合切削性能，适合加工长切屑或短切屑的金属材料，如普通碳钢、铸钢、冷硬铸铁、耐热钢、高锰钢、非铁金属等，其牌号有 M10、M20、M30、M40 等，精加工可用 M10，半精加工选用 M20，粗加工宜用 M30。

（3）涂层刀具材料　它是在硬质合金或高速工具钢基体上，涂覆一层几微米厚的高硬度、高耐磨性的金属化合物（如碳化钛、氮化钛、氧化铝等）而制成的。涂层硬质合金刀具的寿命至少可提高 1～3 倍，涂层高速工具钢刀具的寿命可提高 2～10 倍。

2. 合理选择刀具材料

一般情况下，孔加工刀具、铣刀和螺纹加工刀具等普通刀具，相对于复杂刀具来说制造工艺较为简单，精度要求较低，材料费占刀具成本的比重较大，所以生产上常采用 W6Mo5Cr4V2、W18Cr4V 等通用型高速工具钢作为刀具材料。而拉刀、齿轮加工刀具等一些复杂刀具，由于制造精度高，制造费用占刀具成本的比重较大，故宜采用硬度和耐磨性均较高的高性能高速工具钢制造。为了提高生产率，延长刀具寿命，应尽量采用硬质合金。目前，硬质合金在面铣刀、钻头、铰刀和齿轮加工刀具等方面已得到广泛应用。近年来，国内外已广泛使用涂层刀具。

四、刀具使用和设计中应当注意的若干问题

在刀具使用和设计中应当注意以下有关问题：

（1）选择合理的刀具类型　加工同一个零件，有时可用多种不同类型的刀具。这就需要根据零件的加工要求、生产批量、工艺要求、设备条件等因素综合考虑，选用合适

的刀具。基本原则是在保证加工质量的前提下，优先考虑提高生产率。

（2）选择合理的切削方式 切削方式是指刀具切削刃从工件上切去加工余量的形式。切削方式的合理与否，将直接影响切削刃形状、加工质量、刀具寿命和生产率等。

（3）选择合理的几何参数 选择刀具几何参数时，除需要遵循"锐字当头，锐中求固"的原则外，还应考虑刀具的工作条件、重磨情况等因素。

（4）设计正确的切削刃廓形 对于成形刀具，其切削刃的廓形会直接影响零件成形表面的形状，因此必须根据零件的轮廓形状，正确地设计切削刃的廓形，同时要兼顾制造、检测、重磨等方面的简便性。

（5）合理处理好容屑、排屑与强度、刚度的关系 对于麻花钻、立铣刀、丝锥、拉刀等有容屑要求的刀具，切屑能否顺利排出，是决定刀具能否正常工作的关键。若切屑堵塞在槽内，就会划伤已加工表面或损坏刀齿。而刀具的容屑、排屑与其强度、刚度有着密切的关系。例如，加大麻花钻的螺旋槽（容屑空间）就会降低刀具的强度和刚度，因此，应恰当处理，合理兼顾两者的关系。

（6）考虑刀具的刃磨或重磨 刀具的刃磨表面应根据磨损形式和刀具使用要求来选择。如成形车刀、成形铣刀等要求刃磨后切削刃的形状保持不变，应选择前面作为刃磨表面；又如铰刀、钻头等刀具，后面磨损量较大，故刃磨表面常选择后面；而对于粗加工用车刀、刨刀等，因其前、后面磨损均较大，故前、后面都应刃磨。刃磨时要保证刀具原始的几何参数和表面质量。刃磨后表面不能有烧伤或裂纹，切削刃应锋利，不允许有缺口、崩刃、飞边等缺陷存在。

（7）合理选择刀具的结构形式及有关尺寸 先进的刀具结构能有效地缩短换刀和重磨时间，提高切削效率和加工质量。应根据不同的条件选用合理的刀具结构，优先采用机夹式、可转位式、模块式、成组式等结构。同时，应根据切削负荷强度、刚度等要求，正确设计刀具夹持部分的结构尺寸。

（8）其他方面 还应考虑刀具与机床、工装的合理配置，以及选择合理的切削用量和切削液等。

第二节 车刀

一、车刀简介

车刀是金属切削加工中使用最广泛的刀具，它可以用来加工各种内、外回转体表面，如外圆、内孔、端面、螺纹，也可用于切槽和切断等。车刀由刀体（夹持部分）和切削部分（工作部分）组成。按不同的使用要求，可采用不同的材料和不同的结构。

1. 车刀的分类

车刀的分类方法较多，归纳起来有以下几种：

1）按用途可分为外圆车刀、端面车刀、切断（槽）刀、镗孔刀、螺纹车刀等。

2）按切削部分材料可分为高速工具钢车刀、硬质合金车刀、陶瓷车刀等。

3）按结构可分为整体式、焊接式、机夹重磨式、可转位式等。

2. 车刀的结构和应用

目前，硬质合金焊接式车刀和可转位车刀的应用最普遍。整体式结构一般仅用于高速工具钢车刀。硬质合金机夹式车刀，尤其是可转位车刀的发展更为迅猛，它在自动车床、数控机床和自动线上应用较为普遍，能有效地缩短因换刀、刃磨所造成的停机时间，提高生产率。在通用机床上，机夹式车刀和可转位车刀同样也有很大的优越性，这是车刀发展的主要方向。

（1）硬质合金焊接式车刀　这种车刀是将一定形状的硬质合金刀片用焊料焊接在刀杆的刀槽内制成的，如图4-1所示。硬质合金焊接式车刀结构简单，制造方便，使用灵活性好，因而得到了广泛使用。但它也存在不少缺点，如刀片在焊接和刃磨时会产生内应力，易引起裂纹；刀杆（一般为45钢）不便于重复使用，刀具的互换性差。

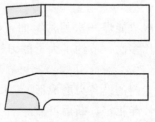

图 4-1　焊接式车刀

（2）硬质合金机夹式车刀（又称重磨式车刀）　这种车刀是用机械方法将硬质合金刀片夹固在刀杆上，刀片磨损后，卸下后可重磨切削刃，然后再安装使用。与焊接式车刀相比，刀杆可多次重复使用，且避免了因焊接而引起刀片产生裂纹、崩刃和硬度降低等缺点，提高了刀具寿命。图 4-2 所示为上压式机夹重磨式车刀，它是用螺钉和压板从刀片的上面将其夹紧，并用可调节螺钉适当调整切削刃的位置，需要时可在压板前端钎焊上硬质合金作为断屑器。机夹式车刀刀片的夹固方式一般应保证刀片重磨后切削刃的位置有一定的调整余量，并应考虑断屑要求。安装刀片可保留所需的前角，重磨时仅刃磨后面即可。此外，较常用的夹紧方式还有侧压式、弹性夹紧式及切削力夹紧式等。

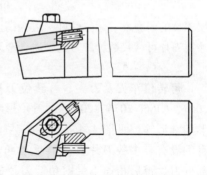

图 4-2　上压式机夹重磨式车刀

（3）可转位车刀（旧称机夹不重磨式车刀）　这种车刀是对机夹式车刀结构进一步改进的结果。它的刀片也是采用机械夹固方法装夹的，但可转位刀片可为正多边形（如正三角形、正方形等），周边经过精磨，刃口用钝后只需将刀片转位，即可使新的切削刃投入切削。

二、可转位车刀

可转位车刀是采用硬质合金可转位刀片的机械夹固式刀具，它的发展已有40多年的历史，且从简单刀具发展到多刃刀具，如钻头、铣刀及拉刀等，这是当前刀具发展的一个重要方向。

1. 可转位车刀的结构和特点

可转位车刀由刀杆、刀片、刀垫和夹紧元件组成，如图4-3所示。多边形刀片上压制出卷屑槽，用机械夹固方式将刀片夹紧在刀杆上，切削刃用钝后不需要重磨，只需松开

夹紧装置，将刀片转过一个位置，重新夹紧后便可使新
的切削刃继续进行切削。当全部切削刃都用钝后可更换
相同规格的新刀片。

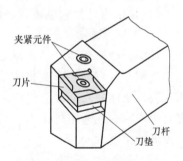

图 4-3　可转位车刀的组成

可转位车刀与焊接式车刀相比，具有下列优点：

（1）提高刀具寿命　可转位车刀避免了焊接式车刀
在焊接刀片时所产生的缺陷，刀具寿命一般比焊接式车
刀提高一倍以上，并能使用较大的切削用量。

（2）节约大量的刀杆材料　焊接式车刀的一根刀杆
一般只能焊一次刀片，而可转位车刀的一根刀杆可重复
使用多次，节约了大量的刀杆材料。

（3）保证切削稳定可靠　可转位刀片的几何参数及断屑槽的形状是压制成形的（或
用专门的设备刃磨成形），采用先进的几何参数，只要切削用量选择适当，完全能保证切
削性能稳定、断屑可靠。

（4）减少硬质合金材料的消耗　可转位刀片用废后可回收利用，重新制造刀片或其
他硬质合金刀具。

（5）提高生产率　可转位车刀刀片转位、更换方便、迅速，并能保持切削刃与工件
的相对位置不变，从而缩短了辅助时间，提高了生产率。

（6）有利于涂层刀片的使用　可转位刀片不焊接、不刃磨，有利于涂层刀片的使用。涂
层刀片的耐磨性、耐热性好，可提高切削速度和使用寿命。此外，涂层刀片的通用性好，一种
涂层刀片可替代数种牌号的硬质合金刀片，减少了刀片的种类，简化了刀具管理。

2. 可转位刀片

可转位车刀及刀夹、可转位刀片型号表示规则均已有国家标准（GB/T 5343.1~2—
2007、GB/T 2076—2007），刀片形状较多，常用的有正三角形、正方形、正五边形、菱
形和圆形等，见图 4-4 及表4-1。可转位车刀刀片有带孔和不带孔两种，有的有断屑槽，
有的没有。多数刀片有孔而无后角，且在每条切削刃上制有断屑槽并形成刀片的前角，
部分刀片带后角而不带前角。刀片的主要尺寸：内切圆基本直径 d（或刀片边长 L）、检
查尺寸 m、刀片厚度 s、孔径尺寸 d_1 及刀尖圆弧半径 r_ε。其中 d 和 s 是基本尺寸。

表 4-1　各种刀片代号

刀片形状	代　号	刀片形状	代　号
三角形	T	菱形 35°[①]	V
六边形 80°	W	菱形 55°[①]	D
六边形 82°	F	菱形 75°[①]	E
正方形	S	菱形 80°[①]	C
五边形	P	菱形 86°[①]	M
六边形	H	55°刀尖角平行四边形[①]	K
八边形	O	82°刀尖角平行四边形[①]	B
矩形	L	85°刀尖角平行四边形[①]	A
圆形	R		

① 所列角度是指较小的角度。

刀片的形状主要根据被加工工件形状和加工条件来选择。刀片的尺寸应根据切削刃工作长度、刀片强度等因素选择，断屑槽可根据工件材料、切削参数和断屑要求选择，设计和选用时可参考有关资料。

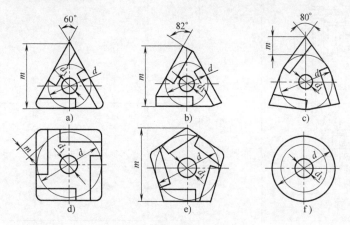

图 4-4　硬质合金可转位刀片的常用形状

a）三角形　b）六边形 82°　c）六边形 80°　d）正方形　e）五边形　f）圆形

3. 可转位车刀刀片的夹紧结构

可转位车刀大都是利用刀片上的孔进行定位夹紧的。对夹紧结构的要求是夹紧可靠、定位精确、结构简单、操作方便，而且夹紧元件不应妨碍切屑的流出。

可转位车刀类型与夹紧结构特点见表 4-2。

表 4-2　可转位车刀类型与夹紧结构特点

名　称	结构示意图	定位面	夹紧件	主　要　特　点
杠杆式			杠杆螺钉	定位精度高，调节余量大，夹紧可靠，拆卸方便
杠销式		底面周边	杠销螺钉	杠销比杠杆制造简单，调节余量小，装卸刀片不如杠杆方便
斜楔式			楔块螺钉	定位准确，刀片尺寸变化较大时也可夹紧，但定位精度不高

（续）

名　称	结构示意图	定位面	夹紧件	主　要　特　点
上压式	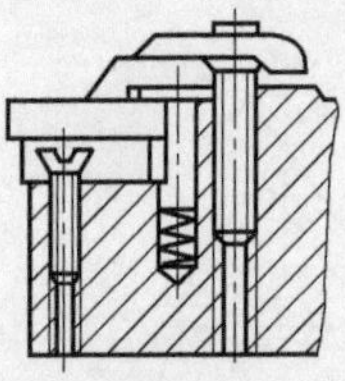		压板螺钉	元件小,夹紧可靠,装卸容易,排屑受一定影响
偏心式	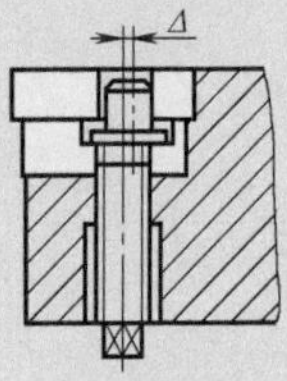	底面周边	偏心螺钉	元件小,结构紧凑,调节余量小,要求制造精度高
拉垫式	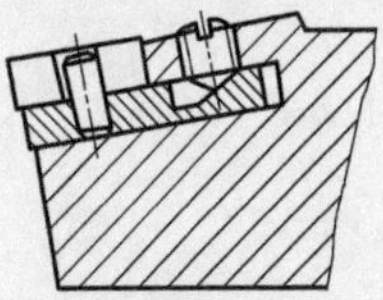		拉垫螺钉	夹紧可靠,允许刀片尺寸有较大变动,但刀头刚度低,不宜用于粗加工
压孔式	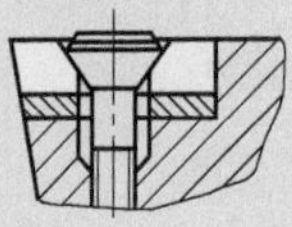	底面锥孔	沉头螺钉	结构紧凑、简单,夹紧可靠,刀头尺寸可做得较小

4. 先进车刀简介

HELIGRIP 刀片是 ISCAR 霸王刀片系列的又一种新产品。它以切断刀为基础,改制成双头螺旋刃形式,增加了端面切槽和外圆、端面车削等功能,还可用于深槽加工。它集原有刀片优势于一身,可用于八种不同类型的车削加工,如图 4-5 所示。

三、成形车刀

成形车刀是加工回转体成形表面的专用高效车刀。车刀的刃形是根据工件的廓形设计的,又称样板车刀。它主要用于大批量生产,可在半自动车床或自动车床上加工内、外回转体成形表面,也可用于卧式车床。成形车刀具有以下特点:①加工质量稳定;②生产率高;③刀具寿命长。

1. 成形车刀的种类、用途和装夹

成形车刀的种类可归纳为以下几种。

（1）**按结构和形状分类**　可分为平体成形车刀、棱体成形车刀和圆体成形车刀三类,如图 4-6 所示。

1）平体成形车刀。这是一种最简单的成形车刀,除了切削刃具有一定的形状要求外,其他部分均与普通车刀相同。这种成形车刀重磨次数较少,常用于加工简单的成形

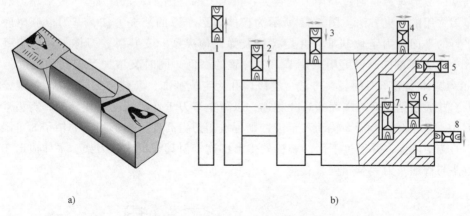

图 4-5 霸王车刀及其加工范围

a）霸王车刀 b）加工范围

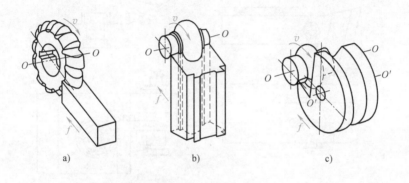

图 4-6 成形车刀的类型

a）平体成形车刀 b）棱体成形车刀 c）圆体成形车刀

表面，如螺纹车刀、铲齿车刀等。

2）棱体成形车刀。这种成形车刀的外形是棱柱体，重磨次数比平体成形车刀多，使用寿命长，刚性好，但只能用于加工外成形表面。

3）圆体成形车刀。它的外形是回转体，切削刃分布在回转体的圆周表面上，由于重磨时磨削前面，因此重磨次数更多，可用于加工内、外成形表面，用途较广泛。

（2）按进刀方式分类 可分为径向成形车刀、切向成形车刀和斜向成形车刀。

1）径向成形车刀。工作时，这种成形车刀沿工件的半径方向进给，大部分成形车刀都按这种方式进刀。它的优点是切削行程短，工作切削刃长度大，生产率高；缺点是径向力大，易产生振动，不适于加工刚性较差的工件，如图 4-6 所示。

2）切向成形车刀。工作时，切削刃沿工件外圆表面的切线方向进给。由于有一定的主偏角，切削刃是逐渐切入又逐渐切出的，实际上始终只有一部分切削刃在工作，所以切削力较小。但由于切削行程较长，生产率低，因此它适于加工细长、刚性差的工件，或轴向截形深度差较小的成形表面。

3）斜向成形车刀。其进给方向与工件轴线不垂直，用于车削直角台阶。

通常，成形车刀是通过专用刀夹装夹在机床上的。图 4-7 所示为棱体成形车刀和圆体成形车刀常用的装夹方法。图 4-7a 所示为棱体成形车刀的装夹方法，车刀以燕尾底面或与其平行的平面作为定位基准，并用螺钉及弹性槽夹紧。安装时，刀体相对于铅垂平面倾斜 α_f。车刀下端的螺钉可用来调节刀尖位置的高低，同时又增加了刀具的刚度。图 4-7b 所示为圆体成形车刀的装夹方法，它以内孔为定位基准，套装在刀夹 10 的带螺栓的心轴 1 上，并通过销子 2 与端面齿环 4 相连，以防止车刀工作时因受力而转动，将齿环 4 与圆体刀 3 一起相对扇形板 5 转动若干齿，则可粗调刀尖高度。扇形板上的销子 8 可限制扇形板 5 的转动范围，并通过下面的螺栓的 T 形键连接刀具与机床的刀架。平体成形车刀的装夹方法与普通车刀完全相同。

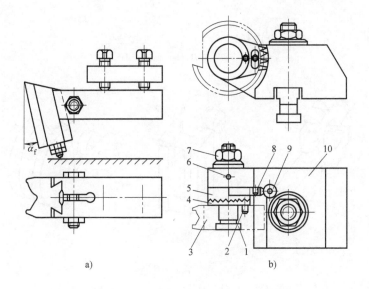

a) b)

图 4-7 成形车刀的装夹

a）棱体成形车刀的装夹 b）圆体成形车刀的装夹

1—心轴 2—销子 3—圆体刀 4—齿环 5—扇形板 6—螺钉 7—夹紧螺母

8—销子 9—蜗杆 10—刀夹

2. 成形车刀的几何角度与安装

（1）成形车刀的几何角度 成形车刀的前角和后角的作用和选择原则与普通车刀基本相同。以径向进给成形车刀为例，由于成形车刀刃形复杂，切削刃上各点的正交平面的方向均不相同，因此其前角和后角一律规定用不受刃形影响的假定工作平面表示，并且以切削刃的最外缘（工件廓形半径最小处）与工件中心等高点（称为基准点）的前角 γ_f 和后角 α_f 表示，如图 4-8 所示。

成形车刀实际工作时的前、后角是通过制造、安装而形成的。预先将刀具制成一定的角度，然后依靠刀具相对工件的安装位置，形成所需要的前、后角。图 4-8a 所示为棱体成形车刀的前角和后角。在制造时，把前面和后面的夹角磨成 $90°-(\gamma_f+\alpha_f)$，在安装时，只需使基准点与工件中心等高，且刀体倾斜 α_f（与铅垂平面），即可形成所需的前角和后角。图 4-8b 所示为圆体成形车刀的前角和后角。在制造时，将它的前面加工成与其

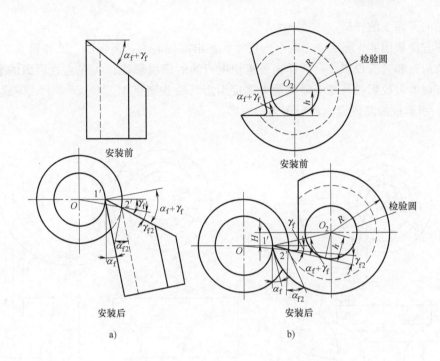

图 4-8　成形车刀前角和后角的形成

a）棱体成形车刀　b）圆体成形车刀

中心之间的距离为 h，在安装时，要求基准点与工件中心等高。刀具中心 O_2 比工件中心 O 高 H，即可形成所需的前角和后角。h 与 H 的值可由下列公式计算

$$h = R\sin(\gamma_f + \alpha_f)$$

$$H = R\sin\alpha_f$$

式中　R——圆体成形车刀最大外圆半径，单位为 mm。

圆体成形车刀不但在制造时要保证 h 值，而且在重磨时也应使 h 值保持不变。为此，可在刀具端面上刻出一个以 O_2 为中心，h 为半径的磨刀检验圆，重磨时应将前面磨在这个圆的切平面内。

从图 4-8 可以看出，除 $1'$ 点位于工件中心线上以外，其余各点 $2'$、$3'$、$\cdots$ 均低于工件中心线，所以成形车刀切削刃上各点处的切削平面与基面位置不同，因而前角和后角都不相同，而且离工件中心线越远，前角越小，后角越大，即 $\gamma_{f2} < \gamma_f$，$\alpha_{f2} > \alpha_f$。成形车刀的前角可根据不同的工件材料选取，后角一般取 $\alpha_f = 10° \sim 30°$。因圆体成形车刀切削刃上的后角变化比棱体成形车刀大，故应选用较大的数值。当 $\gamma_f > 0°$ 时，加工圆锥面会产生双曲线误差。

（2）成形车刀廓形设计（作图法）简介　成形车刀廓形设计方法有作图法、计算法和查表法三种。作图法简单清晰，但精确度稍低；计算法精度高，若利用计算机编程运算则更为方便；查表法也能达到设计精度要求，且较简便。

下面简单介绍用作图法设计成形车刀廓形的步骤。作图法设计的主要依据：已知零件的廓形、刀具前角 γ_f 和后角 α_f、圆形车刀廓形的最大半径 R，通过作图找出切削刃在垂

直于后面的平面上的投影。

作图方法如图4-9所示：①取平均尺寸，画出零件的主、俯视图；②作出在工件中心位置处的前面和后面投影线；③作出各点切削刃的后面投影线；④在垂直后面的平面中，连接各点切削刃投影线与等于零件廓形宽度引出线的各交点 1″、2″、3″、4″、…这样，由1″2″3″4″…所形成的曲线即为成形车刀的廓形。

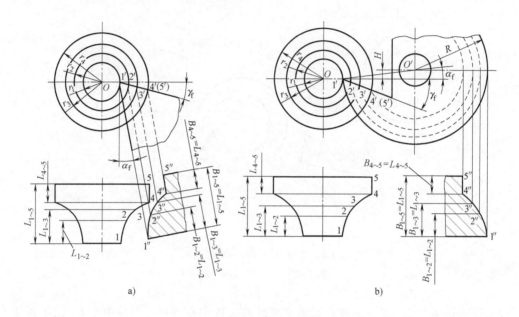

图 4-9 作图法设计成形车刀廓形

a）棱体成形车刀　b）圆体成形车刀

（3）成形车刀的安装　成形车刀的加工精度不仅与刀具切削刃廓形设计与制造精度有关，还与该刀具在机床上的安装精度有关。安装成形车刀时，应满足以下要求：

1）圆体成形车刀切削刃上的基准点应与工件中心等高。

2）棱体成形车刀的燕尾定位基面及圆体成形车刀的轴线必须与工件的轴线平行。

3）成形车刀安装后的前角 γ_f 和后角 α_f 应符合设计所规定的数值，尤其要保证所需的后角的大小（要求安装误差 ≤±30′）。

4）成形车刀的装夹必须可靠牢固。

5）成形车刀装夹后，应先进行试切削，并测量工件的加工尺寸，待检验合格后方可正式投入生产。

3. 成形车刀的刃磨

使用中，当成形车刀达到规定的磨损限度（一般后面的最大磨损量为 0.4~0.5mm）时，应进行刃磨。刃磨质量的好坏不仅影响工件的表面质量，还会影响切削刃的形状，造成工件表面形状误差。通常，在工具磨床上进行重磨时，圆体成形车刀和棱体成形车刀均只刃磨前面，重磨的基本要求是保证原设计的前角和后角数值不变。

如图 4-10a 所示，棱体成形车刀刃磨较为简便，只要在工具磨床上用一台双向万能刃磨夹具即可对其进行刃磨，它可以在垂直及水平面内转动，刃磨时应保证刀具面与砂轮轴线夹角为（$\alpha_f + \gamma_f$）。在工具磨床上刃磨圆体成形车刀时，应严格保证前面至刀具中心线的距离为设计值 h，如图 4-10b 所示，否则安装后成形车刀的前、后角会发生变化。

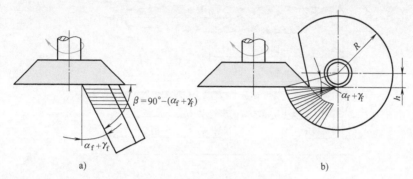

图 4-10　成形车刀重磨示意图
a）棱体成形车刀　b）圆体成形车刀

第三节　孔加工刀具

孔加工刀具按其用途分为两类：一类是用于在实体材料上加工出孔的刀具，如麻花钻、中心钻、深孔钻等；另一类是对已有孔进行再加工的刀具，如扩孔钻、锪钻、镗刀、铰刀、内拉刀等。

一、麻花钻和钻削过程特点

钻削在金属切削中应用广泛，麻花钻是钻削中最常用的刀具之一，它是一种形状复杂的双刃钻孔或扩孔的标准刀具。麻花钻一般用于孔的粗加工，也可用于攻螺纹、铰孔、拉孔、镗孔、磨孔的预制孔加工。

1. 麻花钻的结构

如图 4-11 所示，麻花钻由柄部、颈部和工作部分三个部分组成。

（1）柄部　柄部是钻头的夹持部分，用于与机床连接，并传递动力，按麻花钻直径的大小分为直柄（小直径）和锥柄（大直径）两种。

（2）颈部　颈部是工作部分和柄部间的过渡部分，供磨削时砂轮退刀和打印标记用，小直径直柄钻头没有颈部。

（3）工作部分　工作部分是钻头的主要部分，前端为切削部分，承担主要的切削工作；后端为导向部分，起引导钻头的作用，也是切削部分的后备部分。钻头的工作部分有两条对称的螺旋槽，是容屑和排屑的通道。导向部分有两条棱边（即刃带），为减小与加工孔壁的摩擦，棱边直径磨有 0.03 ~ 0.12mm/100mm 的倒锥量，形成副偏角 κ_r'。切削部分由两个前面、两个后面、两个副后面组成。螺旋槽的螺旋面形成了钻头的前面，与工件过渡表面（孔底）相对的端部曲面为后面，与工件已加工表面（孔壁）相对的两条

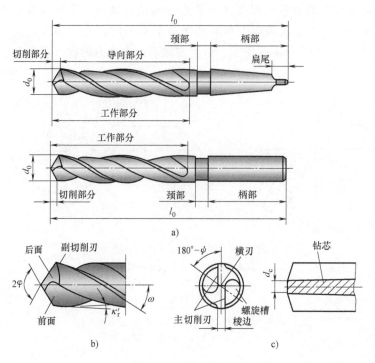

图 4-11　麻花钻的组成

棱边为副后面。螺旋槽与后面的两条交线为主切削刃，两个主切削刃由钻芯连接（见图 4-11c），为增加钻头的刚度与强度，钻芯制成正锥体。棱边与螺旋槽的两条交线为副切削刃，两后面在钻芯处的交线构成了横刃。

　　2. 麻花钻的主要几何参数及其对钻削过程的影响

　　钻头的基面 p_r 是通过切削刃上某点并包含轴线的平面，也是通过该点且垂直于该点切削速度的平面。切削平面 p_s 是与切削刃上某点的加工表面相切并与该点的基面垂直的平面，也是包含该点切削速度的平面。正交平面 p_o 同时垂直于上述两个平面。表示钻头几何角度所用的正交平面系与车刀的相应定义相同，但麻花钻主切削刃上的各点切削速度方向不同、故各点的基面方向不同，如图 4-12、图 4-13 所示。

　　（1）螺旋角 ω　螺旋角是钻头棱边螺旋线展开成的直线与钻头轴线的夹角（见图 4-11b）。由于螺旋槽上各点的导程相同，因而麻花钻主切削刃上不同半径处的螺旋角不同，即螺旋角从外缘到钻芯逐渐减小。螺旋角实际上就是钻头假定工作平面内的前角 γ_f。因此，较大的螺旋角使钻头的前角增大，故切削扭矩和轴向力减小，切削轻快，排屑也较容易，但钻头刚性变差，螺旋角一般为 $25° \sim 32°$。

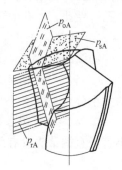

图 4-12　麻花钻正交平面参考系

　　（2）顶角 2φ 和主偏角 κ_r　钻头的顶角（即锋角）为两条主切削刃在与其平行的轴向平面上投影之间的夹角（见图 4-11b）。标准麻花钻的 $2\varphi = 118°$，此时主切削刃是直线。

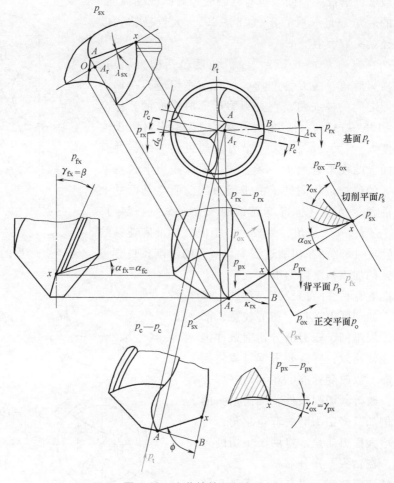

图 4-13 麻花钻的几何角度

顶角直接决定了主偏角的大小，且顶角的一半在数值上与主偏角很接近，因此一般常用顶角代替主偏角来分析问题。顶角减小，切削刃长度增加，单位切削刃长度上的负荷降低，侧刀尖处刀尖角 ε_r 增大，改善了散热条件，提高了钻头的寿命，同时轴向力减小。但切屑变薄，切屑平均变形增加，从而使扭矩增大。

（3）前角 γ_o　钻头的前角是在正交平面内测量的前面与基面之间的夹角。由于钻头的前面是螺旋面，且各点处的基面和正交平面位置也不相同，故主切削刃上各处的前角也是不相同的，由外缘向中心逐渐减小。对于标准麻花钻，前角由 30° 逐渐变为 -30°，故靠近中心处的切削条件较差。

（4）后角 α_f　钻头主切削刃上任意点 x 的后角是在假定工作平面（即通过该点的，以钻头轴线为轴心的圆柱面的切平面）内测量的切削平面与主后面之间的夹角，如图4-14所示。在切削过程中，它反映了后面与工件过渡表面之间的摩擦关系，而且其测量也比较容易。考虑到进给运动对工作后角的影响，同时为了补偿前角的变化，使切削刃上各点的楔角较为合理，并改善横刃的切削条件，麻花钻的后角刃磨时应由外缘处向钻芯逐渐增大。一般后面磨成圆锥面，也有的磨成螺旋面或圆弧面。标准麻花钻的后角（最外缘）α_{fx} 为 $8° \sim 20°$，大直径钻头取小值，小直径钻头取大值。

（5）横刃角度（见图 4-15） 横刃角度包括横刃斜角、横刃前角与横刃后角。横刃斜角 ψ 为横刃与主切削刃在钻头端平面内投影之间的钝夹角，它是刃磨后面时形成的。标准麻花钻的 $\psi = 125° \sim 133°$。当后角磨得偏大时，横刃斜角 ψ 增大，横刃长度 b_ψ 增大，$\alpha_{o\psi}$ 增大。横刃是通过钻芯的，并且它在钻头端面上的投影近似为一条直线，因此横刃上各点基面和切削平面的位置是相同的。由于横刃的前面在基面的上方，故横刃前角为负值（标准麻花钻的 $\gamma_{o\psi} = -60° \sim -54°$）。横刃后角 $\alpha_{o\psi}$ 与 $\gamma_{o\psi}$ 互为余角，为较大的正值（标准麻花钻的 $\alpha_{o\psi} = 30° \sim 36°$）。因此，在切削过程中，横刃的切削条件很差，会产生严重的挤压，对轴向切削力和孔的加工精度影响很大。

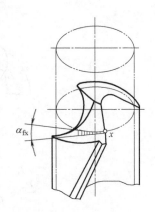

图 4-14 钻头的后角

由于标准麻花钻在结构及几何参数上存在很多问题，如切削刃较长、切屑较宽、前角变化大、排屑不畅、横刃部分切削条件很差等，因此在使用时，常需要根据具体使用条件进行修磨，以改变标准麻花钻切削部分的几何形状，改善其切削条件，提高钻头的切削性能。例如，将钻头磨成双重顶角，将横刃磨短并增大横刃前角，将两条主切削刃磨成圆弧刃，在钻头上开分屑槽等，都可大大改善钻头的切削效率，提高加工质量和钻头的寿命。图 4-16 所示为麻花钻常见的几种修磨形式。

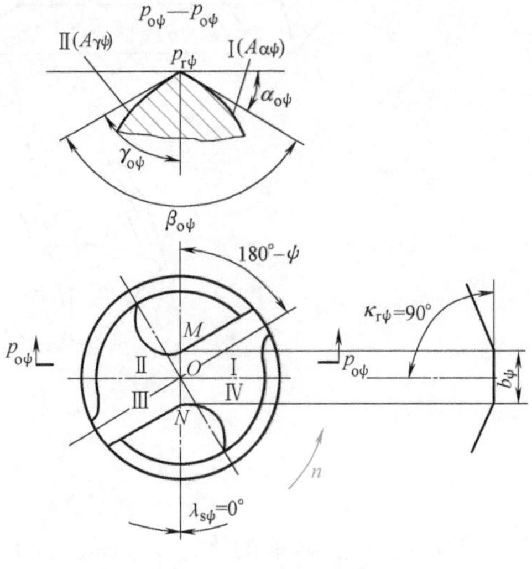

3. 钻削过程

图 4-15 横刃角度

钻削是半封闭切削，切屑排出较慢且与刀具接触时间较长；切削液注入孔内困难，钻头被包容在孔中，散热条件较差，所以钻削时的切削温度较高；麻花钻的几何角度存在一系列缺点，使钻削变形复杂化；容易出现孔径扩大、孔中心歪斜和振动等问题。

（1）钻削用量 如图 4-17 所示，钻削用量包括背吃刀量、每齿进给量和钻削速度。

背吃刀量（切削深度）a_p（mm）　　　$a_p = \dfrac{1}{2}d$

每齿进给量 f_z（mm/z）　　　$f_z = \dfrac{1}{2}f$

钻削速度 v_c（m/min）　　　$v_c = \dfrac{\pi dn}{1000}$

式中 d——钻头的直径，单位为 mm；

   f——钻头的进给量，单位为 mm/r；

   n——钻头的转速，单位为 r/min。

钻孔时，切削层参数有切削宽度和切削厚度。

切削宽度 $$b_D \approx \frac{d}{2\sin\varphi}$$

切削厚度 $$h_D \approx \frac{f}{2}\sin\varphi$$

每齿切削层横截面积 $$A_{Dz} = \frac{fd}{4}$$

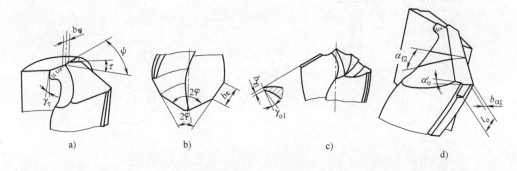

图 4-16 麻花钻的修磨形式

a）横刃修磨 b）主切削刃修磨 c）前面修磨 d）后面及刃带修磨

（2）钻削力与钻削功率   如图 4-18 所示，钻头的每一个切削刃都产生切削力，包括 F_c 主切削力（切向力）F_c、背向力（径向力）F_p 和进给力（轴向力）F_f。扭矩 M_c 是各切削刃在主运动方向的主切削力 F_c 形成的，它消耗的功率最多，约占 80%；进给力主要由横刃产生，约占总进给力的 57%。

扭矩 M_c 和进给力 F_f 可由实验公式求得。

钻削功率为

$$P_c = \frac{M_c v_c}{30d}$$

式中 P_c——钻削功率，单位为 kW；

   M_c——钻削扭矩，单位为 N·m；

   v_c——切削速度，单位为 m/min。

二、扩孔钻和锪钻

1. 扩孔钻

扩孔钻是用于扩大孔径、提高孔质量的刀具。它可用于孔的最终加工或铰孔、磨孔前的预加工。其加工精度为 IT10~IT9，表面粗糙度 Ra 值为 $6.3~3.2\mu m$。与麻花钻相比，图 4-19a 所示的扩孔钻齿数较多，一般有 3~4 个齿，导向性好；扩孔钻无横刃，改善了切削条件，扩孔余量较小；扩孔钻的容屑槽较浅，钻芯较厚，其强度和刚度较高。国家标准规定，$\phi7.8~\phi50mm$ 的高速工具钢扩孔钻做成锥柄，$\phi25~\phi100mm$ 的做成套式。在实际生产中，很多工厂也使用硬质合金扩孔钻和可转位扩孔钻。

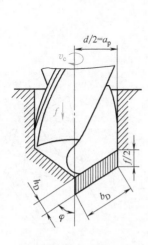

图 4-17　钻削切削层

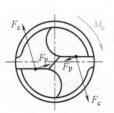

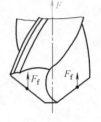

图 4-18　钻削力

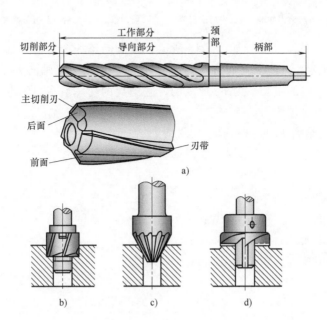

图 4-19　扩孔钻和锪钻
a）扩孔钻　b）带导柱平底锪钻　c）锥面锪钻　d）端面锪钻

2. 锪钻

锪钻用于加工埋头螺钉沉孔、锥孔和凸台面等。图 4-19b 所示为带导柱平底锪钻，适合加工圆柱形沉孔。它在端面和圆周上有 3~4 个刀齿，前端有导柱，可使沉孔及其端面和圆柱孔保持同轴度与垂直度。图 4-19c 所示为锥面锪钻，它的钻尖角有 60°、90° 及 120° 三种，用于加工中心孔和进行孔口倒角。图 4-19d 所示为端面锪钻，它仅在端面上有切削齿，用来加工孔的端面。前端有导柱以保证端面和孔垂直。锪钻可制成高速工具钢锪钻、硬质合金锪钻及可转位锪钻等。

三、镗刀

镗刀是使用广泛的孔加工刀具，一般镗孔精度可达 IT9~IT7，精镗时可达到 IT6，表面粗糙度 Ra 值为 $1.6~0.8\mu m$。镗孔能纠正孔的直线度误差，获得高的位置精度，特别适合于箱体零件的孔系加工。镗孔是加工大孔的主要精加工方法。镗刀工作时悬伸长，刚性差，易产生振动，因此主偏角一般选得较大。按镗刀的结构，可分为单刃镗刀和双刃镗刀。图 4-20 所示为机夹式单刃镗刀，其结构简单、制造方便。在镗不通孔或阶梯孔时，镗刀头在镗杆内要倾斜安装，δ 一般取 10°~45°，镗通孔时取 $\delta=0°$。调节和更换镗刀，可以加工尺寸不同的孔径，但调整费时，且精度不易控制。随着生产发展的需要，开发了许多新型微调镗刀。图 4-21 所示为在坐标镗床和数控机床上使用的一种微调镗刀。微调镗刀是用螺钉 3 通过固定座套 6、调节螺母 5 将镗刀头 1 连同微调螺母 2 一起压紧在镗杆上的。调节时，转动带刻度的微调螺母 2，使镗刀头径向移动达到预定尺寸。镗不通孔时，镗刀头在镗杆上倾斜 53°8′。旋转调节螺母 5，使波形垫圈 4 和微调螺母 2 产生变形，用于产生预紧力和消除螺纹副的轴向间隙。双刃镗刀的特点是在对称的方向上同时有切削刃参加工作，因而可消除镗孔时由于背向力对镗杆的作用而产生的加工误差，双刃镗刀的尺寸直接影响镗孔精度，因此对镗刀和镗杆的制造要求较高。图 4-22 所示为用于孔径大且镗孔精度要求较高的调节式浮动镗刀，它是双刃镗刀中结构较好的一种，刀片尺寸可以通过调节螺钉 3 来调节，且在刀杆方孔中可以稍许浮动，由背向切削力自动平衡定心，从而补偿由刀具的安装误差或镗杆偏摆引起的加工误差。

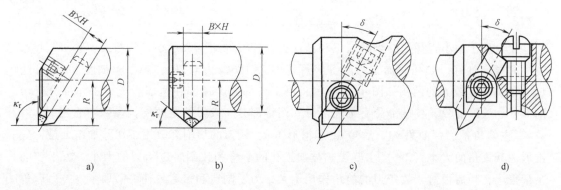

a)   b)   c)   d)

图 4-20 机夹式单刃镗刀

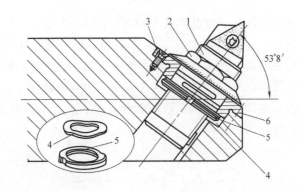

图 4-21　微调镗刀

1—镗刀头　2—微调螺母　3—螺钉　4—波形垫圈　5—调节螺母　6—固定座套

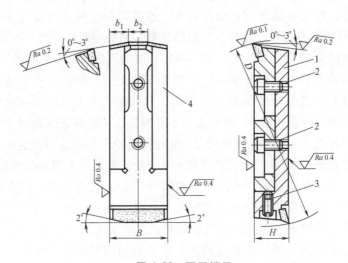

图 4-22　双刃镗刀

1—上刀体　2—紧固螺钉　3—调节螺母　4—下刀体

四、铰刀

铰刀用于中小直径孔的半精加工和精加工。铰刀的加工余量小，齿数多（6~12 个），刚性和导向性好，铰孔的加工精度等级可达 IT7~IT6，甚至 IT5，表面粗糙度 Ra 值可达 $1.6~0.4\mu m$。铰刀的结构如图 4-23 所示，由工作部分、颈部和柄部组成，工作部分有切削部分和校准部分，校准部分有圆柱部分和倒锥部分。铰刀的主要结构参数有直径 d、齿数 z、主偏角 κ_r、背前角 γ_p、后角 α_o 和槽形角 θ。铰刀的切削部分用于切除加工余量，呈锥形，其锥角的大小（$2\kappa_r$）主要影响被加工孔的质量和铰削时进给力的大小。由于铰削余量很小，切屑很薄，故铰刀的前角作用不大，为了制造和刃磨方便一般取 $\gamma_o=0°$。后角一般为 $\alpha_o=6°~10°$，而校准部分应留有宽 $b_{\alpha 1}$ 为 0.2~0.4mm、后角 $\alpha_{o1}=0°$ 的棱边，以保证铰刀有良好的导向与修光作用。铰刀圆柱校准部分的直径为铰刀的直径，它直接影响到被加工孔的尺寸精度、铰刀的制造成本及使用寿命。铰刀的基本直径等于孔的基本直径，铰刀的直径公差应综合考虑被加工孔的公差、铰削时的扩张量或收缩量（0.003 ~ 0.02mm）、铰刀的制造公差和备磨量等来确定。铰刀可分为手用铰刀和机用铰刀。手用铰刀的主偏角小，工作部分较长，适用于单件小批量生产或在装配中铰削圆柱孔。手用铰刀分为整体式和可调整式，机用铰刀分为带柄的和套式的。加工锥孔用的铰刀称为锥度铰刀。铰刀的类型如图 4-24 所示。

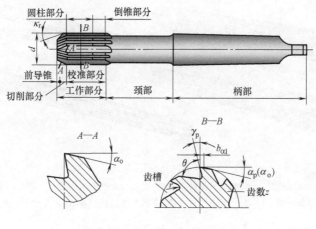

图 4-23　铰刀的结构

五、拉刀

拉刀是利用拉刀上相邻刀齿尺寸的变化来切除加工余量的。拉削后可达到公差等级 IT9 ~ IT7，表面粗糙度 Ra 值为 3.2 ~ 0.5μm。拉刀能加工各种形状贯通的内外表面，生产率高、使用寿命长，但制造较复杂，主要用于大批量的零件加工（见图 1-81）。按加工表面部位不同，拉刀可分为圆孔拉刀、花键拉刀、四方拉刀、键槽拉刀和平面拉刀等。它们的组成部分基本相同，下面主要介绍圆孔拉刀。

1. 圆孔拉刀的组成

如图 4-25 所示，圆孔拉刀由前柄、颈部、过渡锥、前导部、切削齿、校准齿和后导部组成。长而重的拉刀还有后柄。切削齿由粗切齿、过渡齿、精切齿组成。其结构参数主要是齿升量 f_z，它是相邻刀齿的半径差，用以达到每齿切除金属层的作用。粗切齿齿升量按加工材料性能选取，应尽量取大值，一般为 0.02 ~ 0.20mm；精切齿齿升量一般取 0.01 ~ 0.02mm，且不能小于 0.005mm；过渡齿的齿升量在粗切齿和精切齿之间逐齿递减，逐步提高加工孔的质量；校准齿齿升量等于零，起最后修光、校准拉削表面的作用。每齿上具有前角 γ_o（按加工材料不同在 5° ~ 15° 之间选取）、后角 α_o（通常为 1°30′ ~ 2°30′）及后角为 0° 的刃带宽 $b_{\alpha 1}$（一般为 0.1 ~ 0.3mm）。

相邻刀齿之间的轴向距离称为齿距 p，一般 $p = (1.2 ~ 1.9)\sqrt{L}$（L 为拉削长度），其大

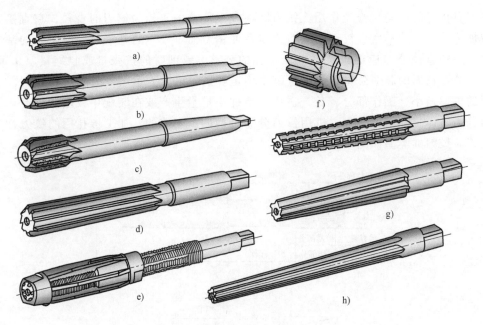

图 4-24　铰刀的类型

a）直柄机用铰刀　b）锥柄机用铰刀　c）硬质合金锥柄机用铰刀　d）手用铰刀
e）可调节手用铰刀　f）套式机用铰刀　g）直柄莫氏圆锥铰刀　h）手用 1∶50 锥度铰刀

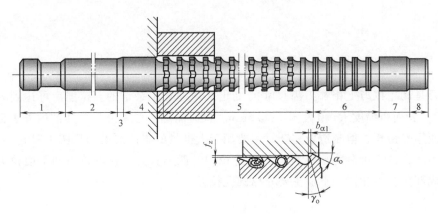

图 4-25　圆孔拉刀结构与切削部分的主要几何参数

1—前柄　2—颈部　3—过渡锥　4—前导部　5—切削齿　6—校准齿　7—后导部
8—后柄

小影响拉刀刀齿容屑空间、拉刀强度和加工长度 L 上的同时工作齿数 z_e，为确保拉削过程的平稳性，应满足 $z_e = 3 \sim 8$。相邻齿间制出容屑槽（见图 4-26），除精切齿的最后一个刀齿和校准齿之外，每个齿上都开有分屑槽（见图 4-27）。这样能确保卷屑、断屑和防止切屑堵塞。

2. 拉削方式

拉削方式是指拉刀逐齿从工件表面上切除加工余量的方式，主要包括分层式、分块

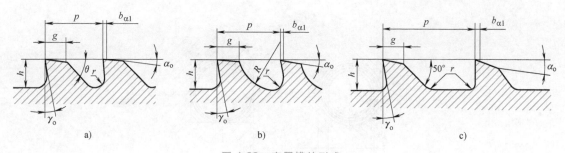

图 4-26 容屑槽的形式

a）直线齿背式　b）圆弧齿背式　c）直线双圆弧式

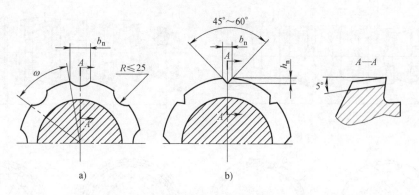

图 4-27 分屑槽的形式

a）弧形槽　b）角度槽

式和组合式三种，如图 4-28 所示。分层式是将加工余量分为若干层，每层加工余量各用一个刀齿依次切除。其特点是拉削余量少，齿升量小，拉削质量高。分块式是每层加工余量经一组刀齿（2~4 个）共同切除，每个刀齿切去该层金属中的相互间隔的几块金属。其特点是拉削余量多，齿升量大，拉刀长度较小，效率高，但是拉削质量较差，可用来加工带有硬皮的铸件和锻件。粗切齿和过渡齿采用不分组的分块式结构，而精切齿采用分层式结构，该拉削方式为组合式。这样既缩短了拉刀的长度，提高了生产率，又能获得较好的加工表面质量。

3. 拉刀的合理使用

（1）防止拉刀断裂及刀齿损坏　拉削时刀齿上受力过大、拉刀强度不够，是损坏拉刀和刀齿的主要原因。导致刀齿受力过大的因素很多，如拉刀齿升量过大、刀齿径向圆跳动大、拉刀弯曲、预制孔太粗糙、工件夹持偏斜、切削刃各点拉削余量不均、工件强度过高、材料内部有硬质点、严重粘屑和容屑槽挤塞等。可采取如下措施解决：①要求预制孔精度等级为 IT10~IT8、表面粗糙度 Ra 值≤5μm，预制孔与定位端面的垂直度误差不超过 0.05mm；②严格检查拉刀的制造精度，对于外购拉刀可进行齿升量、容屑空间和拉刀强度检验；③对难加工材料进行适当的热处理，改善材料的可加工性；④保管、运输拉刀时，防止拉刀弯曲变形和破坏刀齿。

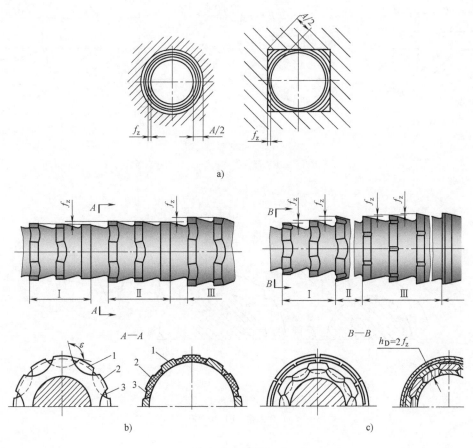

图 4-28　拉削方式

a）分层式　b）分块式　c）组合式

1、2、3—刀齿

（2）消除拉削表面缺陷　拉削时表面产生鳞刺、纵向划横、压痕、环状波纹和啃刀等是影响拉削表面质量的常见缺陷。一般采取如下措施解决：①提高刀齿刃磨质量，保持刀齿刃口锋利，防止微纹产生，各齿前角、刃带宽保持一致；②保持稳定的拉削，增加同时工作的齿数，减小精切齿和校准齿齿距或做成不等分布齿距，提高拉削系统的刚度；③合理选用拉削速度，在较高的拉削速度下，拉削表面质量较高，所以应采用硬质合金拉刀、氮化钛涂层拉刀等；④合理选用切削液，拉削碳素钢、合金钢材料时，选用极压乳化液、硫化油及极压添加剂切削液对提高拉刀寿命、降低表面粗糙度值均有良好效果。

六、复合孔加工刀具设计

复合孔加工刀具是由两把或两把以上同类或不同类孔加工刀具组合而成的刀具。它的优点是生产率高，能保证各加工表面间的相互位置精度，可以集中工序，减少机床台数。但复合刀具制造复杂，重磨和调整尺寸较困难。按零件工艺类型可分为同类和不同类工艺复合孔加工刀具，如图 4-29 和图 4-30 所示。

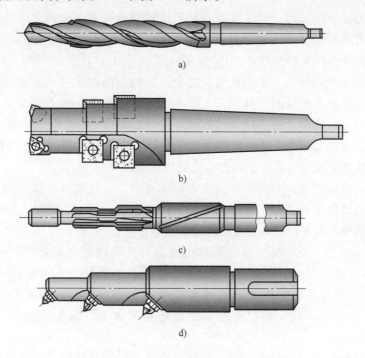

图 4-29 同类工艺复合孔加工刀具

a）复合钻 b）复合扩孔钻 c）复合铰刀 d）复合镗刀

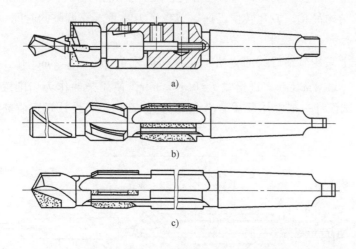

图 4-30 不同类工艺复合孔加工刀具

a）钻-扩 b）扩-铰 c）钻-铰

1. 孔加工复合刀具的设计特点

复合刀具是由通用刀具组合而成的，除应考虑一般刀具设计的各种问题外，还要注

意如下一些问题:

（1）要有足够的强度和刚度 孔加工复合刀具切削时会产生较大的切削力,同时刀体的尺寸又受到孔径的限制,所以复合刀具刀体材料均采用合金钢,以提高其强度和刚度。对于孔的同轴度要求高的复合刀具,在刀体上一定要有导向部分,它支承在夹具上的导套内。导向部分可安置在复合刀具的前端、后端、中间或前、后端位置处。

（2）合理选择切削用量 确定孔加工复合刀具的切削用量时,要兼顾各个刀具的特点。切削速度应按最大直径的刀具选择,以免因速度过高而影响刀具寿命;背吃刀量由相邻单刀的直径差来决定,不宜过大;进给量是各刀共有的,应按最小尺寸的单刀来选定,以免因切削力过大而使刀具折断。对于先后切削的复合刀具,如采用钻-铰复合刀具加工时,切削速度应按铰刀确定,而进给量应按钻头确定。

（3）排屑 孔加工复合刀具切削时产生的切屑多,因此要有足够大的容屑槽和排屑通道,以避免切屑阻塞和相互干扰。对切屑的控制一般从分屑、断屑、控制切屑流向及适当加大容屑槽等方面考虑,也可以发挥切削液的作用。

（4）刃磨、调整方便 尺寸小的复合孔加工刀具采用整体式结构,刚性好,能使各单刀间保持高的同轴度、垂直度等位置精度,缺点是制造、刃磨困难,使用寿命较短。尺寸较大的刀具可采用装配式结构,以避免上述缺点。图 4-30a 所示为钻-扩镶装可调的复合刀具,钻头和扩孔钻分别固定在刀体上,钻头重磨后,可用螺钉调节其伸出长度。

（5）采用可转位复合孔加工刀具 在复合刀具上采用可转位刀片可避免因焊接引起的缺陷,从而延长刀具的寿命;还可以缩短换刀、调刀等辅助时间,提高生产率;刀杆可重复使用,经济性好。图 4-29b 所示为可转位复合扩孔钻,刀片通过锥形沉头螺钉夹紧在刀体上。它的结构简单,刀片转位迅速,节省了刀具重磨、调整的时间。

2. 设计举例

在组合机床上采用先钻后铰的方法加工液压泵上的 $\phi 8.7^{+0.025}_{0}$ mm 孔,工件材料为铸铁,切削速度 $v_c = 11.1$ m/min,进给量 $f = 0.18$ mm/r,使用柴油作为切削液,加工示意图如图4-31所示,试设计一把整体硬质合金钻-铰复合刀具。其设计过程省略,刀具设计图如图4-32所示。

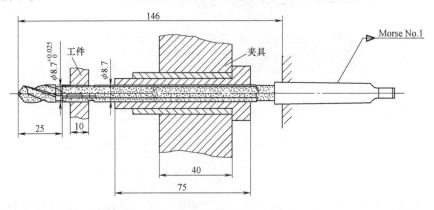

图 4-31 钻-铰加工示意图

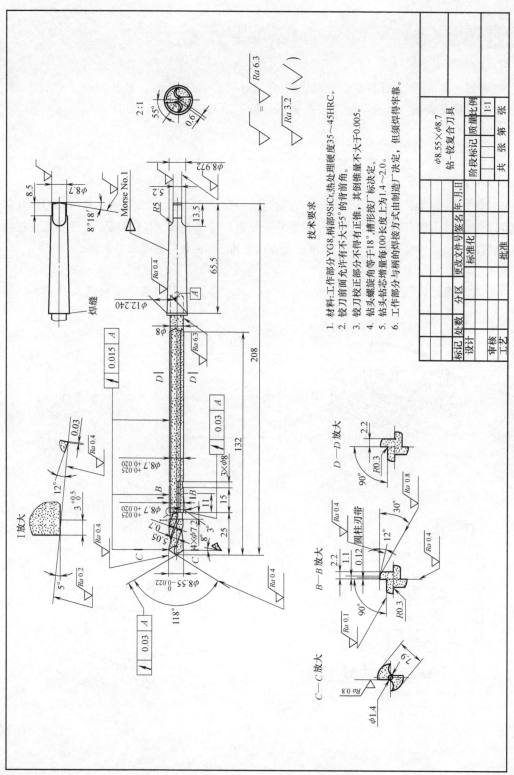

技术要求

1. 材料:工作部分YG8,柄部9SiCr,热处理硬度35~45HRC。
2. 铰刀前面允许有不大于5°的背前角。
3. 铰刀校正部分有正锥,其倒锥按厂标决定。
4. 钻头螺旋角等于18°,槽形按厂标决定。
5. 钻头钻芯增量每100长度上为1.4~2.0。
6. 工作部分与柄部的焊接方式由制造厂决定,但须焊牢靠。

图 4-32 钻-铰复合刀具设计图

第四节　铣削和铣刀

铣削加工是一种应用非常广泛的加工方法，可以加工平面、各种沟槽、螺旋表面、轮齿表面和成形表面等，铣削加工生产率高。铣刀是多齿多刃回转刀具。

一、铣刀的几何角度和铣削要素

1. 铣刀的几何角度

铣削时的主运动是铣刀的旋转运动，进给运动一般是工件的直线或曲线运动。铣刀的几何角度可以按圆柱形铣刀和面铣刀两种基本类型来分析。基面 P_r 是通过切削刃上选定点且包含铣刀轴线的平面，切削平面 P_s 切于切削刃且垂直于基面。两者是基准参考平面。

（1）前角和后角

1）对于螺旋齿圆柱形铣刀，如图 4-33a 所示，为了便于制造，前角常用法前角 γ_n，

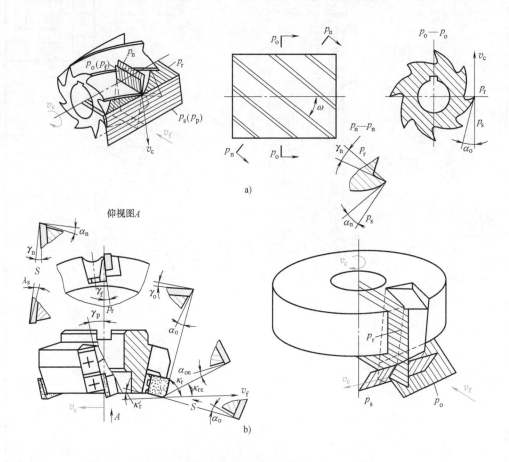

图 4-33　铣刀的几何角度

a）螺旋齿圆柱形铣刀　b）硬质合金面铣刀

规定在法平面 p_n 内测量。后角规定在正交平面 p_o 内测量。此时假定工作平面 p_f 是与 p_o 重合的，故 $\gamma_o = \gamma_f$，$\alpha_o = \alpha_f$，法前角 γ_n 与前角 γ_o 的关系为

$$\tan\gamma_n = \tan\gamma_o \cos\omega$$

式中　ω——圆柱形铣刀的外圆螺旋角。

2）对于面铣刀，每个刀齿类似于车刀，除规定前角和后角在正交平面 p_o 内测量，还规定前角在背平面 p_p、假定工作平面 p_f 内表示，如 γ_p、γ_f 等（见图 4-33b），因为机夹式面铣刀的每个刀齿在安装到刀体上之前，相当于一把 γ_o、λ_s 均等于零的车刀，以利于刀齿集中制造和刃磨。为了获得所需的切削角度，刀齿要在刀体中径向倾斜 γ_f、轴向倾斜 γ_p，刀体上需开出相应的刀槽。若已确定 γ_o、λ_s 和 κ_r 的值，便可以由下式换算出 γ_f 和 γ_p

$$\tan\gamma_f = \tan\gamma_o \sin\kappa_r - \tan\lambda_s \cos\kappa_r$$

$$\tan\gamma_p = \tan\gamma_o \cos\kappa_r - \tan\lambda_s \sin\kappa_r$$

（2）刃倾角　对于圆柱形铣刀，其螺旋角 ω 就是刃倾角 λ_s，它能使刀齿逐渐切入和切离工件，能增加实际工作前角，使切削轻快平稳；同时形成螺旋形切屑，使排屑容易，防止切屑堵塞现象。一般细齿圆柱形铣刀 $\omega = 30° \sim 35°$，粗齿圆柱形铣刀 $\omega = 40° \sim 45°$。面铣刀进行铣削加工时冲击较大，加工钢和铸铁时一般取 $\lambda_s = -15° \sim -5°$。$\lambda_s$ 如图 4-33b 中 S 视图所示。

铣刀几何角度的选择参见表 4-3。

表 4-3　铣刀几何角度参考数值

工件材料		高速工具钢圆柱铣刀			硬质合金面铣刀							
		γ_n	α_o	ω	γ_o	α_o	α_o'	λ_s	κ_r	$\kappa_{r_{\varepsilon}}$	κ	b_ε
钢材 R_m /GPa	<0.589	20°	细齿 16° 粗齿和 镶齿 12°	细齿 20°~35° 粗齿 40°~60° 组合 齿 55°	5°	h_{Dmax} >0.08mm 6°~8°	8°~10°	-15°~ -5°	20°~75°	10°~40°	5°	1~ 1.5mm
	0.589~0.981	15°			-5°~5°							
	>0.981	10°~12°			-10°							
铸件 HBW	≤150	5°~15°			5°	h_{Dmax} ≤0.08mm 8°~12°		-20°~ -10°				
	>150	15°~10°			-5°							
铝镁合金		15°~35°			20°~30°	—	—	—	—	—	—	—

2. 铣削要素

铣刀刀齿在刀具上的分布有两种形式，一种是分布在刀具的圆周表面上，另一种是分布在刀具的端面上。这两种形式分别对应圆周铣削和端铣。

（1）铣削用量　如图 4-34 所示，铣削用量有：

1）铣削速度 v_c 是指铣刀切削刃选定点相对于工件的主运

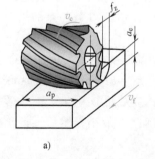
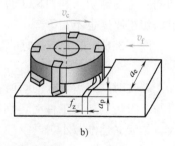

a)　　　　　　　　　　　b)

图 4-34　铣削用量

a）圆周铣削　b）端铣

动的瞬时速度，可按下式计算

$$v_c = \frac{\pi d n}{1000}$$

式中　v_c——瞬时速度，单位为 m/min 或 m/s；

　　　d——铣刀直径，单位为 mm；

　　　n——铣刀转速，单位为 r/min 或 r/s。

2）进给量。

① 进给量 f 是指铣刀每转过一转相对于工件在进给运动方向上的位移量，单位为 mm/r。

② 每齿进给量 f_z 是指铣刀每转过一齿相对于工件在进给运动方向上的位移量，单位为 mm/z。

③ 进给速度 v_f 是指铣刀切削刃选定点相对于工件的进给运动的瞬时速度，单位为 mm/min。

三者之间的关系为

$$v_f = f n = f_z z n$$

3）背吃刀量 a_p 是指垂直于工作平面测量的切削层的最大尺寸（平行于铣刀轴测量的切削层的最大尺寸）。端铣时，a_p 为切削层深度；圆周铣削时，a_p 为被加工表面宽度。

4）侧吃刀量 a_e 是指平行于工作平面测量的切削层的最大尺寸（垂直于铣刀轴测量的切削层的最大尺寸）。端铣时，a_e 为被加工表面的宽度；圆周铣削时，a_e 为切削层深度。

(2) 切削层参数　铣削时的切削层为铣刀相邻两个刀齿在工件上形成的过渡表面之间的金属层，如图 4-35 所示。规定在基面内度量切削层形状与尺寸，切削层参数有以下几个：

1）切削厚度 h_D 是指相邻两个刀齿所形成的过渡表面间的垂直距离，图 4-35a 所示为直齿圆柱形铣刀的铣削厚度。当切削刃转到 F 点时，其切削厚度为

$$h_D = f_z \sin\psi$$

式中　ψ——瞬时接触角，它是刀齿所在位置与起始切入位置间的夹角。

切削厚度随瞬时接触角 ψ 的变化而变化。刀齿在起始位置 H 点时，$\psi = 0$，因此 $h_D = 0$。刀齿转到即将离开工件的 A 点时，$\psi = \delta$，$h_D = f_z \sin\delta$，为最大值。螺旋齿圆柱形铣刀的切削刃是逐渐切入和切离工件的，切削刃上各点的瞬时接触角不相等，因此切削刃上各点的切削厚度也不相等。

图 4-35b 所示为端铣时的切削厚度 h_D，刀齿在任意位置时切削厚度为

$$h_D = EF \sin\kappa_r = f_z \cos\psi \sin\kappa_r$$

端铣时，刀齿切入的瞬时，接触角 ψ 由最大变为零，然后又由零变为最大。由上式可知，刀齿刚切入工件时，切削厚度最小，然后逐渐增大；到中间位置时，切削厚度最大，然后又逐渐减小。

2）切削宽度 b_D 是指切削刃参加工作的长度。直齿圆柱形铣刀的 b_D 等于 a_p，而螺旋齿圆柱形铣刀的 b_D 是随刀齿工作位置的不同而变化的。刀齿切入工件后，b_D 由零逐渐增

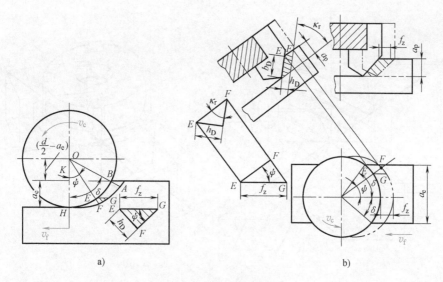

图 4-35　铣刀切削层参数

a) 圆柱形铣刀　b) 面铣刀

大至最大值，然后又逐渐减小至零，因而铣削过程较为平稳。端铣时每个刀齿的切削宽度始终保持不变，其值为

$$b_{\mathrm{D}} = \frac{a_{\mathrm{p}}}{\sin\kappa_{\mathrm{r}}}$$

3. 铣削力与铣削功率

（1）铣刀总切削力及分力　铣刀是多齿刀具，铣削时每个工作的刀齿都受到变形抗力和摩擦力的作用，并且每个刀齿的切削位置和切削面积随时都在变化，因此每个刀齿所承受的切削力的大小、方向也不断变化。假定作用在铣刀各个刀齿上的切削力合力（即总切削力）F 作用在某个刀齿上，如图 4-36 所示，可把总切削力分解为三个互相垂直的分力。

切削力（切向力）F_{c}——作用在铣刀的主运动方向上，消耗功率最多。

垂直切削力 F_{cN}——在工作平面内，总切削力 F 在垂直于主运动方向上的分力，它使刀杆产生弯曲。

背向力 F_{p}——总切削力 F 在铣刀轴向上的分力。

圆周铣削时，F_{cN} 和 F_{p} 的大小和圆柱形铣刀的螺旋角 ω 有关；端铣时，则与面铣刀的主偏角 κ_{r} 有关。

作用在工件上的总切削力 F' 与 F 大小相等，方向相反，通常把总切削力 F' 沿着机床工作台方向分解为三个分力：进给力 F_{f}、横向进给力 F_{e}、垂直进给力 F_{fN}。

进给力 F_{f}——总切削力在纵向进给方向上的分力。

横向进给力 F_{e}——总切削力在横向进给方向上的分力。

垂直进给力 F_{fN}——总切削力在垂直进给方向上的分力。

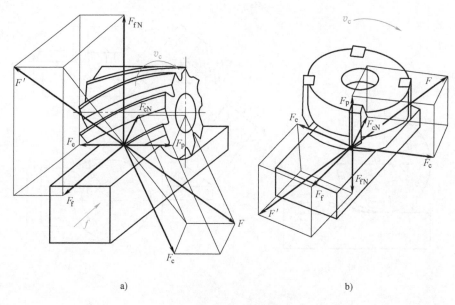

图 4-36　铣削力

a）圆柱形铣刀铣削力　b）面铣刀铣削力

（2）铣削功率　切削力 F_c 可按实验公式计算，然后根据 F_c 计算出铣削总切削力 F。铣削功率 P_c 的计算公式为

$$P_c = \frac{F_c v_c}{60} \times 1000$$

式中　　P_c——铣削功率，单位为 kW；

F_c——切削力，单位为 N；

v_c——铣削速度，单位为 m/min。

4. 铣削方式

（1）圆柱形铣刀铣削　根据铣刀切入工件的旋转方向与工件进给方向的组合不同，分为逆铣和顺铣。铣刀的旋转方向与工件的进给方向相反时称为逆铣，两者方向相同时称为顺铣，如图 4-37 所示。

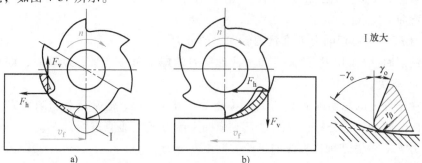

图 4-37　逆铣与顺铣

a）逆铣　b）顺铣

逆铣时，切削厚度由零逐渐增大，由于铣刀的刀齿有刃口钝圆半径，因此刀齿要进行一段"滑行"才能切入工件，导致工件表面产生了冷硬层，加剧了刀齿磨损。由于垂直进给力的作用，工件有被抬起的趋势。

顺铣时，切削厚度从最大开始，无"滑行"现象。垂直进给力向下压向工作台，进给力与进给方向一致，可能使工作台带动丝杠窜动，要求进给机构必须有消除间隙机构。

（2）端铣方式　端铣可分为三种不同的铣削方式：对称端铣、不对称逆铣和不对称顺铣，如图 4-38 所示。

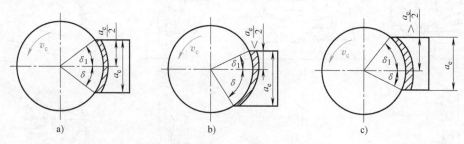

图 4-38　端铣的铣削方式
a）对称端铣　b）不对称逆铣　c）不对称顺铣

对称端铣是指铣刀轴位于工件的对称中心位置，切入、切出时的厚度相同。

不对称逆铣时，刀齿切入厚度较小，切出厚度较大，其逆铣部分大于顺铣部分。

不对称顺铣时，刀齿切入厚度较大，切出厚度较小，其顺铣部分大于逆铣部分。

图 4-38 中切入角 δ 与切出角 δ_1 位于逆铣一侧时为正值，位于顺铣一侧时为负值。

5. 铣削特点

（1）多刃回转切削　铣刀同时有多个刀齿参加切削，其切削刃长度总和较长，生产率高，但由于制造、刃磨、安装的误差，刀齿产生径向或轴向圆跳动，会造成每个刀齿负荷不一，磨损不均匀，从而会影响加工质量。

（2）断续切削　铣削时刀齿依次切入和切出工件，这个过程使刀齿应力产生周期性循环变化。另外，周期性受热、冷却会导致热应力循环，在这种机械冲击和热冲击作用下，容易造成刀具破损。

（3）铣削均匀性　铣削时由于切削厚度、切削宽度和同时工作齿数的周期性变化，导致切削总面积周期性变化，切削力和转矩也出现周期性变化，铣削均匀性较差。

（4）半封闭切削　每个刀齿的容屑空间小，呈半封闭状态，排屑条件差。

（5）铣削方式　可根据工件材料和加工条件合理选择不同的铣削方式。

（6）齿数　铣刀齿数越多，同时工作的齿数越多，铣削过程越平稳，但容屑空间会减小，刀齿强度将下降。

二、常用尖齿铣刀及其选用

尖齿铣刀的刀背（齿槽）是用角铣刀铣制而成的，用钝后沿后面刃磨。尖齿铣刀的加工质量好、切削效率高，所以大部分铣刀是尖齿铣刀，另一种铣刀是铲齿铣刀。

1. 圆柱形铣刀

如图 4-39a 所示，圆柱形铣刀只在圆柱表面上有切削刃，一般用于在卧式铣床上加工平面。它可分为粗齿和细齿两种，分别用于粗加工和精加工，其直径 $d = 50mm$、$63mm$、$80mm$、$100mm$。通常根据铣削用量和铣刀心轴来选择铣刀直径。

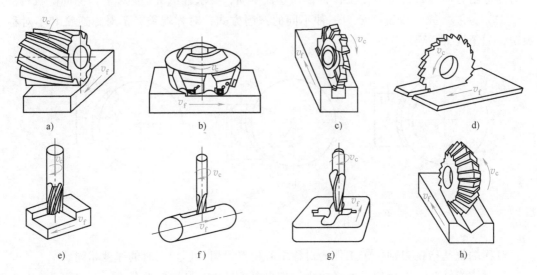

图 4-39　常用的几种铣刀

a）圆柱形铣刀　b）硬质合金面铣刀　c）错齿三面刃铣刀　d）锯片铣刀　e）立铣刀　f）键槽铣刀

g）模具铣刀　h）角度铣刀

2. 硬质合金面铣刀（见图 4-39b）

硬质合金面铣刀的圆周表面和端面上都有切削刃，一般用于高速铣削平面。目前广泛采用机夹可转位式结构，它是将硬质合金可转位刀片直接用机械夹固的方法安装在铣刀刀体上的，磨钝后，可直接在铣床上转换切削刃或更换刀片。和高速工具钢圆柱形铣刀相比，它的铣削速度较高，生产率高，加工表面质量也较好。端铣时，应根据侧吃刀量选择适当的铣刀直径，即 $D = (1.2 \sim 1.6)a_e$，并使面铣刀工作时有合理的切入角和切离角，以防止面铣刀因刀尖冲击工件边缘而过早地发生破损。同一直径的可转位面铣刀的齿数分为粗齿、中齿、细齿三种，与其他铣刀一样，一般按工件材料和加工性质选择齿数。

3. 盘形铣刀

盘形铣刀分为错齿三面刃铣刀（见图 4-39c）和槽铣刀。

槽铣刀只在圆柱表面上有刀齿，铣削时，为了减少两侧端面与工件槽壁之间的摩擦，两侧做有 $30'$ 的副偏角，一般用于加工浅槽。

薄片的槽铣刀也称锯片铣刀（见图 4-39d），用于切削窄槽或切断工件。

三面刃铣刀在两侧端面上都有切削刃，为了改善端面切削刃的工作条件，可以采用斜齿结构，但由于斜齿会使其中一个端面切削刃的前角为负值，故采用错齿的结构，即相邻的两条切削刃交错地左斜或右斜，每一刀齿只在有正前角的一侧设有端齿，另一侧为负前角，不设端齿。它具有切削平稳，切削力小，排屑容易和容屑槽大的优点。三面刃铣刀常用于切槽和加工台阶面。

4. 立铣刀（见图 4-39e）

立铣刀圆柱面上的切削刃是主切削刃，端面上的切削刃没有通过中心，是副切削刃。工作时不宜做轴向进给运动，一般用于加工平面、凹槽、台阶面以及利用靠模加工成形表面。国家标准规定，直径 $d = 2 \sim 71\text{mm}$ 的立铣刀做成直柄或削平型直柄，直径 $d = 6 \sim 63\text{mm}$ 的做成莫氏锥柄，$d = 25 \sim 80\text{mm}$ 的做成 7：24 锥柄，直径 $d = 40 \sim 160\text{mm}$ 的做成套式立铣刀，此外还有可转位立铣刀和硬质合金立铣刀。

5. 键槽铣刀（见图 4-39f）

键槽铣刀主要用于加工圆头封闭键槽。它有两个刀齿，圆柱面和端面上都有切削刃，端面切削刃延伸至中心，工作时能沿轴线做进给运动。国家标准规定，直柄键槽铣刀的直径 $d = 2 \sim 22\text{mm}$，锥柄键槽铣刀的直径 $d = 14 \sim 50\text{mm}$。键槽铣刀直径的精度等级有 e8 和 d8 两种，通常分别用来加工 H9 和 N9 键槽。

6. 模具铣刀（见图 4-39g）

模具铣刀用于加工模具型腔或凸模成形表面，其在模具制造中应用广泛，是实现钳工机械化的重要工具。它是由立铣刀演变而成的。硬质合金模具铣刀可取代金刚石锉刀和磨头来加工淬火后硬度小于 65HRC 的各种模具，它的切削效率可提高几十倍。

7. 角度铣刀（见图 4-39h）

角度铣刀一般用于加工带角度的沟槽和斜面，分单角铣刀和双角铣刀。单角铣刀的圆锥切削刃为主切削刃，端面切削刃为副切削刃；双角铣刀两圆锥面上的切削刃均为主切削刃，它分为对称和不对称双角铣刀。对称双角铣刀的直径 $d = 50 \sim 100\text{mm}$，夹角 $\theta = 18° \sim 100°$；不对称双角铣刀的直径 $d = 40 \sim 100\text{mm}$，夹角 $\theta = 50° \sim 100°$。

三、铲齿成形铣刀简介

成形铣刀是在铣床上加工成形表面的专用刀具。与成形车刀类似，其刃形是根据工件廓形设计计算的。它具有较高的生产率，并能保证工件形状和尺寸的互换性，因此得到了广泛使用。成形铣刀按齿背形状可分为尖齿和铲齿两种。尖齿成形铣刀齿数多，具有合理的后角，因而切削轻快、平稳、加工表面质量好，铣刀寿命长。但尖齿成形铣刀需要使用专用靠模或在数控工具磨床上重磨后面，刃磨工艺复杂。刃形简单的成形铣刀一般做成尖齿成形铣刀，刃形复杂的则都做成铲齿成形铣刀，为了刃磨方便，通常制成进给前角 $\gamma_f = 0°$。

铲齿成形铣刀的刃形与后面是在铲齿车床上用铲刀铲齿获得的（见图 4-40a）。铲齿后所得的齿背曲线为阿基米德螺旋线。它具有下列特性：

1）由图4-40a可知，由铲齿车刀的顶刃和根刃分别铲出的 BD 和 B_1D_1 为径向等距线，其径向距离保持不变，沿铣刀前面重磨后，其形状保持不变。

2）如图4-40b所示，阿基米德齿背曲线的方程式为

$$\rho = R - b\theta$$

$$\tan\psi = \rho/\rho' = (R - b\theta)/(-b) = \theta - R/b$$

而

$$\alpha_f = \psi - 90°$$

重磨后，铣刀的直径（半径为 R）变化不大，所以 ψ 角变化很小，故后角变化也很小。

铲齿成形铣刀的制造、刃磨比尖齿成形铣刀方便，但热处理后铲磨时修整成形砂轮较费时，若不进行铲磨，则刃形误差较大。此外，它的前、后角不够合理，所以加工表面质量不高。

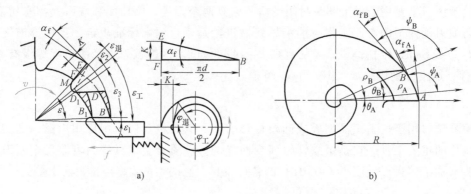

图 4-40　铲齿过程和重磨后铲齿成形铣刀的后角变化

a）铲齿过程　b）重磨后铲齿成形铣刀的后角变化

第五节　螺纹刀具

螺纹刀具是加工内、外螺纹表面的刀具。它可以分为车刀类、铣刀类、拉刀类或利用塑性变形方法加工的螺纹滚压工具类。

一、丝锥

丝锥是加工内螺纹的刀具，按用途和结构的不同，主要有手用丝锥、机用丝锥、螺母丝锥、锥形丝锥、板牙丝锥、螺旋槽丝锥、挤压丝锥、拉削丝锥等，如图4-41所示。

1. 丝锥的结构与几何参数

尽管丝锥的种类很多，但它的结构基本相同。图4-42所示为丝锥的外形结构。它由工作部分和柄部组成，工作部分实际上是一个轴向开槽的外螺纹，分为切削和校准两部分。槽向有直槽和螺旋槽两种，螺旋槽丝锥排屑效果好，并使实际前角增大，降低转矩。

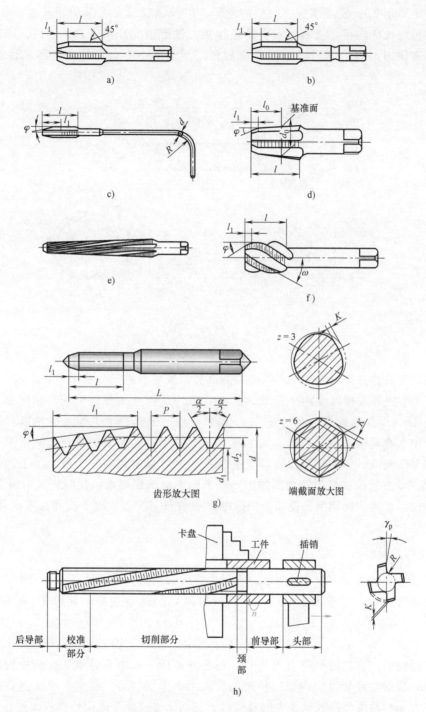

图 4-41　常用的几种丝锥

a）手用丝锥　b）机用丝锥　c）螺母丝锥　d）锥形丝锥

e）板牙丝锥　f）螺旋槽丝锥　g）挤压丝锥　h）拉削丝锥

切削部分担负着整个丝锥的切削工作，为了使切削负荷能分配到各个刀齿上，切削部分

一般铲磨出锥角 2φ，校准部分有完整的齿形，以控制螺纹参数并引导丝锥沿轴向运动。柄部方尾可与机床连接，或通过扳手传递扭矩，丝锥轴向开槽以容纳切屑，同时形成前角。切削锥顶刃与齿形侧刃经铲磨形成后角。丝锥的中心部是锥心，用来保持丝锥的强度。

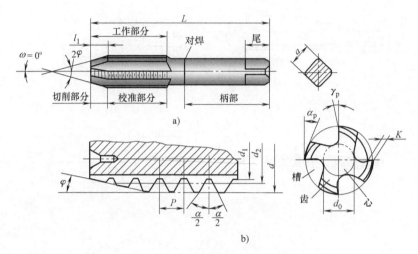

图 4-42　丝锥的外形结构

丝锥的参数包括螺纹参数与切削参数两部分。螺纹参数如大径 d、中径 d_2、小径 d_1、螺距 P、牙型角 α 及螺纹旋向（一般为右旋）等，按被加工螺纹的规格来选择。切削参数如锥角 2φ、端剖面前角 γ_p、后角 α_p、槽数 z 等，根据被加工螺纹的精度、尺寸来选择。对于中、小规格的通孔丝锥，为了提高加工效率，在切削锥角合适的情况下，可用单支丝锥加工完成。但在螺孔尺寸较大和材料较硬、强度较高的工件上加工通孔或不通孔螺纹时，单支丝锥在切削能力和加工质量上则不能满足要求。此时宜采用由 2~3 支丝锥组成的成组丝锥依次切削，使切削工作由 2~3 支丝锥分担，这 3 支丝锥依次称为头锥、二锥和精锥。

　　2. 几种主要类型丝锥的结构特点

　　（1）手用丝锥　如图 4-41a 所示，手用丝锥的刀柄为方头圆柄，用手操作，常用于小批和单件修配工作，齿形不需铲磨。手用丝锥因切削速度较低，常用 T12A 和 9SiCr 钢制造。

　　（2）机用丝锥　机用丝锥（见图 4-41b）是用专门的辅助工具装夹在机床上由机床传动来切削螺纹的，它的刀柄除有方头外，还有环形槽，以防止丝锥从夹头中脱落。机用丝锥的螺纹齿形均经铲磨。因机床传递的转矩大，导向性好，故常用单支丝锥加工。在加工直径大、材料硬度高或韧性大的螺孔时，则用 2 支或 3 支成组丝锥依次进行切削。机用丝锥因其切削速度较高，工作部分常用高速工具钢制造，并与 45 钢刀柄经对焊而成，一般用于大批量生产通孔、不通孔螺纹。

　　（3）挤压丝锥　挤压丝锥不开容屑槽，也无切削刃。它是利用塑性变形原理加工螺纹的，可用于加工中小尺寸的内螺纹。它的主要优点是：

1）挤压后的螺纹表面组织紧密，耐磨性提高。攻螺纹后扩张量极小，螺纹表面被挤光，提高了螺纹的精度。

2）可高速攻螺纹，无排屑问题，生产率高。

3）丝锥强度高，不易折断，寿命长。

挤压丝锥主要适合加工高精度、高强度的塑性材料工件，图 4-41g 所示为挤压丝锥的结构。工作部分的大径、中径、小径均做出正锥角，攻螺纹时先是齿尖挤入，逐渐扩大到全部齿，最后挤压出螺纹齿形。挤压丝锥的端截面呈多棱形，以减小接触面积，降低扭矩。挤压丝锥的直径应比普通丝锥增加一个弹性恢复量，常取 $0.01P$。挤压丝锥的直径、螺距等参数的制造精度要求较高。选用挤压丝锥时，预钻孔直径可取螺纹小径加上一个修正量。修正量的数值与工件材料有关，须通过工艺实验决定。

（4）拉削丝锥 拉削丝锥可以加工梯形、方形、三角形单线与多线螺纹。在卧式车床上一次拉削成形，效率很高，操作简单，质量稳定。其工作情况如图 4-41h 所示。拉削丝锥实质是一把螺旋拉刀，它综合了丝锥、铲齿成形铣刀及拉刀三种刀具的结构。其中螺纹部分的参数、切削锥角、校准部分的齿形等都属于梯形丝锥参数。后角、铲削量、前角及齿形角修正都按铲齿成形铣刀的设计方法计算。头、颈和引导部分的设计均类似于拉刀。

二、其他螺纹刀具

1. 板牙

板牙是加工和修整外螺纹的标准刀具之一，它的基本结构是一个螺母，轴向开出容屑槽以形成切削齿前面。板牙因结构简单，制造方便，故在小批量生产中应用很广。加工普通外螺纹时常用圆板牙，其结构如图 4-43a 所示。圆板牙的左、右端面上都磨出切削锥角，齿顶经铲磨形成后角。套螺纹时先将圆板牙放在板牙套中，用紧定螺钉固紧，然后套在工件外圆上，在旋转板牙的同时应在板牙的轴线方向施以压力。因为套螺纹是靠套出的螺纹齿侧面作为导向的，所以开始套螺纹时需保持板牙端面与螺纹中心线垂直。

板牙只能加工精度要求不高的螺纹。

2. 螺纹切头

螺纹切头是一种组合式螺纹刀具，通常是开合式的。图 4-43b 所示为加工外螺纹的圆梳刀螺纹切头，使用时可手动或自动操纵梳刀的径向开合。因此可在高速切削螺纹时快速退刀，生产率很高。梳刀可多次重磨，使用寿命较长。螺纹切头结构复杂，成本较高，通常在转塔、自动或组合机床上使用。

3. 螺纹铣刀

螺纹铣刀分为盘形、梳形与铣刀盘三类，多用于铣削精度不高的螺纹或对螺纹进行粗加工，但都有较高的生产率。

盘形螺纹铣刀粗切蜗杆或梯形螺纹时的工作情况如图 4-43c 所示。铣刀与工件轴线交错成 ψ 角。由于是铣螺旋槽，为了减少铣槽的干涉，通常将直径选得较小，齿数选得较

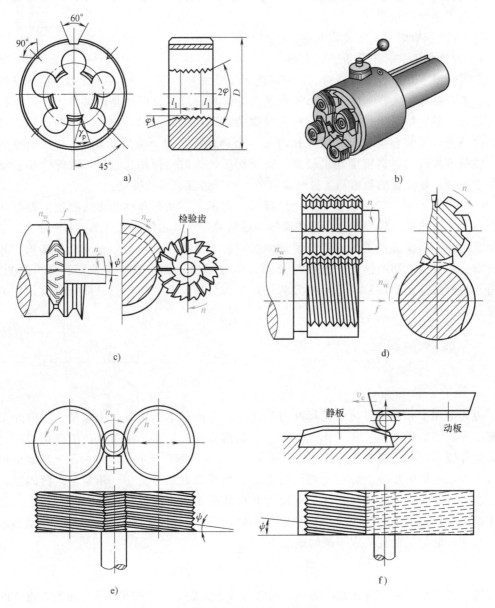

图 4-43 其他螺纹加工刀具

a) 圆板牙 b) 螺纹切头 c) 盘形螺纹铣刀 d) 梳形螺纹铣刀 e) 滚丝轮 f) 搓丝板

多，以保持铣削平稳。为改善切削条件，刀齿两侧可磨成交错的，以增大容屑空间，但需要有一个完整的齿形，以供检验。梳形螺纹铣刀由若干个环形齿纹构成，其宽度大于工件的长度，一般做成铲齿结构，用于在专用的铣床上加工较短的三角形螺纹，其工作情况如图 4-43d 所示。工件每转一周，铣刀相对于工件的轴线移动一个导程的距离，即可全部铣出螺纹。铣刀盘是用硬质合金刀头进行高速铣削的螺纹加工刀具。常见的有内、外旋风铣削刀盘，刀盘轴线相对于工件轴线倾斜一个螺纹升角，刀盘高速旋转形成主运动。工件每转一周，旋风头沿工件轴线移动一个导程的距离（进给运动）。螺纹表面是由切削刃的运动轨迹与工件的相对螺旋运动包络形成的。

4. 螺纹滚压工具

滚压螺纹属于无屑加工，适用于滚压塑性材料。由于效率高，精度高，螺纹强度高，工具寿命长，因此这种工艺已广泛用于制造螺纹标准件、丝锥、螺纹量规等。常用的滚压工具是滚丝轮和搓丝板。

（1）滚丝轮　图 4-43e 所示为滚丝轮的工作情况，两个滚丝轮螺纹旋向与工件螺纹旋向相反，向同一方向旋转。滚丝时动轮逐渐向静轮靠拢，工件表面被挤压形成螺纹。两轮中心距达到预定尺寸后，停止进给，继续滚转几圈以修整螺纹廓形，然后退出，取下工件。

（2）搓丝板　如图 4-43f 所示，搓丝板由动板、静板组成，是成对使用的。工件进入两板之间后立即被夹住，随着搓丝板的运动迫使其转动，最终滚压出螺纹。搓丝板受行程的限制，只能加工直径小于 24mm 的螺纹。由于压力较大，螺纹易变形，所以工件圆柱度误差较大，不宜加工薄壁工件。

第六节　齿轮刀具

一、齿轮刀具的种类

齿轮刀具是用于切削齿轮齿形的刀具。齿轮刀具结构复杂，种类较多。按齿形加工的工作原理，齿轮刀具可分为成形法齿轮刀具和展成法齿轮刀具两大类。

1. 成形法齿轮刀具

这类刀具的齿形多按被加工齿轮齿槽的法向截形（与齿数有关）进行设计，因此，它的切削刃廓形与被加工齿轮齿槽的廓形相同或近似相同，通常适用于加工直齿槽的齿轮件，如直齿圆柱齿轮、斜齿齿条等。常用的成形法齿轮刀具主要有盘形齿轮铣刀（见图4-44a）、指形齿轮铣刀（见图4-44b）、齿轮拉刀等。盘形齿轮铣刀是一种具有渐开线齿形的铲齿成形铣刀，它制造较为容易，成本低，适宜在普通铣床上加工齿轮，但加工精度（一般低于9级）和生产率较低，适用于单件、小批生产和修配。

当盘形齿轮铣刀的前角为 0° 时，其刃口形状就是被加工齿轮的渐开线齿形。加工压力角为 20° 的直齿渐开线圆柱齿轮的盘形齿轮铣刀已标准化，每种模数备有 8 把铣刀（模数为 0.3~8mm）或 15 把铣刀（模数为 9~16mm）分别组成一套。

盘形齿轮铣刀也可加工斜齿圆柱齿轮，所用铣刀的模数和压力角应与被加工齿轮的法向模数和压力角相同，而刀号则由当量齿数 z_v 确定。

2. 展成法齿轮刀具

这类刀具是利用齿轮啮合原理加工齿轮的。切齿时，刀具就相当于一个齿轮，它与被加工齿轮无侧隙啮合，工件的齿形是刀具齿形运动轨迹包络而成的。其加工齿轮的精度和生产率较高，刀具通用性好，生产中已被广泛使用。这类刀具中最常用的有以下几种：

（1）**齿轮滚刀** 可加工直齿、斜齿圆柱齿轮，生产率较高，应用最广泛。

（2）**蜗轮滚刀** 用于加工各种蜗轮，需专门设计和制造。

（3）**插齿刀** 常用于加工内、外齿轮，还可加工台肩齿轮和外圆柱斜齿轮等。

（4）**剃齿刀** 用于未经淬硬（<32HRC）的直齿、斜齿圆柱齿轮的精加工。剃削齿轮前，需用专用的剃前滚刀

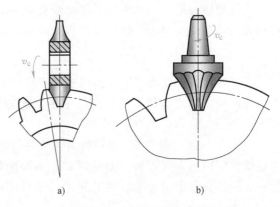

图 4-44 成形法齿轮铣刀
a）盘形齿轮铣刀 b）指形齿轮铣刀

或剃前插齿刀加工齿槽，并留有剃削余量。剃齿刀生产率高，在大批量生产中使用较多。

二、齿轮滚刀及其选用

齿轮滚刀是加工直齿和螺旋齿圆柱齿轮最常用的一种展成法刀具，利用螺旋齿轮啮合原理来加工齿轮。它的加工范围广，模数为 0.1～40mm 的齿轮均可使用滚刀加工，且同一把齿轮滚刀可加工模数、压力角相同而齿数不同的齿轮。

1. 齿轮滚刀的基本蜗杆

齿轮滚刀相当于一个齿数很少，螺旋角很大，而且轮齿很长的斜齿圆柱齿轮，因此，其外形就像一个蜗杆。为了使这个蜗杆能起到切削作用，需要沿轴向在其圆周上开出几个容屑槽（直槽或螺旋槽），形成很短的刀齿，产生前面和切削刃。如图 4-45 所示，每个刀齿有两个侧刃和一个顶刃，同时，需对齿顶后面和齿侧后面进行铲齿加工，从而产生后角。但是，滚刀的切削刃必须保持在蜗杆的螺旋面上，这个蜗杆就是滚刀的铲形蜗杆，也称为滚刀的基本蜗杆。

从理论上分析，加工渐开线齿轮的齿轮滚刀基本蜗杆应该是渐开线蜗杆（见图 4-46），它在端平面内的截形应为渐开线，而在蜗杆基圆柱切平面内的截形是直线，在轴平面和法平面内的截形都是曲线，这对于滚刀的制造和检验较为困难。而阿基米德蜗杆齿形在轴平面内的截形是直线，实质上是一个梯形螺纹，在端平面内是阿基米德螺旋线；法向直廓蜗杆

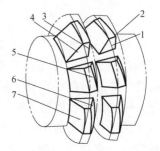

图 4-45 滚刀的基本蜗杆和切削要素
1—前面 2—顶刃
3、4—侧刃 5—顶后面
6、7—侧后面

实质上是在法平面中具有直线齿形的梯形螺纹，其端平面是延伸渐开线，它们的几何特性如图 4-47、图 4-48 所示。由于制造和检验较为方便，因此，实际生产中常采用阿基米德蜗杆或法向直廓蜗杆作为齿轮滚刀的基本蜗杆。这种以代用蜗杆作为滚刀基本蜗杆的

设计方法称为滚刀的"近似造形法"。用阿基米德滚刀和法向直廓滚刀加工出来的齿轮齿形，理论上都不是渐开线，但是由于齿轮滚刀的分度圆柱上的螺旋升角很小，故加工出来的齿形误差也很小，尤其是阿基米德滚刀，不仅误差较小，而且误差的分布对齿形有一定的修缘作用，有利于齿轮的传动。因此，一般精加工和小模数（$m \leqslant 10\text{mm}$）的齿轮滚刀均为阿基米德滚刀；而粗加工和大模数齿轮加工多用法向直廓蜗杆滚刀，加工误差稍大。虽然这种设计方法存在

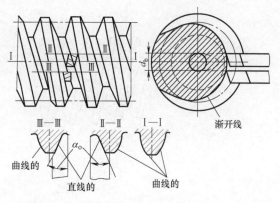

图 4-46　渐开线蜗杆的几何特性

一定的误差，但是，只要把误差控制在规定的公差范围内还是允许的。

2. 齿轮滚刀的有关参数

齿轮滚刀的有关参数及其选用原则简述如下：

（1）齿轮滚刀的外径 d_e　滚刀的外径是一个重要的结构尺寸，它直接影响其他结构参数（如孔径、齿数等）的合理性、滚刀的精度和寿命、切削过程的平稳性以及滚刀制造工艺性。滚刀外径可自由选定，但根据使用条件，应尽量增大滚刀外径。增大滚刀外径可增多滚刀的齿数，有利于减小齿面的包

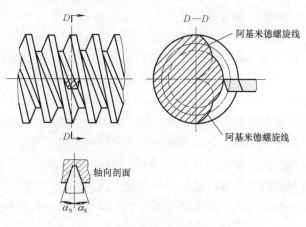

图 4-47　阿基米德蜗杆的几何特性

络误差和降低每齿的切削负荷。而且也可以增大滚刀内孔直径，采用直径较大的心轴，提高刚度。然而，外径过大，在制造、刃磨和安装上均有不便，还会增加切入时间，影响生产率。通常，粗加工选用较小的外径，精加工则选用较大的外径，见表 4-4，Ⅰ型为大外径系列，用于高精度等级的 AAA 级滚刀；Ⅱ型为小外径系列，用于普通精度等级的 AA、A、B、C 级滚刀。

（2）齿轮滚刀的长度 L　滚刀的最小长度应满足以下两个要求：①滚刀能完整地包络齿轮的齿廓；②滚刀边缘的刀齿负荷不应过重。此外，还应考虑滚刀两端边缘的不完整刀齿及使用中轴向窜刀等因素，适当增大滚刀的长度，滚刀轴台的长度 a 一般不小于 4 ~ 5mm，作为检验滚刀安装是否正确的基准。

（3）齿轮滚刀的头数　滚刀的螺旋头数对滚刀的切齿效率和加工精度都有重要影响。采用多头滚刀加工时，由于同时参与切削的刀齿增加了，其生产率比单头滚刀高，但加工精度较低，常用于粗切。多头滚刀如适当增大外径，增加圆周齿数，也可提高加工精度。单头滚刀多用于精切。

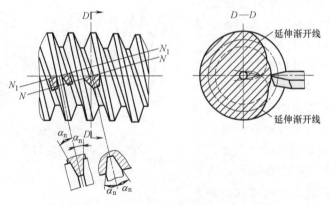

图 4-48　法向直廓蜗杆几何特性

（4）齿轮滚刀的齿数 z　滚刀的齿数关系到切削过程的平稳性、齿面加工质量和刀具使用寿命。增加齿数，不但可减轻每个刀齿的切削负荷，有利于切削热的散发和切削温度的降低，而且可使更多个刀齿切出每一个齿形，形成的渐开线齿廓的包络线精度高，并可获得较小的表面粗糙度值，所以精加工齿轮用的滚刀齿数应比粗加工用的多。通常，Ⅰ型（大外径）滚刀齿数为 12～16 个，Ⅱ型（小外径）滚刀齿数为 9～12 个。

（5）前角 γ 和后角 α　为使滚刀重磨后齿形与齿高不变，刀齿的顶面及两侧都经过铲削，一般齿顶刃背后角 α_p 为 10°～12°，齿侧刃后角 α_o 为 3°～4°。滚刀刀齿的前面就是容屑槽的螺旋表面或平面，为了保证齿形精度，高精度滚刀为零前角滚刀，刀齿的顶刃背前角 $\gamma_p = 0°$，而正前角可以改善切削条件，所以普通精度滚刀的背前角 γ_p 可取 7°～9°，粗加工滚刀可取 12°～15°。如图 4-49 所示，α_p、$\gamma_p$$^{\ominus}$ 是在滚刀端剖面内度量的，α_o 是在法向剖面内度量的。如图 4-50 所示，螺旋槽滚刀加工时，其左、右侧刃前角都为零，改善了切削条件。零前角滚刀可用于大模数滚刀和蜗轮滚刀等。

3. 齿轮滚刀的合理使用

用于加工分度圆压力角为 20° 的渐开线齿轮滚刀已标准化。表 4-4 所列均为阿基米德整体

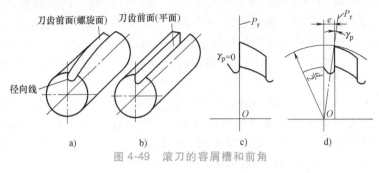

图 4-49　滚刀的容屑槽和前角

a）螺旋槽　b）直槽　c）$\gamma_p = 0$　d）$\gamma_p > 0$，$\sin\gamma_p = \dfrac{e}{d/2}$

　$\ominus$　γ_p 在一些文献中写作 γ_f。

式滚刀，模数为 1~10mm，单头、右旋、直槽、前角为零。通常 AAA 级齿轮滚刀适合加工 6 级精度的齿轮；AA、A、B、C 级齿轮滚刀分别适合加工 7、8、9、10 级精度的齿轮。

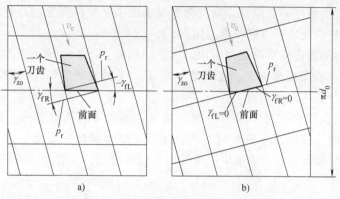

图 4-50　直槽与螺旋槽滚刀侧刃的工作前角

a）直槽　b）螺旋槽

表 4-4　标准齿轮滚刀的基本形式和主要结构尺寸（GB/T 6083—2016）　　　（单位：mm）

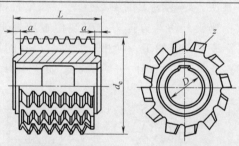

模数系列		Ⅰ型					Ⅱ型				
1	2	d_e	L	D	a_{min}	z	d_e	L	D	a_{min}	z
1		63	63	27	5	16	50	32	22	4	14
1.25											
1.5		71	71	32			63	40	27		
	1.75										
2		80	80			14	71	50			
	2.25										
2.5		90	90	40			71	63			
	2.75										
3		100	100				80	71			12
	3.5					12					
4		112	112				90	90	32		
	4.5										
5		125	125	50			100	100			
	5.5										
6		140	140				112	112	40	5	10
	7						118				
8		160	160	60			125	140			
	9	180	180				140				
10		200	200				150	170	50		

选用齿轮滚刀时，应注意以下几点：

1）齿轮滚刀的基本参数（如模数、压力角、齿顶高系数等）应与所加工齿轮相同。

2）齿轮滚刀的精度等级应符合加工精度要求或工艺文件规定，而且应考虑滚齿机的精度，滚刀与工件的安装、刃磨质量等因素。

3）齿轮滚刀的旋向应尽可能与所加工齿轮的旋向相同，以减小滚刀的安装角度，避免产生切削振动，从而提高加工精度和表面质量。滚切右旋齿轮，一般用右旋滚刀；滚切左旋齿轮，最好选用左旋滚刀。

4）滚刀类型按滚切工艺要求有粗滚、精滚、剃前与磨前滚刀等。粗滚刀可采用双头，以提高生产率；精滚刀用单头阿基米德滚刀。中等模数用直槽整体式滚刀，模数大于 10mm 的可选用镶齿滚刀。成批生产可使用正前角滚刀，以增大切削用量。

三、蜗轮滚刀

蜗轮滚刀是利用蜗杆与蜗轮啮合原理切削蜗轮的专用刀具。因此，蜗轮滚刀的基本蜗杆类型应与工作蜗杆相同，大多数蜗杆传动是阿基米德蜗杆传动，蜗轮滚刀的基本蜗杆应该是阿基米德蜗杆。其次，蜗轮滚刀的参数应与工作蜗杆的参数相同，如模数、齿形角、分度圆直径、头数、螺旋升角与方向等，安装位置应处于工作蜗杆与蜗轮的啮合位置。所以一种规格的蜗轮滚刀只能加工一种相应类型与尺寸的蜗轮。

蜗轮滚刀的切削方式有径向进给和切向进给两种，如图 4-51 所示。

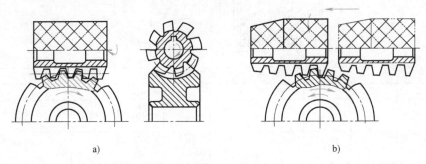

a)   b)

图 4-51 蜗轮滚刀的进给方式

a）径向进给 b）切向进给

四、插齿刀及其使用

插齿刀也是一种主要的展成法齿轮刀具，它可用于加工相同压力角、模数的任意齿数的齿轮，可加工直齿轮、斜齿轮、内齿轮、塔形齿轮、人字齿轮和齿条等，特别适用于加工内齿轮和多联齿轮。

1. 插齿刀的结构

插齿刀工作时，实质上是应用两个啮合的圆柱齿轮相互对滚的原理而切出齿形的。它的形状如同圆柱齿轮，但具有前角、后角和切削刃。整个插齿刀可看作由无穷多的每

片厚度无限小，且具有不同变位系数的薄片齿轮叠加而成，直齿插齿刀的刀齿如图 4-52
所示。每个刀齿有一条呈圆弧形的顶切削刃、两条呈渐开线（或近似）形的侧切削刃、一个呈平面（或圆锥面）状的前面，以及两个左、右旋向的渐开螺旋面的侧后面。为了形成后角，以及保证重磨后齿形不变，插齿刀的不同端面具有变位系数不同的变位齿轮的廓形，如图 4-53 所示。图中 0—0 剖面处的变位系数为 0，为标准齿形，称为原始剖面。在原始剖面的前端各剖面中，变位系数为正值，且越接近前端面变位系数越大；在原始剖面的后端各剖面中，

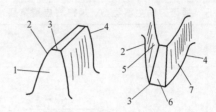

图 4-52 直齿插齿刀的刀齿
1—前面 2、4—侧切削刃 3—顶切削刃
5、7—侧后面 6—顶后面

变位系数为负值，且越接近后端面变位系数越小。根据变位齿轮的特点，插齿刀各剖面中的分度圆和基圆直径不变，故渐开线齿形不变。但由于各剖面的位置不同，故各剖面中的顶圆半径和齿厚都不同。

为了改善插齿刀的切削条件，要求插齿刀的顶刃和侧刃都具有一定的前角，可将前面磨成内凹的圆锥面，标准插齿刀顶刃的前角 γ_o 为 5°，后角 α_p 为 6°。

插齿刀有了前、后角，切削刃在端面上的投影（又称为铲形齿轮齿形）就不再是理论上正确的渐开线，而是会产生一定的齿形误差，即齿顶处齿厚增大，齿根处齿厚减小。为了减小这些齿形误差，可适当增大插齿刀分度圆处的压力角，使刀齿在端面上的投影接近于正确的渐开线齿形。

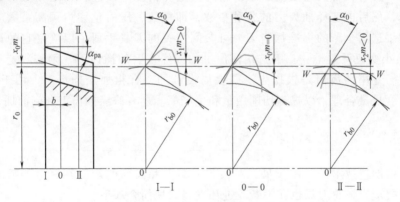

图 4-53 插齿刀不同端面的齿形

2. 插齿刀的选用

插齿刀实质上是一个变位齿轮，根据渐开线的啮合原理，一个齿轮可以与标准齿轮啮合，也可以与变位齿轮啮合，因此，同一把插齿刀可以切削任意齿数的标准齿轮和变位齿轮。

标准直齿插齿刀按其结构特点，可分为盘形、碗形和锥柄三种类型，它们的主要规格与应用范围见表 4-5（不含模数小于 1mm 的插齿刀）。盘形和碗形插齿刀的精度分为 AA、A、B 三级，分别用于加工精度为 6、7、8 级的齿轮；锥柄插齿刀的精度分为 A、B

级，分别用于加工精度为 7、8 级的齿轮。

表 4-5　插齿刀的主要类型、规格与应用范围

序号	类型	简　图	应用范围	规　格		d_1/mm
				d_0/mm	m/mm	或莫氏锥度
1	盘形直齿插齿刀		加工普通直齿外齿轮和大直径内齿轮	$\phi75$	$1\sim4$	$\phi31.743$
				$\phi100$	$1\sim6$	
				$\phi125$	$4\sim8$	
				$\phi160$	$6\sim10$	$\phi88.90$
				$\phi200$	$8\sim12$	$\phi101.60$
2	碗形直齿插齿刀		加工塔形、双联直齿轮	$\phi50$	$1\sim3.5$	$\phi20$
				$\phi75$	$1\sim4$	$\phi31.743$
				$\phi100$	$1\sim8$	
				$\phi125$	$4\sim8$	
3	锥柄直齿插齿刀		加工直齿内齿轮	$\phi25$	$1\sim2.75$	莫氏锥度 2[#]
				$\phi38$	$1\sim3.75$	莫氏锥度 3[#]

选用插齿刀时，首先应根据加工齿轮的类型和精度等级选择与之相应的插齿刀类型和精度等级，然后再选择插齿刀的各种参数，即模数、压力角和齿顶高系数应与加工齿轮一致。如果选用全新的标准插齿刀，可参阅有关的刀具手册，以确定它的最大变位系数 x_{0max} 和最小变位系数 x_{0min}。若选用使用过的或经重磨的插齿刀，则需测定其前端面上的变位系数。专用插齿刀是根据生产需要而设计的，有粗加工插齿刀，用于粗切齿轮，可使切削角度尽量合理，以提高切削用量和生产率。还有修缘插齿刀和剃前插齿刀。

五、齿轮滚刀和插齿刀的发展方向

随着机械制造技术的不断发展，对齿轮的精度和齿面的硬度都提出了新的要求。为了满足这些要求，齿轮刀具也在不断改进和发展，现简介如下。

1. 加工硬齿面的硬质合金滚刀

对于硬齿面（45~64HRC）齿轮加工，传统的加工方法是磨削。20 世纪 70 年代以来，国内外出现了负前角的硬质合金滚刀，以滚（刮削）代磨，对淬硬齿轮进行精加工，大大提高了生产率。这种滚刀采用焊接式结构，刀体选用合金结构钢或合金工具钢，刀片选用优质硬质合金。加工硬齿面的硬质合金滚刀设计成大负前角，通常为 $-30°\sim-10°$，以减小切入时对刀齿的冲击。滚刀的容屑槽为直槽，外径和孔径都较大，刚性好，可减少切削振动。硬滚切工艺对滚齿机传动系统刚性的要求较高，使用时应充分注意。同样，也有这种特点的加工硬齿面的插齿刀。

2. 硬质合金可转位（不重磨）插齿刀

这种插齿刀由两部分组成，即夹持部分（即刀体、压板、螺钉等）和切削部分（硬质合金可转位刀片）。插齿刀的变位系数、顶刃和侧刃的后角等均采用优化方法确定，组装好的插齿刀可按常规方法安装在插齿机的主轴上。当刀片达到磨损标准后，只需更换刀片，刀具尺寸和几何参数都不变，不需重新调整机床，这样大大提高了生产率和加工质量。

3. 涂层齿轮滚刀和插齿刀

近年来，涂层刀具的应用越来越广，而且显示出越来越优良的性能。尤其是对于高速工具钢齿轮滚刀和插齿刀的改进和发展更为突出。这些齿轮刀具在涂覆 TiN 涂层后，齿形精度基本不变，而刀具寿命提高了 5~10 倍，有的甚至高达 20 倍，即使重磨后，其寿命仍比无涂层刀具提高3~5倍。这是齿轮刀具的一个重要发展方向。

第七节　磨具

磨削加工是用高速回转的砂轮或其他磨具以给定的背吃刀量对工件表面进行加工的方法。根据工件被加工表面的形状和砂轮与工件之间的相对运动，磨削主要有外圆、内圆、平面磨削和无心磨削等几种主要加工类型。磨削是以磨具作为切削刀具，砂轮表面外露的磨粒部分形似参差分布的棱角，它们相当于具有负前角的微小切削刃，从工件上切下一条条极细微的切屑。

根据磨具的基本形状和使用方法，磨具主要包括砂轮、磨石、砂瓦、抛光轮等，其中砂轮是应用最广泛也是最重要的磨削工具。

一、砂轮的特性及其选择

砂轮是一种用结合剂把磨粒粘结起来，经压坯、干燥、熔烧及车整而成的多孔体。砂轮的特性主要由磨料、粒度、结合剂、硬度和组织五方面要素决定。

1. 磨料

磨料分天然磨料和人造磨料两大类。天然磨料为金刚砂、天然刚玉、金刚石等。目前常用的磨料大多为人造磨料，可分为氧化物系（主要成分为 Al_2O_3，又称刚玉）、碳化物系（主要以碳化硅、碳化硼为基体）和超硬材料（主要有人造金刚石和立方氮化硼等）。各种常用磨料的名称、代号、颜色、性能和用途等见表 4-6。

2. 粒度

粒度表示磨料颗粒的大小。通常把磨料按粒度大小分为磨粒和微粉两类。颗粒尺寸大于 $40\mu m$ 的磨料称为磨粒，用机械筛分法决定其粒度号。号数就是该种颗粒刚好能通过的筛网号，即每 in（25.4mm）长度上的筛孔数，粒度号为 F4~F220。例如，F40 粒度是指磨粒刚好可通过每 in 长度上有 40 个孔眼的筛网。粒度号越大，颗粒尺寸越小。颗粒尺寸小于 $40\mu m$ 者称为微粉，其尺寸用显微镜分析法测量。微粉以颗粒最大尺寸的微米数为颗粒号数，并在其前加 W，如 W20 表示磨粒的最大尺寸为 $20\mu m$。磨料的粒度将直接影响磨削表面质量和生产率，砂轮粒度的选择原则（见表 4-6）是：

表4-6 砂轮特性及用途的选择

砂轮组成要素：磨料、粒度、结合剂、硬度、组织

磨料

系别	名称	代号	颜色	性能	适用范围
氧化物	棕刚玉	A	棕褐色	硬度较低，韧性较好	磨削碳素钢、合金钢、可锻铸铁与青铜
	白刚玉	WA	白色	较A硬度高，磨粒锋利，韧性差	磨削淬硬的高碳钢、合金钢、高速工具钢、不锈钢，成形磨削，高表面质量磨削
	铬刚玉	PA	玫瑰红色	韧性比WA好	
碳化物	黑碳化硅	C	黑色带光泽	比刚玉类硬度高，导热性好，但韧性差	磨削铸铁、黄铜、耐火材料及其他非金属材料
	绿碳化硅	GC	绿色带光泽	较C硬度高，导热性好，韧性较差	磨削硬质合金、宝石、光学玻璃
	碳化硼	BC	黑色	比刚玉类、C、GC都硬，耐磨，高温下易氧化	研磨硬质合金
超硬磨料	人造金刚石	D	白、淡绿、黑色	硬度最高，耐热性差	研磨硬质合金、光学玻璃、宝石、陶瓷等高硬度材料
	立方氮化硼	CBN	棕黑色	硬度仅次于D，韧性较D好	磨削高韧性能高速工具钢、不锈钢、耐热钢及其他难加工材料

粒度

类别	代号（粒度号）	适用范围
磨粒	8# 10# 12# 14# 16# 20# 22# 24#	荒磨
	30# 36# 40# 46#	一般磨削，加工表面粗糙度 Ra 值可达 0.8μm
	54# 60# 70# 80# 90# 100#	半精磨，精磨和成形磨削，加工表面粗糙度 Ra 值可达 0.8~0.16μm
	120# 150# 180# 220# 240#	精精磨，精密磨，成形磨，刀具刃磨
微粉	W63 W50 W40 W28	精磨，精密磨，超精磨，珩磨，螺纹磨
	W20 W14 W10 W7 W5 W3.5 W2.5 W1.5 W1.0 W0.5	超精密磨，镜面磨，精密珩磨，精研，加工表面粗糙度 Ra 值可达 0.05~0.012μm

结合剂

名称	代号	特性	适用范围
陶瓷	V	耐热，耐油和耐酸碱的侵蚀，强度较高，较脆	除薄片砂轮外，能制成各种砂轮
树脂	B	强度高，富有弹性，耐热性差，不耐酸碱	荒磨砂轮，磨冲槽，切断用砂轮，高速砂轮，镜面磨砂轮
橡胶	R	强度高，弹性更好，抛光作用好，耐油和酸，不耐油和酸，易堵塞	磨削轴承沟道砂轮，无心磨导轮，切割薄片砂轮，抛光砂轮

硬度

等级	超软	软	中软	中	中硬	硬	超硬
代号	D E F G	H J	K L	M N	P Q R S	T	Y
选择	磨未淬硬钢时选用L~N，磨淬火钢选用H~K，磨淬火合金钢选用K、J，高表面质量磨削时选用K、J，刀具刃磨硬质合金刀具用H、J						
用途	成形磨削、精密磨削		磨削淬火钢，刀具刃磨		磨削韧性大而硬度不高的材料		磨削韧性小而硬度高的材料

组织

组织号	0	1	2	3	4	5	6	7	8	9	10	11	12	13	14
磨粒率（%）	62	60	58	56	54	52	50	48	46	44	42	40	38	36	34

1）精磨时，应选用粒度号较大（或颗粒尺寸较小）的砂轮，以减小加工表面粗糙度值；粗磨时，应选用粒度号较小（或颗粒尺寸较大）的砂轮，以提高磨削效率。

2）砂轮速度较高时，或砂轮与工件接触面积较大时，应选用粗粒度的砂轮，以减少同时参加磨削的磨粒数，避免磨削热量过大而引起工件表面烧伤。

3）磨削软而韧的金属时，宜选用粒度号较小的砂轮，以增大容屑空间，避免砂轮过早堵塞；磨削硬而脆的金属时，宜选用粒度号较大的砂轮，以增加同时参加磨削的磨粒数，提高生产率。

表4-6所列粒度已有新的国家标准，GB/T 2481.1—1998 把粗磨粒分为 F4～F220（从粗到细）26 个粒度号；GB/T 2481.2—2009 规定，中值粒径不大于 $60\mu m$ 为微粉，可用 F 系列或 J 系列表示粒度，以 F230～F2000（光电沉降仪法）为例，分为 13 个粒度号。

3. 结合剂

砂轮的结合剂将磨粒粘结起来，使砂轮具有一定的形状和强度，且对砂轮的硬度、耐冲击性、耐蚀性、耐热性及砂轮寿命有直接影响。

常用的结合剂见表4-6。此外，还有金属结合剂（M），主要用于金刚石砂轮。

4. 硬度

砂轮的硬度是指在磨削力作用下，磨粒从砂轮表面脱落的难易程度。它主要取决于磨粒与结合剂的粘固强度，与磨粒本身的硬度是两个不同的概念。砂轮硬度高，磨粒不易脱落；硬度低，则反之。砂轮的硬度从低到高分为超软、软、中软、中、中硬、硬、超硬七个等级，见表4-6。

一般来说，砂轮组织较疏松时，硬度低些，采用树脂结合剂的砂轮，其硬度比采用陶瓷结合剂的砂轮低些，砂轮硬度的选用原则为：

1）工件材料越硬，应选用越软的砂轮。因为硬材料易使磨粒磨损，使用较软的砂轮可以使磨钝的磨粒及时脱落。磨削非铁金属（铝、黄铜等）、橡胶、树脂等软材料时，也应用较软的砂轮。这是因为这些材料易使砂轮堵塞，选用较软的砂轮可使堵塞处较易脱落，露出锋利的新磨粒。

2）砂轮与工件磨削接触面积大时，磨粒参加切削的时间较长，较易磨损，应选用较软的砂轮。

3）半精磨与粗磨相比，应选用较软的砂轮，以免工件发热而烧伤表面。但精磨或成形磨削时，为使砂轮廓形保持较长时间，则应选用较硬的砂轮。

4）树脂结合剂砂轮由于不耐高温，磨粒容易脱落，因此选择其硬度时可比陶瓷结合剂砂轮提高 1～2 级。

5）砂轮气孔率较低（组织较紧密）时，为防止砂轮堵塞，应选用较软的砂轮。

机械加工中，常用的砂轮硬度等级为 H（软2）至 N（中2），荒磨钢锭及铸件时常用 Q（中硬2）级。

5. 组织

砂轮的组织表示砂轮中磨料、结合剂、气孔三者之间的比例关系。磨料在砂轮体积中所占的比例越大，砂轮的组织越紧密，气孔越少；反之，则组织疏松。砂轮的组织号及用途见表4-6。

组织号越大，磨料所占的体积越小，砂轮越疏松，因气孔越多越大，砂轮就不易被切屑堵塞，切削液和空气也易进入磨削区域，可改善散热条件，减小工件因发热而引起的变形和烧伤现象。但疏松类砂轮因磨粒含量少，容易失去正确的廓形，降低成形表面的磨削精度，增大表面粗糙度值。生产中常用的是中等组织（组织号为4~7号）的砂轮。一般砂轮上若未标组织号，即为中等组织。

二、砂轮的形状、尺寸及用途

根据不同的用途、磨削方式和磨床类型，将砂轮制成各种形状和尺寸并标准化，见表4-7。

表 4-7 常用砂轮的名称、代号、形状及用途

名称	平形砂轮	双斜边砂轮	双面凹砂轮	筒形砂轮	杯形砂轮	薄片砂轮	碗形砂轮	碟形砂轮
代号	P	PSX	PSA	N	B	PB	BW	D
形状								
用途	用于外圆磨、内圆磨、平面磨、无心磨、工具磨、砂轮机等	主要用于磨削齿轮齿面和单线螺纹	可用于外圆磨和刃磨刀具,也可用于无心磨	主要用于立式平面磨床	主要用于刃磨刀具,也可用于外圆磨	适用于切断和切槽等	常用于刃磨刀具,也用于导轨磨削	主要用于磨削铣刀、铰刀、拉刀等

三、金刚石砂轮和立方氮化硼砂轮

1. 金刚石砂轮

金刚石砂轮的结构由基体、过渡层和磨料层（又称工作层）组成。基体一般用塑料、铝合金、铜或钢制造。过渡层由结合剂（常用青铜和树脂）组成，将磨料层与基体牢固地粘合成一体，保证磨料层全部使用。磨料层由磨料（金刚石）、结合剂和填料组成，起磨削作用。

金刚石砂轮常用的磨料是人造金刚石，具有优良的磨削性能，一般适于磨削超硬、脆性材料，如硬质合金、玻璃、陶瓷以及半导体等。用金刚石砂轮磨削的硬质合金刀具，表面粗糙度值小，刃口锋利，表面残余应力小，无裂纹，刀具的使用寿命比用碳化硅砂轮磨削的高1~3倍，且砂轮消耗量很小，生产率比碳化硅砂轮高五倍以上。

2. 立方氮化硼砂轮

立方氮化硼砂轮的结构和金刚石砂轮相似，由基体、过渡层和磨料层组成。它的硬度仅次于金刚石，耐热性和化学稳定性优于金刚石。立方氮化硼砂轮填补了金刚石砂轮不宜加工的范围，主要用于磨削各种超硬高速工具钢、高强度钢、耐热钢和钛合金等难加工材料。

第八节　自动化加工中的刀具

一、自动化加工对刀具的要求

1. 刀具应有高的可靠性和寿命

刀具的可靠性是指刀具在规定的切削条件和时间内，完成额定工作的能力。刀具的切削性能要稳定可靠，加工中不会发生意外的损坏，刀具应具备合适的卷屑或断屑装置，以便在加工塑性材料时能可靠地卷屑或断屑，利于切屑的自动排出。刀具寿命是指在保证加工尺寸精度的条件下，一次调刀后使用的基本时间。刀具寿命应定得高些，以减少换刀次数。同一批刀具的切削性能和寿命不得有较大差异。

2. 刀具切削性能好，适应高速要求

现代各种数控机床的转速向着高速度的方向发展，因此刀具必须有承受高速切削和较大进给量的能力。对于数控镗铣床，应尽量采用高效铣刀和可转位钻头等先进刀具。若采用高速工具钢刀具，应尽量用整体磨制后再经涂层的刀具。要多采用涂层硬质合金刀具、陶瓷刀具和超硬刀具等高性能材料的刀具，以充分发挥数控机床的效能。

3. 刀具结构应能预调刀具尺寸和便于刀具的快速更换

为适应自动化加工的高精度和快速自动换刀的要求，刀具的径向尺寸或轴向尺寸在结构上应允许预调，并能保证刀具装上机床后不需任何附加调整即可切出合格的工件尺寸。经过机外预调尺寸的刀具，应能与机床快速、准确地结合和脱开，并能适应机械手或机器人操作。

4. 尽量减少刀具品种和规格

一般采用各种复合刀具和模块化组合式刀具，力求使刀具标准化、系列化、通用化，可减少刀具品种的数量，便于刀具的管理，同时又提高了生产率。

5. 应配有刀具磨损和破损在线监测装置

通过这种装置测出刀具的磨损、破损状态，再由计算机发出调整或更换刀具的指令，保证加工质量和生产的正常进行。

6. 应有刀具管理系统

对于加工中心（MC）和柔性制造系统（FMS）等自动化设备，每台加工中心都有刀库，有的还有缓冲刀库，整个系统还有中心刀库，所以刀具的数量很多。一个有 5~8 台机床的 FMS，可能需要配备 1000 多把刀具。每把刀具都有刀具描述信息（刀具识别编码、几何参数等）和刀具状态信息（刀具所在的位置、刀具累计使用时间、剩余寿命等）。要把这些刀具和有关信息管理好，必须利用计算机建立一个刀具管理系统。

二、刀具尺寸预调和工具系统

1. 刀具尺寸预调

在自动化加工中，为了实现刀具快换，确保更换后不必再对刀或试切就可以加工出

合格工件，一般应在机外将刀具尺寸调整好。一般需预调的尺寸包括：车刀的径向尺寸或轴向尺寸以及刀具高度位置；镗刀的径向尺寸；铣刀和钻头的轴向尺寸等。所以这些刀具的结构必须允许进行尺寸预调。如图 4-54 所示，车刀 1 可通过其后面的螺钉 2 调整径向尺寸，斜块 4 向右移动使车刀固定，向左可以松开车刀，实现车刀的快换。图 4-55 所示为利用接长杆 2 上的螺母调整钻头的轴向尺寸，调好后，用螺钉 1 紧固。镗刀和铣刀的尺寸预调与检测一般使用专用的调刀仪。精度要求高的可用光学测量式调刀仪，图 4-56 所示为单工位立式刀具预调仪，检测时将刀尖对准光学屏幕上的十字线，可读出刀具半径 R 值。它的分辨率为 $0.5\mu m$，重复精度为 $\pm 2\mu m$。预调仪和计算机相连，可将所测刀具的尺寸储存起来，供 FMS 调用刀具时使用。

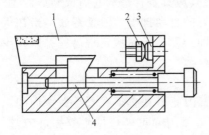

图 4-54 长度可调的车刀

1—车刀 2—螺钉 3—限位块 4—斜块

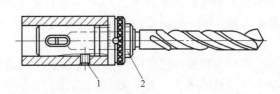

图 4-55 轴向尺寸可调的刀柄结构

1—螺钉 2—接长杆

2. 工具系统

工具系统包括加工时所用的一系列刀具及其装夹工具。在柔性自动化加工中，为减少刀具的品种与规格，现已开发出供 MC 和 FMS 使用的工具系统，一般为模块式工具系统。它是把工具的柄部和工作部分分开，制成各种系列化的模块，然后用不同规格的中间模块，组装成不同规格、不同用途的工具。这样既方便了制造，也便于使用和保管，大大减少了用户的工具储备。

（1）镗铣加工中心用工具系统 模块式镗铣类工具系统有多种结构，图 4-57 所示为其中常用的一种工具系统的结构。从图中可以看到，同样结构的刀柄，通过过渡刀柄和接长杆将不同结构的刀具装到刀柄上。为保证组装的工具有较高的精度，工具系统各部分应有较高的制造精度，且组装之后刚性要好。目前各种模块式工具系统的主要区别在于定心方式和锁紧方式。我国目前生产的"TMG21""TMG53"模块式工具系统连接结构如图 4-58 所示。

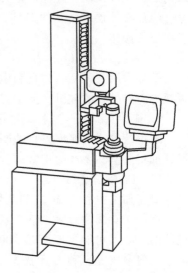

图 4-56 单工位立式刀具预调仪

（2）车削加工中心用工具系统 图 4-59 所示为一种车削加工中心用工具系统的部分结构。它由切削头 1、连接部分 2 和刀体 3 三部分组成。刀体内装有拉紧机构，可拉紧切削头。切削头有各种不同的形式，可完成车、镗、钻、切断、攻螺纹以及检测等工作。

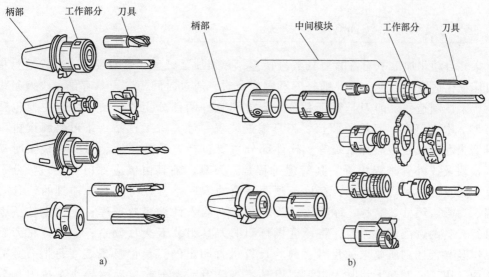

图 4-57　模块式镗铣类工具系统

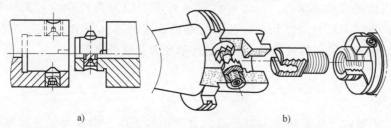

图 4-58　模块式工具系统连接结构

a）TMG21 工具系统　b）TMG53 工具系统

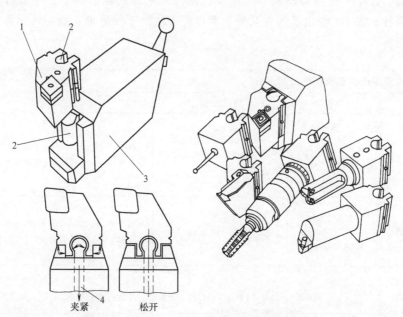

图 4-59　车削加工中心用工具系统的部分结构

1—切削头　2—连接部分　3—刀体　4—拉杆

三、刀具管理系统简介

柔性自动化加工中配备的刀具数量很多，必须加强管理，以便及时、准确地为指定的机床提供适用的刀具。其准则是刀具供应及时，通过时间短，刀具存储量少及组织费用少。柔性制造系统的刀具管理系统由硬件和软件两部分组成。硬件部分主要包括机床刀库、中央刀库、刀具预调仪、刀具输送装置、计算机工作站、条形码阅读机以及刀具磨损和破损在线监控系统等。软件部分主要包括刀具数据库、刀具在线实时动态管理模块及线外管理模块等。其管理过程是：刀具、辅具由供应部门提供后，分别按刀具、辅具的品种规格编码，存放于预调室内的刀库中，并将刀具、辅具的信息（如规格、型号、尺寸、名称、库存位号及寿命等）输入计算机数据库；工艺室按所编工艺进行刀具的选配和分派后，将计算机打印的刀具组装卡交预调室；预调室将刀具和辅具组装并预调到所要求的尺寸，再将计算机打印出的刀具信息条装在每把刀具的信息袋中，用于分派和上线时人工识别刀具，然后用手推车或自动引导小车按刀具分派表送至每台机床的缓冲刀库内；操作者将缓冲刀库中的刀具按在线刀具使用单，装入机床刀库中；下线刀具被送回预调室，经检查后，或拆卸，或装入中央刀库，或送磨，或报废，并打印相应的刀具返回单、刀具送磨单及刀具报废单等。

四、刀具状态的在线监测

刀具损坏的形式主要是磨损和破损。在自动化加工中，常因为未及时发现刀具磨损和破损而导致工件报废，甚至损坏机床，因此必须进行刀具磨损和破损的在线监测，及时发出警报、自动停机并自动换刀。在线监测刀具状态的方法很多，一般可分为直接和间接监测两种。表4-8给出了现在几种主要监测方法的工作原理、所用传感器以及它们的适用范围与特点。

表 4-8　刀具磨损和破损在线监测方法

监测方法		传感器	工作原理	适用范围及特点
直接法	光学图像	光纤、光学传感器、摄像机	利用磨损面反射的光线或摄像机摄像，再经图像处理和识别	在线、非实时监测多种刀具磨损及破损，可获得直观图像，价格较高，正在进行实用化开发
	接触	测头 靠模 磁间隙传感器	监测切削刃位置	用于车、钻、铣等，简便，但易受切屑及切削温度影响，不能实时监测，有一定的应用前景
	放射性技术	放射性元素	刀具内注入同位素，测量切屑中的放射性	用于各种切削加工，不受加工环境影响，但需解决防护问题，实时性差，应用前景小

（续）

监测方法		传感器	工作原理	适用范围及特点
间接法	测切削温度	热电偶	测工件、刀具间的切削温度的突发增量	用于车削,灵敏度较低,不能用于有切削液的情况,应用前景小
	测表面粗糙度值	激光传感器 红外传感器	测加工表面粗糙度值变化量	用于车、铣等非实时监测,其应用有一定的局限性
	超声波	超声波换能器与接收器	接收主动发射超声波的反射波	用于车、镗等的实时监测,可实现转矩限制,但受切削振动的影响,处于研究阶段
	振动	加速度计、振动传感器	监测加工过程的振动信号及其变化	用于车、钻、铣等的灵敏、实时监测,有应用前景,但需解决刀具的自激振动及环境噪声的干扰
	切削力	应变力传感器 压电式传感器	监测切削力、切削分力的比值及其变化	用于车、钻、铣等的简便、实时监测,应用较广,有产品供应,但需要改变机床部件的结构
	功率	互感器 分流器 功率传感器	测主电动机或进给电动机的功率及变化率	用于车、钻、铣等,成本低,易使用,实时监测,可实现自适应加工,有应用前景,有商品供应
	声发射	声发射传感器	监测加工中的声发射信号及其特征参量	用于车、钻、攻螺纹、铣等,灵敏、实用、实时监测,有较广的应用前景,有商品供应

习题与思考题

4-1 车刀按用途与结构可分为哪些类型？它们的使用场合如何？

4-2 试比较硬质合金焊接式车刀、机夹重磨式车刀和可转位车刀的优缺点。

4-3 试分析常用的可转位车刀的结构各有什么特点。

4-4 成形车刀的前、后角是怎样形成的？规定在哪些平面上测量？

4-5 成形车刀切削刃上各点的前角、后角是否相同？为什么？

4-6 试述孔加工刀具的类型及其用途。

4-7 为什么要对麻花钻进行修磨？有哪些修磨方法？

4-8 铰刀的直径及其公差是怎样确定的？

4-9 何谓拉削方式？试比较分层式、分块式和组合式的特点。

4-10 使用拉刀时应注意哪些问题？

4-11 孔加工复合刀具设计有哪些特点？

4-12 用图表示螺旋齿圆柱形铣刀和面铣刀静止参考系几何角度。

4-13 螺旋齿圆柱形铣刀和面铣刀的切削层参数有何特点?

4-14 试述常用尖齿铣刀的结构特点及使用场合。

4-15 用图表示出丝锥结构及主要切削角度与齿形参数。

4-16 螺纹刀具有哪些类型?它们各适用于什么场合?能加工哪些类型的螺纹?

4-17 何谓滚刀的基本蜗杆?加工渐开线齿轮滚刀的基本蜗杆有哪几种?

4-18 滚刀的前、后角是怎样形成的?

4-19 齿轮滚刀有哪些主要参数?如何选择?

4-20 试比较插齿刀与变位齿轮有何异同之处。

4-21 直齿插齿刀前、后面是什么性质的表面?为什么?

4-22 砂轮有哪些组成要素?

4-23 如何选择砂轮的粒度?

4-24 自动化加工用刀具有哪些特点?

4-25 模块式工具系统有哪些特点?

4-26 在自动化加工中为什么要对刀具状态进行监测?有哪些监测方法?各有何优缺点?

第五章

机床夹具

第一节　概述

金属切削加工时，工件在机床上的安装方式一般有找正安装和采用机床夹具安装两种，成批、大量生产时常用机床夹具安装。机床夹具就是机床上用以装夹工件的一种装置，它使工件相对于机床或刀具获得正确的位置，并在加工过程中保持位置不变。工件在夹具中的安装包括定位和夹紧。

机床夹具按其使用范围可分为通用夹具、专用夹具、可调夹具、组合夹具及随行夹具五种基本类型。如按所适用的机床来分类，则机床夹具可分为车床夹具、铣床夹具、钻床夹具、镗床夹具、磨床夹具、自动机床夹具及数控机床夹具等。

通用夹具是指已经标准化的、在一定范围内可用于加工不同工件的夹具，如车床、磨床上用的顶尖、自定心卡盘和单动卡盘，铣床、刨床上用的平口钳、分度头和回转工作台等。这类夹具已作为机床附件，由专门的工厂制造。专用夹具是针对某一零件的一定工序自行设计与制造的夹具，在产品固定和工艺过程稳定的成批及大量生产的机械制造厂中使用得很多，因而是本章介绍的重点。其他类型的夹具则是在此基础上变化发展而来的。

一、机床夹具的功用

1）保证被加工表面的位置精度。借助在夹具中的正确安装，工件加工表面的位置精度不必依赖于工人的技术水平，而主要靠夹具和机床来保证，且加工精度稳定。

2）提高生产率。采用夹具后，避免了逐个工件找正、对刀，易于实现多件、多工位加工，以及采用气动、液压动力夹紧等快速高效夹紧装置，因此可以显著缩短辅助时间，提高劳动生产率。

3）扩大机床的工艺范围。在机床上使用夹具可以改变机床的用途和扩大机床的使用范围，如以车代镗。有时，对一些形状复杂的工件必须使用专用夹具以实现装夹加工。

4）减轻工人的劳动强度，保证生产安全。

二、机床夹具的组成

图 5-1 所示为钻工件上 $\phi10mm$ 孔时使用的专用夹具。工件以 $\phi68H7$ 孔、端面和键槽与夹具上的定位法兰 4 和定位块 5 相接触而定位。当拧紧螺母 9 使螺杆 3 向右拉时，借助转动垫圈 2 将工件夹紧。当松开螺母 9 时，螺杆 3 便在弹簧 8 的作用下左移，将转动垫圈 2 松开。旋松螺钉 1 打开转动垫圈 2，即可卸下工件。钻套 6 用以确定所钻孔的位置并引导钻头。

夹具的基本组成有以下几个部分：

（1）定位元件　用于确定工件在夹具中的正确位置，如图 5-1 中的定位法兰 4 和定位块 5。工件完成定位后，工件的定位基面与夹具定位元件直接接触或相配合，因此当工件定位面的形状确定后，定位元件的结构通常也就基本确定了。定位元件的定位精度直接影响工件的加工精度。

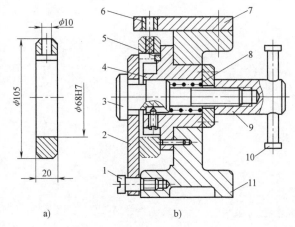

图 5-1　钻夹具

a）工件简图　b）夹具结构

1—螺钉　2—转动垫圈　3—螺杆　4—定位法兰　5—定位块
6—钻套　7—钻模板　8—弹簧　9—螺母　10—手柄
11—夹具体

（2）夹紧装置　用于夹紧工件，保持工件定位后的位置在加工过程中不变。该部分的类型很多，通常包括夹压元件（如压板、夹爪等）、增力及传动装置（如杠杆、螺纹传动副等）以及动力装置（如气缸、液压缸等），所采用的具体结构会影响夹具的复杂程度和性能。如图 5-1 所示的手柄 10、螺母 9、螺杆 3 和转动垫圈 2 等为夹紧元件。

（3）其他装置及元件　包括用于确定夹具与刀具相对位置的导向或对刀元件，如钻床夹具中的钻套（见图 5-1 中的 6）、镗床夹具中的镗套、铣床夹具中的对刀块等，以及根据加工需要而设置的其他元件或装置，如分度装置、定位键等。其中钻套和镗套用来确定刀具的位置，引导刀具进行切削，并起支承刀具的作用；对刀块则在加工前用来调整铣刀在相应方向上的正确位置，铣刀在相对于工件进给加工的过程中保持该方向上的位置不变。

（4）夹具体　用于将夹具的各种元件、装置连接成一体，并通过它将整个夹具安装在机床上，如图 5-1 中的夹具体 11。

三、机床夹具应满足的基本要求

（1）保证工件的加工精度　夹具应有合理的定位、夹紧和导向方案，必要时应进行定位误差的分析与计算，并有合理的尺寸、公差和技术要求，以确保夹具能满足工件的加工精度要求。

（2）夹具的总体方案应与生产纲领相适应　在大批大量生产时，应尽量采用各种快速、高效的结构，提高生产率；在小批量生产中，尽量使夹具结构简单、易于制造；对介于大批大量和小批量生产之间的各种生产规模，则可根据经济性原则选择合理的结构方案。

（3）使用性好　即夹具的操作应方便、安全，能减轻工人的劳动强度。如操作位置应符合工人的习惯，工件的装卸要方便，夹紧要省力，排屑要通畅，必要时要加防护装置等。

（4）经济性好　应尽量采用标准元件。应有良好的结构工艺性，以便于制造、装配和维修。同时，还应合理选用夹具零件的材料和必要的热处理规范。

第二节　工件的定位及定位元件

使用夹具安装工件时，首先要使工件在夹具中占有正确的位置，即工件的定位。通过工件的定位，使每一个被加工工件重复放置到夹具中都能准确占据由定位元件规定的同一位置，对一批工件来说，每个工件放置到夹具中都能准确占据同一位置。

一、定位原理

如图 5-2 所示，一个物体在空间直角坐标系 $Oxyz$ 中，可以沿 x、y、z 轴有不同的位置，也可以绕 x、y、z 轴有不同的位置，分别用 $\vec{x}$、$\vec{y}$、$\vec{z}$ 和 $\hat{x}$、$\hat{y}$、$\hat{z}$ 表示。这里把描述工件位置不确定性的 $\vec{x}$、$\vec{y}$、$\vec{z}$ 和 $\hat{x}$、$\hat{y}$、$\hat{z}$ 称为工件的六个自由度。

工件的定位就是采取适当的约束措施来限制其某些自由度，使工件在该方向上有确定的位置。用适当分布的六个约束点限制工件的六个自由度，称为六点定位。图 5-3 所示为典型形状工件的六点定位，图 5-3a 所示为长方体形状工件的六点定位，其中支承工件底面的三个约束点不应位于一条直线上，左侧两个

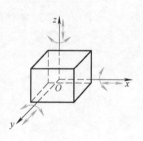

图 5-2　工件的
六个自由度

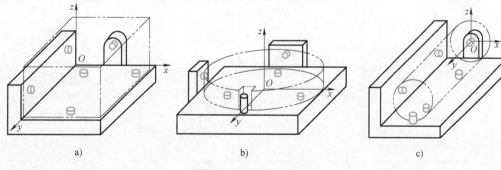

a)　　　　　　　　　　b)　　　　　　　　　　c)

图 5-3　工件的六点定位

约束点的连线不应与由底面的三个约束点组成的平面垂直。当工件表面按图 5-3a 所示的形式与各约束点接触时,底面的三个约束点限制了工件的三个自由度$\vec{z}$、$\hat{x}$、$\hat{y}$,左侧的两个约束点限制了工件的两个自由度$\vec{x}$、$\hat{z}$,后面的一个约束点限制了工件的一个自由度$\vec{y}$。必须注意,定位是通过工件以定位表面与夹具定位元件的工作表面保持接触或配合来实现的,一旦两者脱离接触或配合,就丧失了定位作用。

实际夹具上的定位支承点往往并不是一个真正直观的点,而是用一定形状的几何体(即定位元件)对工件产生约束作用的。如平面接触的定位,相当于三个支承点的定位;线接触的定位则可以认为是两点定位。工件在夹具中定位时,通常是利用工件上的几个表面与夹具上的几个定位元件相接触,来限制工件的几个自由度。表 5-1 所示为常见的定位情况所限制的自由度。

具体定位时可能有以下两种情况:

(1) 正常的定位情况 即根据工件加工表面的位置尺寸要求,需要限制的自由度均已被正确限制的定位情况。它可以是完全定位,也可以是不完全定位。

表 5-1 常见的定位情况所限制的自由度

工件的定位面	夹具的定位元件			
平面		定位情况	一个支承钉	两个支承钉	三个支承钉
	支承钉	示意图			
		限制的自由度	$\vec{x}$	$\vec{y}$ $\hat{z}$	$\vec{z}$ $\hat{x}$ $\hat{y}$
		定位情况	一块条形支承板	两块条形支承板	一块大面积支承板
	支承板	示意图			
		限制的自由度	$\vec{y}$ $\hat{z}$	$\vec{z}$ $\hat{x}$ $\hat{y}$	$\vec{z}$ $\hat{x}$ $\hat{y}$

（续）

工件的定位面		夹具的定位元件			
圆柱孔	圆柱销	定位情况	短圆柱销	长圆柱销	两段短圆柱销
		示意图			
		限制的自由度	$\vec{y}$ $\vec{z}$	$\vec{y}$ $\vec{z}$ $\hat{y}$ $\hat{z}$	$\vec{y}$ $\vec{z}$ $\hat{y}$ $\hat{z}$
		定位情况	菱形销	长销小平面组合	短销大平面组合
		示意图			
		限制的自由度	$\vec{z}$	$\vec{x}$ $\vec{y}$ $\vec{z}$ $\hat{y}$ $\hat{z}$	$\vec{x}$ $\vec{y}$ $\vec{z}$ $\hat{y}$ $\hat{z}$
	圆锥销	定位情况	固定锥销	浮动锥销	固定锥销与浮动锥销组合
		示意图			
		限制的自由度	$\vec{x}$ $\vec{y}$ $\vec{z}$	$\vec{y}$ $\vec{z}$	$\vec{x}$ $\vec{y}$ $\vec{z}$ $\hat{y}$ $\hat{z}$
	心轴	定位情况	长圆柱心轴	短圆柱心轴	小锥度心轴
		示意图			
		限制的自由度	$\vec{x}$ $\vec{z}$ $\hat{x}$ $\hat{z}$	$\vec{x}$ $\vec{z}$	$\vec{x}$ $\vec{z}$
外圆柱面	V形块	定位情况	一块短V形块	两块短V形块	一块长V形块
		示意图			
		限制的自由度	$\vec{x}$ $\vec{z}$	$\vec{x}$ $\vec{z}$ $\hat{x}$ $\hat{z}$	$\vec{x}$ $\vec{z}$ $\hat{x}$ $\hat{z}$
	定位套	定位情况	一个短定位套	两个短定位套	一个长定位套
		示意图			
		限制的自由度	$\vec{x}$ $\vec{z}$	$\vec{x}$ $\vec{z}$ $\hat{x}$ $\hat{z}$	$\vec{x}$ $\vec{z}$ $\hat{x}$ $\hat{z}$

（续）

工件的定位面	夹具的定位元件			
圆锥孔 顶尖和锥度心轴	定位情况	固定顶尖	浮动顶尖	锥度心轴
	示意图	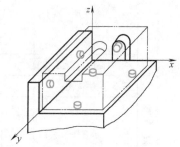		
	限制的自由度	$\vec{x}\ \vec{y}\ \vec{z}$	$\vec{y}\ \vec{z}$	$\vec{x}\ \vec{y}\ \vec{z}\ \hat{y}\ \hat{z}$

若需要将工件的六个自由度全部限制，而定位时正好限制了六个自由度，则为完全定位。如图 5-4 所示，在工件上铣槽时，为满足加工要求，应限制工件的六个自由度。图 5-4 中所用的定位即为完全定位。

若需要限制的自由度少于六个，而定位时正好限制了这几个自由度，则为不完全定位。如铣削工件的整个上表面时，只要求保证上、下两表面间的尺寸和平行度，理论上只需限制三个自由度，如果定位时只用工件的下表面定位来限制这三个自由度，就是不完全定位。当然，实际定位时有时会对不需要限制的自由度也加以限制。这或者是由于定位元件在限制需要限制的自由度时，自然地限制了其他不需要限制的自由度（如图 5-1 的定位）；或者是由于人为增加了定位，使相应的定位元件帮助承受切削力、夹紧力；或者是由于需要保证一批工件的进给长度一致，以减少机床的调整和操作。这些情况是允许的，有时甚至是必要的。

（2）非正常的定位情况　这种情况包括欠定位和过定位（又称重复定位）。欠定位是需要限制的自由度没有全部被限制的定位情况，过定位是工件某一自由度被两个或两个以上的约束重复限制了的定位情况。

欠定位不能保证位置精度，是不允许的。例如，图 5-4 中若不设置工件后面的那个定位支承点，则工件的 $\vec{y}$ 自由度就不能得到限制，也就无法保证所铣槽的端部到工件前表面的距离，因此是不允许的。

过定位一般是不允许的，它可能会造成一些不良后果。此时可能由于工件的定位面没有经过机械加工，或虽经过了机械加工，但仍然有一定的误差且较粗糙，同时夹具上的定位元件也存在制造与安装误差，因而定位后会使得工件与定位元件的接触点不稳定，造成一批工件的位置一致性较差，夹紧后还会增加工件及夹具的变形，也可能导致部分工件不能顺利地与定位元件接触来实现定位。因此，通常应采取措施避免过定位。当然，如果工件的定位面经过机械加工达到了较高的精度，并且相关定位元件的制造和安装精度也较高，那么这样的过定位造成的不利影响较小，同时还会带来一定的好处，如可以增加加工时的刚度或简化夹具的结构。因此，此时的过定位是允许的。

图 5-4　工件的完全定位

　　图 5-5 所示的定位为过定位。若工件定位平面粗糙，支承钉或支承板的支承表面又不能保证在同一平面上，则这种定位是不允许的。若工件定位平面已经过加工，特别是经过了精加工，支承钉或支承板又在安装后经过一次磨平，则此定位是允许的，它的好处是支承面积大、支承稳固、刚性好、能减小工件受力后的变形。

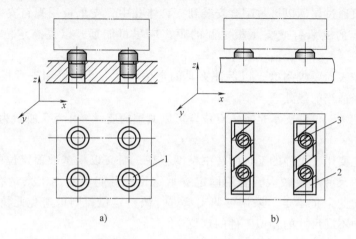

图 5-5　平面定位的过定位

1—支承钉　2—支承板　3—螺钉

二、典型的定位方式及定位元件

（一）平面定位

　　平面定位的主要形式是支承定位。夹具上常用的支承元件有以下几种：

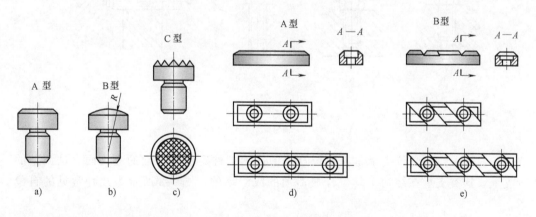

图 5-6　固定支承

a）平头支承钉　b）圆头支承钉　c）花头支承钉　d）、e）支承板

　　（1）固定支承　固定支承有支承钉和支承板两种形式。图 5-6a、b、c 所示为标准化的三种支承钉。其中 A 型可以减少磨损，避免压坏定位平面，多用于精基准面的定位；B

型容易保证它与定位平面间的点接触，位置相对稳定，但易磨损，多用于粗基准面的定位；C 型摩擦力大，但容易存屑，多用于侧面粗基准的定位。

图 5-6d、e 所示为两种标准化的支承板，常用于大、中型工件的精基准面的定位，其中 B 型用得较多，A 型不便于清除沉孔中的切屑，常用于侧面定位。

支承钉一般通过尾柄以过盈配合安装到夹具体孔中，支承板用螺钉安装到夹具体上。同一定位平面上的支承钉或支承板之间的距离应尽可能远，以提高定位稳定性和定位精度。

支承的工作表面要求耐磨，以保证夹具的定位精度。支承钉和支承板均采用较好的材料制造，并经适当的热处理。

（2）可调支承　可调支承是支承点位置可以调整的支承。图 5-7 所示为几种常见的可调支承。

可调支承主要用于工件的毛坯制造中精度不高，而又以粗基准面定位的工序。此时，由于各批毛坯的尺寸相差较大，若用固定支承定位，可能引起加工余量有很大的变化，甚至造成某方向的余量不足。采用可调支承进行调整定位，则可避免此情况。有时也可用于成组加工中不同尺寸的相似工件的定位。

图 5-7 所示的几种可调支承采用螺钉螺母形式实现支承点位置的调整。调整工作一般在加工一批工件前进行，调整适当后须通过锁紧螺母锁紧，以防止在夹具使用过程中定位支承螺钉松动而使其支承点位置发生变化。同批工件加工中一般不再做调整，因此可调支承在使用时的作用与固定支承相同。

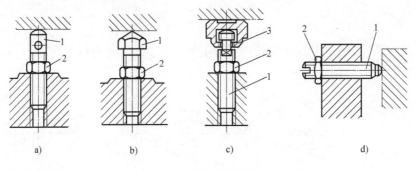

图 5-7　可调支承

1—支承　2—锁紧螺母　3—压脚

（3）自位支承　自位支承是在定位过程中能随工件定位基准面的变化而自动调整的一种支承。这类支承在结构上均设计成活动的或浮动的。图 5-8 所示为几种常见的自位支承。

自位支承常用于毛坯表面、断续表面、阶梯表面及有角度误差的表面的定位。采用自位支承定位可能不止一个接触点，这样可以提高工件的装夹刚度和稳定性，但其作用仍相当于一个固定支承，只限制工件的一个自由度。

（4）辅助支承　辅助支承是在每个工件定位后才经调整而参与支承的元件，它不起定位作用，而是用来提高工件的装夹刚度和稳定性，承受工件的重力、夹紧力或切削力。

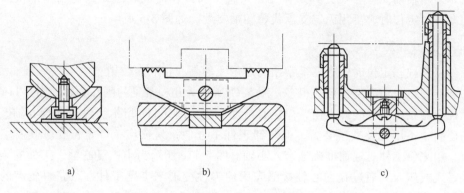

a)   b)   c)

图 5-8　自位支承

如图 5-9 所示，工件以左端内孔及其端面定位，钻右端小孔。由于右端为一悬臂，钻孔时工件刚性差。若在 A 处设置固定支承，则属于过定位，有可能破坏左端的定位。这时可在 A 处设置一辅助支承，用来承受钻削力，既不破坏定位，又增加了工件的刚度。

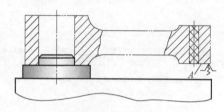

图 5-9　辅助支承的应用

图 5-10 所示为辅助支承的典型结构，图 5-10a所示结构最简单，但转动支承 1 时可能会损伤工件定位面，或因摩擦力而带动工件。图 5-10b 所示结构避免了上述缺点，调整螺母 2 时，支承 1 只做上下移动。图 5-10a、b 所示两种结构调整动作较慢，且用力不当会破坏工件的定位。图 5-10c 所示为自动调节支承，靠弹簧 3 的弹力作用使支承 1 与工件接触，转动手柄 4 将支承 1 锁紧。因弹簧弹力可以调整，作用力适当而稳定，避免了因操作失误而将工件顶起的可能。为防止锁紧时将支承 1 顶出，α 角不应太大，以保证有一定自锁性，一般取 7°～10°。

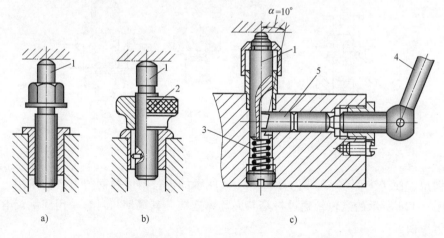

a)   b)   c)

图 5-10　辅助支承的典型结构

1—支承　2—螺母　3—弹簧　4—手柄　5—顶柱

由于采用辅助支承会使夹具结构变复杂，增加操作时间，因此当定位基准平面精度较高而允许过定位时，可用固定支承代替辅助支承，如图 5-5 所示。

（二）圆柱孔定位

工件以圆柱孔定位时，夹具上常用的定位元件是心轴和定位销。

（1）心轴 心轴的结构形式很多，图 5-11 所示为几种常见的刚性心轴。图 5-11a 所示为间隙配合心轴，工件装卸方便，但定心精度不高。图 5-11b 所示为过盈配合心轴，它的定心精度高，不用另设夹紧装置，但装卸工件不方便，易损伤工件定位孔。其右端为导向部分，用来使工件迅速而准确地套入心轴。图 5-11c 所示为小锥度心轴，工件安装时将其轻轻敲入或压入，通过孔和心轴接触表面的弹性变形来夹紧工件，可获得较高的定心精度。小锥度心轴的锥度为 $1:5000 \sim 1:1000$，锥度过大会造成工件在心轴上倾斜，锥度过小则会由于工件孔径的变化而引起工件轴向位置有较大的变动。

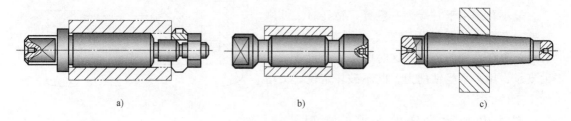

图 5-11 心轴

a）间隙配合心轴 b）过盈配合心轴 c）小锥度心轴

除了刚性心轴外，生产中还有弹性心轴、液塑心轴及自动定心心轴等，它们在定位的同时将工件夹紧，使用很方便，但结构比较复杂。

（2）定位销 图 5-12 所示为标准化的圆柱定位销。直径 d 与定位孔配合，上端部有

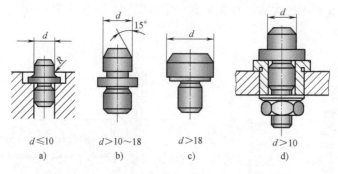

$d \leqslant 10$　　$d > 10 \sim 18$　　$d > 18$　　$d > 10$
a）　　　　b）　　　　　c）　　　　d）

图 5-12 圆柱定位销

较长的倒角，便于工件装入。图 5-12a、b、c 所示的定位销以尾柄与夹具体采用过盈配合连接，图 5-12d 所示的定位销通过衬套与夹具体连接，其尾柄与衬套采用间隙配合，这种结构便于更换。

图 5-13 所示为非标准圆柱定位销的例子。其中图 5-13b 所示定位销适用于直径尺寸大的定位孔。

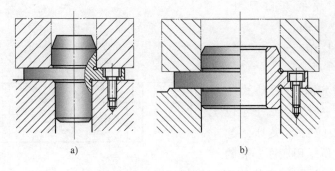

图 5-13　非标准圆柱定位销

图 5-14a 所示为菱形销，它只在圆弧部分与工件定位孔接触，因此定位时只在该接触方向限制工件的一个自由度，在需要避免过定位时使用。图 5-14b、c 所示为圆锥销，图 5-14b 用于毛坯孔定位，图 5-14c 用于已加工孔定位。

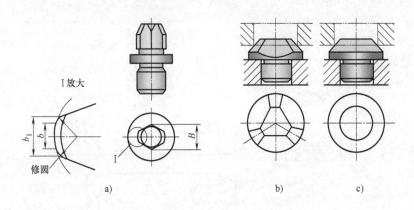

图 5-14　菱形销和圆锥销
a）菱形销　b）、c）圆锥销

（三）外圆柱面定位

工件以外圆柱面定位时，夹具上常用的定位元件是 V 形块和定位套。

（1）V 形块　工件外圆以 V 形块定位是最常见的定位方式。V 形块的结构尺寸如图 5-15 所示，V 形块两工作面间的夹角 α 为 60°、90°、120°，其中 90°夹角 V 形块使用最广泛，其结构已标准化。V 形块在夹具中的安装尺寸 T 是其主要设计参数，由几何关系可得

$$T=H+0.5\left(\frac{d}{\sin\frac{\alpha}{2}}-\frac{N}{\tan\frac{\alpha}{2}}\right)$$

式中　T——V 形块的定位高度，单位为 mm；

　　　H——V 形块的高度，单位为 mm；

　　　d——工件或检验心轴的直径，单位为 mm；

　　　$α$——V 形块两工作面间的夹角，单位为（°）；

N——V 形块的开口尺寸，
单位为 mm。

当 $\alpha = 90°$ 时，$T = H + 0.707d - 0.5N$。

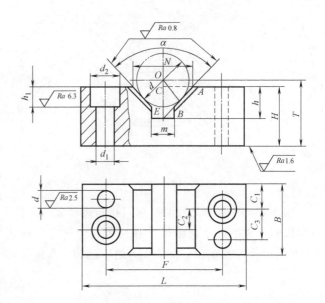

图 5-15 V 形块的结构尺寸

V 形块有固定式和活动式两种。固定 V 形块一般采用 2 个定位销和 2~4 个沉头螺钉与夹具体连接，除了图 5-15 所示用底面安装的方式外，还有用前后侧面安装的方式。活动 V 形块的应用如图 5-16 所示，它在可移动方向上对工件不起定位作用。图 5-16a 中的活动 V 形块只限制工件左右方向上的移动自由度，同时还兼有夹紧作用。图 5-16b 中的活动 V 形块限制了工件绕左侧圆柱定位销轴线转动的自由度。

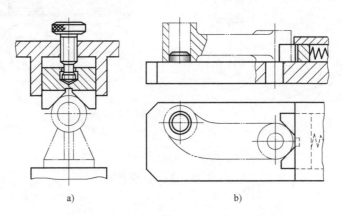

a)   b)

图 5-16 活动 V 形块的应用

使用 V 形块定位的特点是对中性好，能使工件的定位基准轴线对中在两工作面的对称平面上，而不受定位基准直径误差的影响。V 形块适用范围广，不论定位基准是否经过加工，是完整的圆柱面还是局部圆弧面，都可用它定位。

（2）定位套 图 5-17 所示为两种定位套定位的形式。定位套孔口有 15°~30° 的倒角，便于工件装入。这种定位方法定心精度不高，一般适用于精基准面定位。此外，工件外圆柱面还可用半圆套或圆锥套定位。

（四）组合表面定位

实际生产中经常遇到的不是单一表面定位，而是几个表面的组合定位。这时，按限制自由度的多少来区分每一定位面的性能，限制自由度数最多的定位面称为第一定位基准面或主要基准，次之的称为第二定位基准面或导向基准，限制一个自由度的称为第三

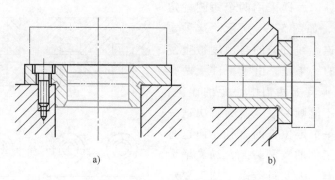

a)   b)

图 5-17　定位套

定位基准面或定程基准。

常见的定位表面组合有平面与平面的组合、平面与孔的组合、平面与外圆表面的组合等。下面介绍常用的孔与端面的组合定位及一面两孔的组合定位。

1. 孔与端面的组合定位

图 5-18 所示的轴套零件，采用内孔及一端面组合定位。其中图 5-18a 所示是过定位，应尽量避免。

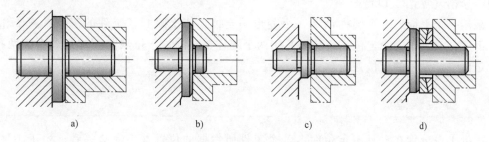

a)   b)   c)   d)

图 5-18　孔与端面的组合定位
a）过定位　b）端面为第一定位基准的定位
c）、d）孔为第一定位基准的定位

当本工序首先要求保证加工表面与端面的位置精度时，则以端面为第一定位基准。如图 5-18b 所示，以轴肩支承工件端面，以短圆柱面对孔定位，避免了过定位。

当本工序首先要求保证加工表面与内孔的位置精度时，则以孔中心线为第一定位基准。如图 5-18c、d 所示，孔用长圆柱面定位，工件端面以小台肩面支承或用球面自位支承，以避免过定位。图 5-11a 所示即是以孔为第一定位基准定位的应用情况。

2. 一面两孔的组合定位

在加工箱体、杠杆、盖板等零件时，常采用"一面两孔"组合定位，这样易于做到工艺过程中的基准统一，既可保证工件的位置精度，又有利于夹具的设计与制造。工件的定位平面一般是加工过的精基准面，两孔可以是工件结构上原有的孔，也可以是为定位需要而专门设置的工艺孔。

一面两孔组合定位时，相应的定位元件是一面两销，其中平面定位可按前述的支承定位，两定位销可以采用以下两种：

（1）两个圆柱销 即采用两个短圆柱定位销与两孔配合，如图 5-19a 所示。这种定位是过定位，沿连心线方向的自由度被重复限制了。过定位的结果是，由于工件上两孔中心距的误差和夹具上两销中心距的误差，可能有部分工件不能顺利装入。为解决这一问题，可以缩小一个定位销的直径。但这种方法虽然能实现工件的顺利装卸，却又增大了工件的转角误差，因此只能用于加工要求不高的场合，使用较少。

（2）一个圆柱销和一个削边销 如图 5-19b 所示，采用定位销"削边"的方法，不缩小定位销的直径，也能起到相当于在连心线方向

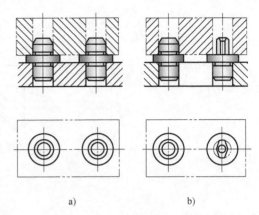

图 5-19 一面两孔的组合定位
a）两个圆柱销 b）一个圆柱销和一个削边销

上缩小定位销直径的作用，使中心距误差得到补偿。在垂直于连心线的方向上，销的直径并未缩小，所以工件的转角误差没有增大，保证了定位精度。

在安装削边销时，削边方向应垂直于两销的连心线。为保证削边销的强度，一般多采用菱形销（见图 5-14a）。

采用一个平面、一个圆柱销和一个菱形销定位，依次限制了工件的三个、两个和一个自由度，实现了完全定位，避免了使用两个圆柱销时的过定位缺陷。它是"一面两孔"组合定位中最常用的定位方式。

三、定位误差分析

一批工件分别在夹具中定位时，各个工件所占据的位置并不完全一致。由于工件在夹具中定位不准确所引起的加工误差，称为定位误差，用 Δ_D 表示。

（一）定位误差的产生原因

如图 5-20 所示，工件以中心的内孔在处于水平位置的心轴上定位铣键槽。在成批生产中采用调整法加工，即调整好铣刀相对于定位心轴的位置，在不考虑其他误差的情况下，使加工出来的工件键槽槽底与定位心轴之间有准确的位置关系。

但对于工序尺寸 a 来说，其工序基准为外圆下母线 A，而所用的定位基准为内孔中心线 O，故基准不重合。由于一批工件的外圆直径在 $d_{min} \sim d_{max}$ 之间变化，使工序基准 A 的位置相对于内孔中心线也发生变化，从而导致这一批工件的加工尺寸 a 有了相应的误差。由图5-20b 可知，该项误差值为

$$\Delta_B = \frac{d_{max}}{2} - \frac{d_{min}}{2} = \frac{T_d}{2}$$

式中 T_d——工件外圆的直径公差。

该项误差称为基准不重合误差。

同时，由于工件定位孔与心轴有制造公差和最小配合间隙，使工件定位时在重力作

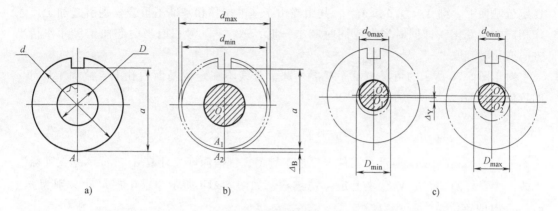

图 5-20　定位误差的产生

a）工件　b）基准不重合误差　c）基准位移误差

用下始终是内孔的上母线与心轴的上母线相接触，因而工件内孔中心线与心轴轴线 O 不同轴。如图 5-20c 所示，一批工件的定位基准即内孔中心线在 O_1 和 O_2 之间变动，从而使工件整体相对于心轴发生偏移，也会使一批工件的加工尺寸 a 有误差。由图 5-20c 可知，该项误差值为

$$\Delta_Y = O_1 O_2 = OO_2 - OO_1$$

$$= \frac{D_{max} - d_{0min}}{2} - \frac{D_{min} - d_{0max}}{2} = \frac{T_D + T_{d_0}}{2}$$

式中　T_D——工件内孔的直径公差；

　　　T_{d_0}——定位心轴的直径公差。

该项误差称为基准位移误差。

由本例可见，定位误差的实质为由定位引起的同一批工件的工序基准在工序尺寸方向上的最大变动量。它包括基准不重合误差和基准位移误差两部分，基准不重合误差是由于工序基准与定位基准不重合而引起的工序基准相对于定位基准在加工尺寸方向上的最大位置变动量，基准位移误差是由于定位副的制造公差及最小配合间隙的影响而引起的定位基准在加工尺寸方向上的最大位置变动量。

（二）定位误差的计算

如果采用试切法加工，则一般不需要考虑定位误差。在成批生产中采用调整法加工时，需要进行定位误差的分析计算。定位误差是工件加工误差的一部分，在分析定位方案时，根据工厂实际生产经验，定位误差应控制为工件对应公差的 1/5～1/3。

定位误差的值为工序基准在工序尺寸方向上的最大变动量，因此定位误差值可以在考虑定位基准与工序基准是否重合、工件定位面和夹具定位元件制造误差的基础上，通过几何分析计算出工序基准在工序尺寸方向上的最大变动量来求得。通常先分别分析计算出基准不重合误差 Δ_B 和基准位移误差 Δ_Y，然后按合成法计算定位误差 Δ_D。

当 $\Delta_Y \neq 0$、$\Delta_B = 0$ 时，$\Delta_D = \Delta_Y$；当 $\Delta_Y = 0$、$\Delta_B \neq 0$ 时，$\Delta_D = \Delta_B$。

当 $\Delta_Y \neq 0$、$\Delta_B \neq 0$ 时，如果工序基准不在定位基面上，则 $\Delta_D = \Delta_Y + \Delta_B$；如果工序基准

在定位基面上，则 $\Delta_D = |\Delta_Y \pm \Delta_B|$，其中当由于基准位移和基准不重合分别引起加工尺寸作相同方向变化（即同时增大或同时减小）时，取"+"号；而当引起加工尺寸作相反方向变化时，取"-"号。

对于图 5-20 所示的情况，工序基准外圆下母线不在定位基面内孔上，故加工尺寸 a 的定位误差为

$$\Delta_D = \Delta_Y + \Delta_B = \frac{T_D}{2} + \frac{T_{d_0}}{2} + \frac{T_d}{2}$$

例 5-1 如图 5-21a 所示，工件上要加工键槽，键槽深度尺寸有 a_1、a_2、a_3 三种标注方式。今以外圆 $d_{-T_d}^{\,0}$ 在 V 形块上定位铣键槽，如图 5-21b 所示，求工序尺寸分别为 a_1、a_2、a_3 时的定位误差。

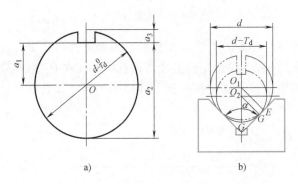

图 5-21 V 形块定位铣键槽
a) 工件 b) 工件在 V 形块上定位的极限位置

解 （1）工序尺寸 a_1 的定位误差 工序尺寸为 a_1，则工序基准为外圆轴线。又定位基准也为外圆轴线，因此两者重合，基准不重合误差 $\Delta_B = 0$。

基准位移误差 Δ_Y 可由图 5-21b 经几何计算而得

$$\Delta_Y = O_1O_2 = O_1G - O_2G = \frac{O_1E}{\sin\frac{\alpha}{2}} - \frac{O_2F}{\sin\frac{\alpha}{2}} = \frac{T_d}{2\sin\frac{\alpha}{2}}$$

这里忽略了由 V 形块角度 α 的误差造成的影响，因为它通常可以在加工前的铣刀调整时得到补偿。图 5-21b 中，当外圆为上极限尺寸 d 的工件放置到 V 形块上后，外圆轴线位于 O_1，外圆与 V 形面相切于点 E；而当外圆为下极限尺寸 $d-T_d$ 的工件放置到 V 形块上后，外圆轴线位于 O_2，且外圆与 V 形面相切于点 F。V 形块的两工作面相交于点 G。

由此可得，定位误差 $\Delta_D = \Delta_Y = \dfrac{T_d}{2\sin\dfrac{\alpha}{2}}$。

（2）工序尺寸 a_2 的定位误差 工序尺寸为 a_2，则工序基准为外圆下母线。又定位基准为外圆轴线，因此两者不重合，基准不重合误差 $\Delta_B = \dfrac{T_d}{2}$；基准位移误差 $\Delta_Y = \dfrac{T_d}{2\sin\dfrac{\alpha}{2}}$。

定位基准外圆轴线对应的定位基面为外圆柱面，因此工序基准在定位基面上。又当定位基面直径由大变小时，定位基准向下移动，引起加工尺寸 a_2 变大，而工序基准向上移动，引起加工尺寸 a_2 变小。故

$$\Delta_D = \Delta_Y - \Delta_B = \frac{T_d}{2\sin\frac{\alpha}{2}} - \frac{T_d}{2} = \frac{T_d}{2}\left(\frac{1}{\sin\frac{\alpha}{2}} - 1\right)$$

（3）工序尺寸 a_3 的定位误差　基准不重合误差 $\Delta_B = \frac{T_d}{2}$；基准位移误差 $\Delta_Y = \frac{T_d}{2\sin\frac{\alpha}{2}}$。

工序基准在定位基面上，且当定位基面直径由大变小时，定位基准向下移动，引起加工尺寸 a_3 变小，而工序基准也向下移动，引起加工尺寸 a_3 变小。故

$$\Delta_D = \Delta_Y + \Delta_B = \frac{T_d}{2\sin\frac{\alpha}{2}} + \frac{T_d}{2} = \frac{T_d}{2}\left(\frac{1}{\sin\frac{\alpha}{2}} + 1\right)$$

由本例计算结果可知，a_2 的定位误差最小，a_3 的定位误差最大。这说明，键槽深度尺寸按 a_2 标注时较有利。该定位方案的定位误差与定位基面外圆直径 d 的公差有关，如 Δ_D 不能满足键槽的加工要求，则可以提高尺寸 d 的加工精度来减小该定位误差。

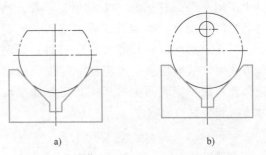

除了本例铣键槽外，工件以相同方式定位后铣平面（见图 5-22a）或钻孔（见图 5-22b）时，对应的定位误差情况与此相同。

图 5-22　V 形块定位铣平面和钻孔
a）铣平面　b）钻孔

例 5-2　如图 5-23 所示，工件以外圆 d_1 在 V 形块上定位加工外圆 d_2 上的 $\phi 10H8$ 孔。已知 V 形块的角度 $\alpha = 90°$，$d_1 = \phi 30_{-0.012}^{0}$ mm，$d_2 = \phi 55_{-0.05}^{0}$ mm，两外圆的同轴度公差 $\phi t = \phi 0.025$ mm，工序尺寸 $H = 40$ mm ± 0.015 mm。求该工序尺寸的定位误差。

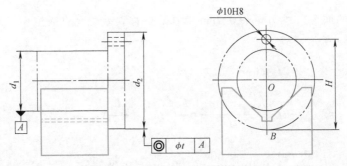

图 5-23　阶梯轴在 V 形块上定位钻孔

解 工序尺寸 H 的工序基准为外圆 d_2 的下母线，而定位基准为外圆 d_1 的轴线，因此两者不重合，基准不重合误差包括外圆 d_2 的下母线与外圆 d_2 的轴线之间的距离误差、外圆 d_2 的轴线与外圆 d_1 的轴线之间的同轴度误差两部分：$\Delta_B = \dfrac{T_{d_2}}{2} + t = \left(\dfrac{0.05}{2} + 0.025\right)\text{mm} = 0.05\text{mm}$。

用 V 形块定位时定位基准（即外圆 d_1 的轴线）的位移误差为 $\Delta_Y = \dfrac{T_{d_1}}{2\sin\dfrac{\alpha}{2}} = \dfrac{0.012}{\sqrt{2}}\text{mm} =$

0.008mm。

由于定位基面为外圆 d_1 的圆柱面，因此工序基准不在定位基面上，则 $\Delta_D = \Delta_Y + \Delta_B = (0.05 + 0.008)\text{mm} = 0.058\text{mm}$。

例 5-3 如图 5-24 所示的工件，采用一面两孔组合定位加工孔 O_1 和 O_2，两定位销垂直安装。试计算定位误差并判断其定位质量。

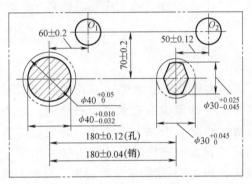

解 该工件采用一面两孔组合定位，夹具上采用一个圆柱销和一个菱形销，孔、销之间为间隙配合。两定位销垂直安装，说明定位时孔、销可以在任意方向上接触。该定位方式中，基准位移误差不仅受定位副的制造公差和最小配合间隙的影响，还受加工尺寸方向和位置的影响。

图 5-24　一面两孔组合定位加工孔

（1）加工尺寸 60mm±0.2mm 的定位误差　由于定位基准与工序基准重合，故 $\Delta_B = 0$。

由于尺寸 60mm±0.2mm 的方向与两定位孔连心线平行，故基准位移误差等于圆柱销与定位孔之间的最大配合间隙，即

$$\Delta_Y = X_{1\max} = (0.05 + 0.032)\text{mm} = 0.082\text{mm}$$

因此，其定位误差为

$$\Delta_D = \Delta_Y = 0.082\text{mm}$$

（2）孔 O_1 加工尺寸 70mm±0.2mm 的定位误差　由于定位基准与工序基准重合，故 $\Delta_B = 0$。

对于孔 O_1 的加工尺寸 70mm±0.2mm，基准位移误差既有直线位移误差，又有角位移误差，如图 5-25a 所示。故

$$\Delta_Y = X_{1\max} + 2L_1\tan\Delta\alpha$$

$$= X_{1\max} + 2L_1\frac{X_{2\max} - X_{1\max}}{2L} = \frac{L - L_1}{L}X_{1\max} + \frac{L_1}{L}X_{2\max}$$

$$= \left(\frac{180 - 60}{180} \times 0.082 + \frac{60}{180} \times 0.09\right)\text{mm} = 0.085\text{mm}$$

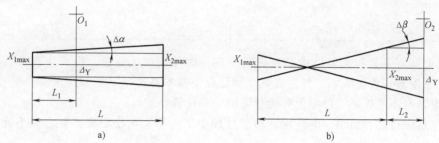

图 5-25 基准位移误差的计算

因此，其定位误差为

$$\Delta_D = \Delta_Y = 0.085mm$$

（3）加工尺寸 $50mm\pm0.12mm$ 的定位误差　由于定位基准与工序基准不重合，定位尺寸 $L = 180mm\pm0.12mm$，故 $\Delta_B = 0.24mm$。

同样，基准位移误差 $\Delta_Y = X_{1max} = 0.082mm$。

由于工序基准不在定位基面上，因此，其定位误差为

$$\Delta_D = \Delta_Y + \Delta_B = (0.082 + 0.24)mm = 0.322mm$$

（4）孔 O_2 加工尺寸 $70mm\pm0.2mm$ 的定位误差　由于定位基准与工序基准重合，故 $\Delta_B = 0$。

对于孔 O_2 的加工尺寸 $70mm\pm0.2mm$，如图 5-25b 所示，基准位移误差为

$$\Delta_Y = X_{2max} + 2L_2 \tan\Delta\beta$$

$$= X_{2max} + 2L_2 \frac{X_{1max} + X_{2max}}{2L} = \frac{L_2}{L}X_{1max} + \frac{L+L_2}{L}X_{2max}$$

$$= \left(\frac{50}{180}\times0.082 + \frac{180+50}{180}\times0.09\right)mm = 0.138mm$$

因此，其定位误差为

$$\Delta_D = \Delta_Y = 0.138mm$$

由计算结果可知，孔 O_1 加工尺寸 $60mm\pm0.2mm$、$70mm\pm0.2mm$ 的定位误差小于其加工公差的 $1/3$，能满足定位要求。但孔 O_2 加工尺寸 $50mm\pm0.12mm$、$70mm\pm0.2mm$ 的定位误差大于其加工公差的 $1/3$，且前者由于基准不重合，工件两定位孔中心距误差又相对较大，带来了较大的定位误差，已超过了加工公差。因此该情况下定位质量差，不能满足孔 O_2 的位置精度要求。

第三节　工件的夹紧及夹紧装置

工件在夹具中除了定位以外，由于加工过程中工件会受到切削力、离心力、惯性力及重力等外力的作用，为了防止工件因此产生运动而破坏定位时获得的正确位置，工件在夹具中还需要夹紧。

一、夹紧的基本要求

夹具上实现夹紧的夹紧机构是否正确合理，对保证加工质量、提高生产率、减轻工人的劳动强度有很大影响。工件的夹紧应满足以下基本要求：

1）夹紧时不能破坏工件定位时所获得的正确位置。

2）夹紧应可靠和适当。既要保证加工过程中工件不发生松动或振动，又不允许工件产生不适当的变形和表面损伤。

3）夹紧操作应方便、省力、安全。

4）夹紧机构的自动化程度和复杂程度应与工件的生产批量及工厂的生产条件相适应。

5）夹紧机构应有良好的结构工艺性，尽量使用标准件。

二、夹紧力的确定

确定夹紧力就是要确定夹紧力的大小、方向和作用点。它必须结合工件的结构特点和加工要求、定位元件的结构和布置方式、切削条件和切削力大小等具体情况来确定。

（一）夹紧力方向的确定

1）夹紧力的方向应有利于工件的定位，而不能破坏定位。为此一般要求主夹紧力应垂直指向第一定位基准面。如图5-26所示的夹具用于直角支座零件镗孔，要求保证孔与端面 A 的垂直度，因此应选 A 面作为第一定位基准面，夹紧力应垂直压向 A 面，如图5-26中的夹紧力 F_{J1}。若采用夹紧力 F_{J2}，由于工件 A 面与 B 面的垂直度误差，则镗孔只能保证孔与 B 面的平行度，而不能保证孔与 A 面的垂直度。

2）夹紧力的方向应尽量与工件刚度大的方向一致，以减小工件变形。如图5-27所示的薄壁套筒，它的轴向刚度比径向刚度大。若如图5-27a所示用自定心卡盘径向夹紧，将使工件产生较大的夹紧变形，镗孔后会造成圆度误差。若改成图5-27b所示的形式，用螺母轴向夹紧，则不易产生变形，可避免上述圆度误差。

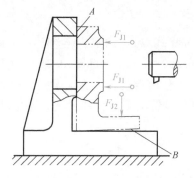

图 5-26　夹紧力应垂直指向
第一定位基准面

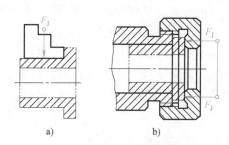

图 5-27　薄壁套筒的夹紧
a）径向夹紧　b）轴向夹紧

3）夹紧力的方向应尽可能与切削力、工件重力方向一致，以减小所需的夹紧力。如图5-28a所示，夹紧力 F_J 与主切削力方向一致，切削力由夹具的支承承受，所需的夹紧力较小。若采用如图5-28b所示的形式，则夹紧力至少要大于切削力。

（二）夹紧力作用点的选择

1）夹紧力作用点应正对支承元件或位于支承元件所形成的稳定受力区内，以保证工件已获得的定位不变。如图 5-29 所示，夹紧力的作用点不正对支承元件或落到了支承元件的支承范围之外，产生了使工件翻转的力矩，破坏了工件的定位。

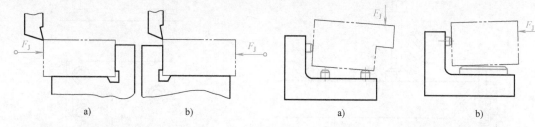

图 5-28　夹紧力与切削力的方向
a) 夹紧力与切削力同向　b) 夹紧力与切削力反向

图 5-29　夹紧力的作用点位置不正确

2）夹紧力作用点应处在工件刚性较好的部位，以减小工件的夹紧变形。如图 5-30 所示，夹紧薄壁箱体时，夹紧力不应作用在箱体的顶面上（见图 5-30a），而应作用在刚度较高的凸边上（见图 5-30b）。箱体没有凸边时，可将单点夹紧改为三点夹紧（见图 5-30c）。

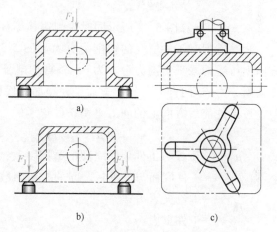

3）夹紧力作用点和支承点应尽量靠近切削部位，以提高工件切削部位的刚度和抗振性。如图 5-31 所示，在拨叉上铣槽时，在切削部位增加了辅助支承和辅助夹紧。

图 5-30　夹紧力作用点与夹紧变形的关系

4）夹紧力作用点应尽量使各支承处的接触变形均匀，以减小加工误差。如图5-32所示，工件以三个支承钉定位时，若夹紧力作用在 $L/2$ 处，则各支承钉处的压力不相等，接触变形不一样，造成定位基准面倾斜。若夹紧力作用在 $2L/3$ 处，则可避免上述现象。

（三）夹紧力大小的估算

在估算夹紧力的大小时，一般将工件视为分离体，以最不利于夹紧时的状况为工件受力状况，分析作用在工件上的各种力，列出工件的静力平衡方程式，求出理论夹紧力。然后将其乘以安全系数，作为实际所需的夹紧力

$$F_J = KF$$

式中　F_J——实际所需的夹紧力，单位为 N；

　　　K——安全系数，一般取 1.5~2.5；

　　　F——由静力平衡计算出的理论夹紧力，单位为 N。

分析工件的受力情况时，除了夹紧力、切削力外，大工件还应考虑重力，运动速度较大时还必须考虑离心力和惯性力的影响。

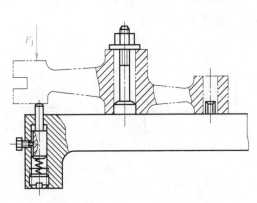

图 5-31 切削部位增加辅助夹紧

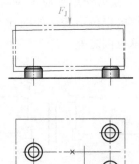

图 5-32 夹紧力作用点对接触变形的影响

例 5-4 计算图 5-33 所示同时铣削箱体零件两侧面时所需的夹紧力。

解 铣削时工件所受的切削力分力如图 5-33 所示。由于同时铣削两侧面，工件左右方向上所受的水平切削力合力为 0。垂直切削分力 F_z 作用在底面支承上，而前后方向上水平切削分力 F_x 的合力要靠夹紧后工件顶面和底面上所受的摩擦力来克服。

按工件前后方向上的静力平衡条件得

$$(\mu_1 + \mu_2)(F + G + 2F_z) = 2F_x$$

式中　μ_1——压板与工件顶面之间的摩擦因数；

　　　μ_2——工件底面与支承板之间的摩擦因数；

　　　F——理论夹紧力；

　　　G——工件重力。

$$F = \frac{2F_x}{\mu_1 + \mu_2} - G - 2F_z$$

考虑安全系数 K，得实际所需的夹紧力为

$$F_J = K\left(\frac{2F_x}{\mu_1 + \mu_2} - G - 2F_z\right)$$

例 5-5 计算图 5-34 所示用 V 形块夹持工件钻孔时所需的夹紧力。

解 钻孔时工件受切削力矩 M 和轴向切削力 F_z，如图 5-34 所示。V 形块的夹紧既要防止工件转动，又要防止工件轴向移动。如忽略工件的重力，夹紧后 V 形块与工件接触处产生的摩擦力应克服工件所受的切削力矩 M 和轴向切削力 F_z。

当施加夹紧力 F 时，V 形块与工件每一接触点处产生的摩擦力 F_f 为

$$F_f = N\mu = \frac{F\mu}{2\sin\frac{\alpha}{2}}$$

式中　F——理论夹紧力；

μ——V 形块与工件接触处的摩擦因数；

α——V 形块两工作面间的夹角。

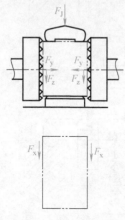

图 5-33 铣削夹紧力的计算

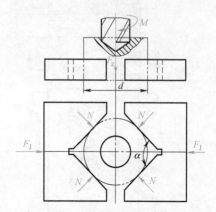

图 5-34 钻孔夹紧力的计算

按工件的静力平衡条件得

$$4F_f = \sqrt{\left(\frac{2M}{d}\right)^2 + F_z^2}$$

式中 d——工件的外径。

于是

$$\frac{2F\mu}{\sin\frac{\alpha}{2}} = \sqrt{\left(\frac{2M}{d}\right)^2 + F_z^2}$$

$$F = \frac{\sqrt{\left(\frac{2M}{d}\right)^2 + F_z^2}\sin\frac{\alpha}{2}}{2\mu}$$

考虑安全系数 K，得实际所需的夹紧力为

$$F_J = \frac{K\sqrt{\left(\frac{2M}{d}\right)^2 + F_z^2}\sin\frac{\alpha}{2}}{2\mu}$$

三、常用的夹紧机构

（一）斜楔夹紧机构

利用斜楔直接或间接夹紧工件的机构称为斜楔夹紧机构。图 5-35 所示为几种用斜楔夹紧机构夹紧工件的实例。图 5-35a 所示为用斜楔直接夹紧工件，工件装入后敲击斜楔大头，夹紧工件。加工完毕后，敲击斜楔小头，松开工件。这种机构夹紧力较小，操作费时。图 5-35b 所示为斜楔、滑柱、杠杆夹紧机构，可以手动，也可以气压驱动。图 5-35c 所示为端面斜楔、杠杆组合夹紧机构。

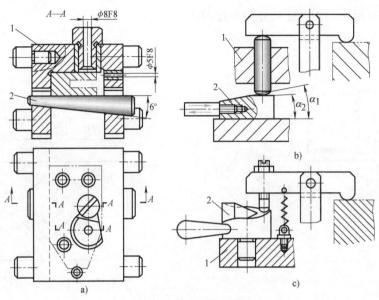

图 5-35 斜楔夹紧机构

1—夹具体 2—斜楔

直接采用斜楔夹紧时（见图 5-35a）可获得的夹紧力为

$$F_J = \frac{F_Q}{\tan\varphi_1 + \tan(\alpha + \varphi_2)}$$

式中 F_J——可获得的夹紧力，单位为 N；

F_Q——作用在斜楔上的原始力，单位为 N；

φ_1——斜楔与工件之间的摩擦角，单位为（°）；

φ_2——斜楔与夹具体之间的摩擦角，单位为（°）；

α——斜楔的楔角，单位为（°）。

斜楔夹紧机构具有一定的扩力作用。

斜楔的自锁条件为

$$\alpha \leqslant \varphi_1 + \varphi_2$$

减小楔角 α，可增大夹紧力，提升自锁性能，但也增大了斜楔的移动行程。手动夹紧机构一般取 $\alpha = 6° \sim 8°$。图 5-35b 采用双斜面斜楔，大斜角的一段使滑柱迅速上升，小斜角的一段夹紧并确保自锁。

（二）螺旋夹紧机构

由螺钉、螺母、螺栓或螺杆等带有螺旋结构的元件，结合垫圈、压板或压块等组成的夹紧机构称为螺旋夹紧机构。这类夹紧机构的特点是结构简单、易于操作、增力比大及自锁性好，其许多元件都已标准化，很适用于手动夹紧，因而是目前夹具上用得最多的一种夹紧机构。

图 5-36 所示为单螺旋夹紧机构。图 5-36a 所示的螺钉夹紧机构中，螺钉头直接与工件表面接触，夹紧过程中有可能损伤工件表面，或带动工件旋转。图 5-36c 所示为在螺杆头部装上摆动压块，即可克服这一缺点。

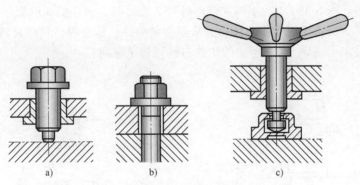

图 5-36 单螺旋夹紧机构

a）螺钉夹紧 b）螺母夹紧 c）带摆动压块的螺杆夹紧

图 5-37 所示为螺旋压板夹紧机构。图 5-37a 中的压板可左右移动，而图 5-37b 中的钩形压板可以绕螺柱轴线转动，因而便于在上下方向装卸工件。

螺旋可以看作一斜楔绕在圆柱体上而形成的，因此可从斜楔的夹紧力计算公式直接导出螺旋夹紧力的计算公式

$$F_J = \frac{F_Q L}{\dfrac{d_2}{2}\tan(\psi + \varphi_1') + r'\tan\varphi_2}$$

式中　F_J——沿螺旋轴线作用的夹紧力，单位为 N；

　　　F_Q——作用在扳手上的原始力，单位为 N；

　　　L——原始作用力的力臂，单位为 mm；

　　　d_2——螺纹中径，单位为 mm；

　　　ψ——螺纹升角，单位为（°）；

　　　φ_1'——螺纹副的当量摩擦角，单位为（°）；

　　　φ_2——螺杆（或螺母）端部与工件（或压块）的摩擦角，单位为（°）；

　　　r'——螺杆（或螺母）端部与工件（或压块）的当量摩擦半径，单位为 mm。

单螺旋夹紧机构夹紧动作慢，工件装卸可能费时。为提高效率，可采用图 5-38 所示的快速螺旋夹紧机构。图 5-38a 使用了开口垫圈 3，螺母 2 的大径小于工件孔径，因此稍松螺母 2 后取下开口垫圈 3，就可以方便地装卸工件。图 5-38b 采用了快卸螺母，螺母 2 的螺孔内钻有倾斜光孔，其孔径略大于螺纹大径。螺母 2 斜向沿着光孔套入螺杆 1，然后将螺母 2 摆正，使螺母 2 与螺杆 1 啮合，再拧紧螺母 2，便可夹紧工件。图 5-38c 中，螺杆 1 上的直槽连着螺旋槽，先推动手柄 4，使压脚 6 迅速靠近工件，继而转动手柄 4，

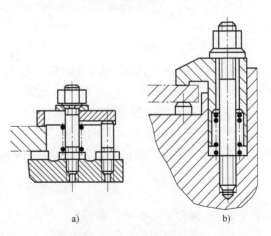

图 5-37 螺旋压板夹紧机构

a）螺旋压板夹紧 b）螺旋钩形压板夹紧

夹紧工件并自锁。图 5-38d 中，手柄 4 带动螺母 2 旋转时，因手柄 5 的限制，螺母 2 不能右移，致使螺杆 1 带着压脚 6 往左移动，从而夹紧工件。松夹时，只要反转手柄 4，稍微松开后，即可转动手柄 5，为手柄 4 的快速右移让出了空间。

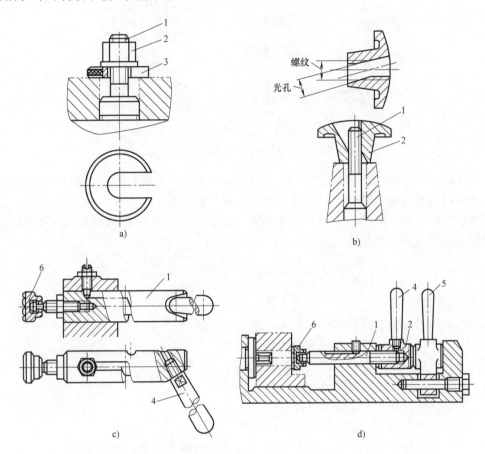

图 5-38　快速螺旋夹紧机构
1—螺杆　2—螺母　3—开口垫圈　4、5—手柄　6—压脚

（三）偏心夹紧机构

用偏心件直接或间接夹紧工件的机构称为偏心夹紧机构。图 5-39 所示为几种常见的偏心夹紧机构，图 5-39a、b、d 用的是圆偏心轮，图 5-39c 用的是偏心轴。

偏心夹紧的原理与斜楔夹紧相似，也是依靠斜面高度增大而实现夹紧的，只是斜楔夹紧的楔角不变，而偏心夹紧的楔角是变化的。实际上，偏心轮可视为一种楔角变化的斜楔。图 5-40a 所示的偏心轮展开后如图 5-40b 所示，不同位置的楔角用下式求出

$$\alpha = \arctan\left(\frac{e\sin\gamma}{R - e\cos\gamma}\right)$$

式中　α——偏心轮的楔角，单位为（°）；

　　　e——偏心轮的偏心距，单位为 mm；

　　　R——偏心轮的半径，单位为 mm；

γ——偏心轮作用点 X 与起始点 O 之间的圆心角，单位为（°）。

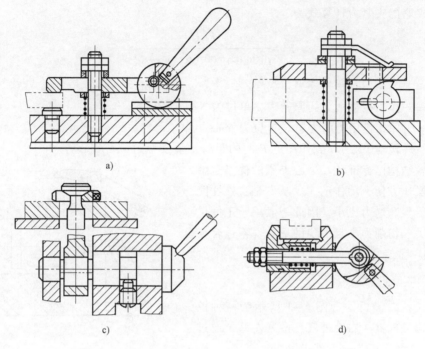

图 5-39　偏心夹紧机构

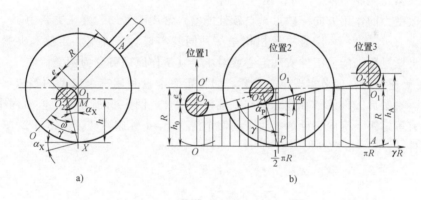

a)　　　　　b)

图 5-40　偏心夹紧原理

a）偏心轮　b）偏心轮展开图

当 $\gamma = 90°$ 时，α 接近最大值

$$\alpha_{\max} \approx \arctan\left(\frac{e}{R}\right)$$

根据斜楔自锁条件，偏心轮工作点 P 处的楔角 $\alpha_P \leqslant \varphi_1 + \varphi_2$，这里 φ_1、φ_2 分别为轮周作用点处及转轴处的摩擦角。忽略转轴处的摩擦，并考虑最不利的情况，或更保险的情况，偏心轮夹紧的自锁条件为

$$\frac{e}{R} \leqslant \tan\varphi_1 = \mu_1$$

式中 μ_1——轮周作用点处的摩擦因数。

偏心夹紧的夹紧力计算式为

$$F_J = \frac{F_Q L}{\rho\left[\tan\varphi_1 + \tan(\alpha_P + \varphi_2)\right]}$$

式中 F_J——夹紧力，单位为 N；

F_Q——作用在手柄上的原始力，单位为 N；

L——原始作用力的力臂，单位为 mm；

ρ——转动中心 O_2 到作用点 P 间的距离，单位为 mm。

偏心轮结构已标准化。偏心夹紧的优点是结构简单，操作方便，动作迅速。缺点是自锁性能差，夹紧行程和增力比小，因此一般用于工件尺寸变化不大、切削力小且平稳的场合，不适合在粗加工中应用。

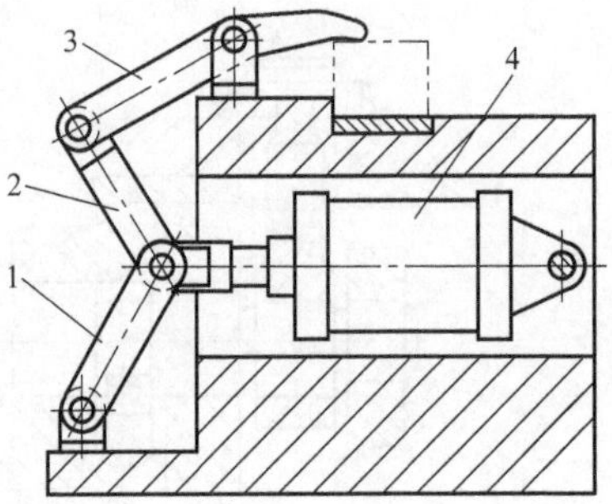

（四）其他夹紧机构

（1）铰链夹紧机构 图 5-41 所示为一种铰链夹紧机构，气缸 4 右腔进气，活塞左移，通过铰链臂 1、2 及压板 3 将工件夹紧。

图 5-41 双臂单作用铰链夹紧机构

1、2—铰链臂 3—压板 4—气缸

铰链夹紧机构的特点是动作迅速，增力比大，易于改变力的作用方向。缺点是自锁性能差，常用于气动、液压夹紧中。

（2）定心夹紧机构 定心夹紧机构是一种同时实现对工件定心定位和夹紧的夹紧机构，即在夹紧过程中能使工件实现定心或对中。其工作原理可分为两类：

1）以等速移动原理来实现定心夹紧。如自定心卡盘利用三个卡爪的等速移动来实现定心夹紧。夹紧后工件外圆轴线总是与主轴轴线重合。图 5-42 所示为定心台虎钳，螺杆 5 上两端具有等螺距、旋向相反的螺纹带动两个滑座 1、4 等速移动，使钳口 2、3 等速接近或离开工件。

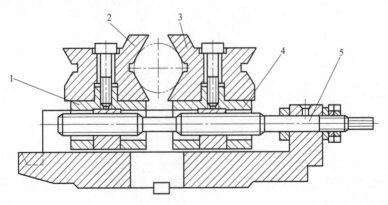

图 5-42 定心台虎钳

1、4—滑座 2、3—钳口 5—螺杆

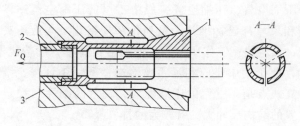

图 5-43 弹簧夹头

1—弹簧筒夹 2—拉杆 3—夹具体

2）以均匀弹性变形原理来实现定心夹紧。图 5-43 所示为弹簧夹头，在原始力 F_Q 作用下，拉杆 2 使弹簧筒夹 1 往左移动，由于锥面的作用使簧瓣收缩，对工件进行定心夹紧。图5-44所示为液性塑料定心夹具，工件以孔和端面定位。夹紧时拧紧螺钉 5，推动柱塞 4 挤压液性塑料 2，迫使薄壁套筒 3 径向胀大，使工件定心夹紧。

（3）联动夹紧机构 联动夹紧机构是指操纵一个手柄或利用一个动力装置就能完成若干个动作（包括夹紧和其他动作）的机构。它包括多点联动夹紧机构（见图 5-45）、多件联动夹紧机构（见图 5-46）、夹紧与其他动作联动的夹紧机构（见图 5-47、图 5-48）等。多点联动夹紧机构和多件联动夹紧机构中一般应设计浮动环节，以适应工件夹压表面之间的位置误差或多个工件的尺寸误差。

当需要对一个工件上的几个点或对多个工件同时进行夹紧时，可以采用联动夹紧机构，从而减少工件的装夹时间，简化夹具结构。

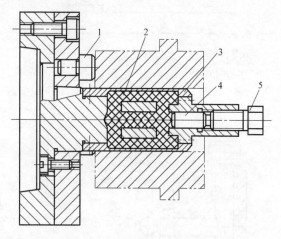

图 5-44 液性塑料定心夹具

1—支承钉 2—液性塑料
3—薄壁套筒 4—柱塞 5—螺钉

四、夹紧机构的动力源

在各种生产类型中，夹具广泛采用的是手动夹紧，因其结构简单，成本低。但手动夹紧动作慢，劳动强度大，夹紧力变动大。

在大批大量生产中往往采用机动夹紧，如气动、液压、气液联合驱动、电磁、电动及真空夹紧等。机动夹紧可以克服手动夹紧的缺点，提高生产率，还有利于实现自动化，当然成本也会提高。此外还有利用切削力、离心力等夹紧工件的自夹紧装置，它节省了动力装置，操作迅速。

气动夹紧利用气动传动系统实现对工件的夹紧，应用也比较广泛。典型的气动传动系统由气源、气缸或气室、油雾器、调压阀、单向阀、配气阀、调速阀和压力表等组成。

气动夹紧的动力源是压缩空气，压缩空气一般由工厂的压缩空气站供应。气动传动系统中各组成元件的结构和尺寸都已标准化、系列化和规格化。与液压夹紧相比，气动夹紧的优点是：动作迅速，反应快；工作压力低，传动结构简单，制造成本低；空气黏度小，在管路中的损失较少，便于集中供应和远距离输送；不污染环境，维护简单，使用起来安全、可靠、方便。其缺点是：空气的压缩性大，夹紧的刚性和稳定性较差；因工作压力低，故所需动力装置的结构尺寸大；有较大的排气噪声。

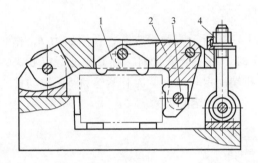

图 5-45　多点联动夹紧机构

1、3—浮动压块　2—摇臂　4—螺母

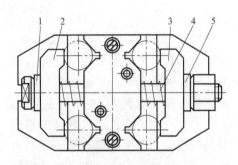

图 5-46　多件联动夹紧机构

1、5—球面垫圈　2、3—压板　4—螺杆

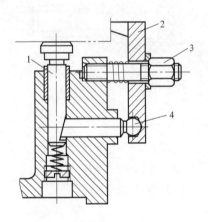

图 5-47　夹紧与锁紧辅助支承联动

1—辅助支承　2—压板　3—螺母　4—锁销

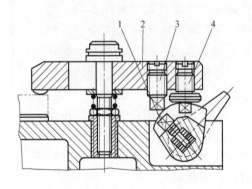

图 5-48　夹紧与移动压板联动

1—拨销　2—压板　3、4—螺钉

液压夹紧装置的组成和工作原理与气动夹紧装置基本相同，只是它采用液压油作为传动介质。因此，与气动夹紧相比，液压夹紧的优点是：液压油压力高，传动力大，夹具结构尺寸相对比较小；油液的不可压缩性使夹紧刚度高，工作平稳、可靠；噪声小，劳动条件好。但是，油压高也容易造成漏油，因而对液压元件的材质和制造精度的要求高，导致夹具成本较高。液压夹紧特别适合于夹紧受到较大切削力和切削冲击的工件。由于采用液压夹紧需要设置专门的液压系统，因此在没有液压系统的单台机床上一般不宜采用。

一、孔加工刀具的导向装置

孔加工时为了引导刀具，保证孔的位置精度，同时增加钻头（包括扩孔钻、铰刀）和镗杆的支承以提高其刚度，减小变形，夹具上需要设置刀具的导向装置。

1. 钻孔的导向装置

钻床夹具中钻头的导向采用钻套。钻套有固定钻套、可换钻套、快换钻套和特殊钻套四种。其中前三种均已标准化，如图 5-49 所示。

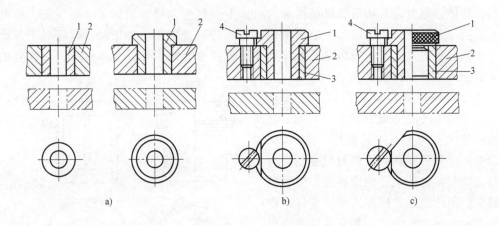

图 5-49　标准钻套

a）固定钻套　b）可换钻套　c）快换钻套

1—钻套　2—钻模板　3—衬套　4—螺钉

图 5-49a 所示的固定钻套以过盈配合直接压入钻模板或夹具体的孔中，位置精度高，但磨损后不易更换，适合于中、小批生产中只需要钻孔的情况。

图 5-49b 所示的可换钻套以间隙配合装在衬套中，而衬套则以过盈配合压入钻模板或夹具体的孔中。为防止钻套在衬套中转动，用螺钉压住钻套。可换钻套在磨损后更换方便，适用于中批以上的钻孔工序。

图 5-49c 所示的快换钻套在头部多一缺口，更换时只需将钻套逆时针转动，当缺口转到螺钉位置时即可将其取出。快换钻套更换起来方便迅速，多用于在一道工序中需要连续加工（如钻、扩、铰）的孔，可实现工序内钻套的快速更换，保证了生产率。

对于一些特殊的场合，可以根据加工条件的特殊性设计专用钻套。如图 5-50 所示的几种特殊钻套，分别用于钻多个小间距孔、在工件凹陷处钻孔、在斜面或曲面上钻孔。

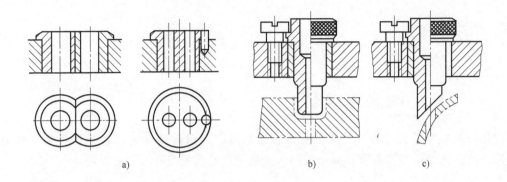

图 5-50 特殊钻套

2. 镗孔的导向装置

镗箱体孔系时，若孔系位置精度可由机床本身精度和精密坐标系统来保证，则夹具上不需要导向装置，如在加工中心或带刚性主轴的组合机床上加工时。但是对于普通镗床、车床改造的镗床或一般组合机床，则需要设置镗套来引导并支承镗杆，由镗套的位置来保证孔系的位置精度。

镗套有固定式镗套和回转式镗套两类。图 5-51 所示为固定式镗套，它固定在镗模的导向支架上而不随镗杆一起转动，镗套中心位置精度高。镗杆与镗套之间有相对移动和相对转动，使接触面产生摩擦和磨损，因此固定式镗套适用于镗杆速度低于 20m/min 时的镗孔。固定式镗套外形尺寸小，结构简单，已标准化。图 5-51 中 A 型镗套无润滑装置，B 型镗套带有润滑油嘴，镗套内孔上有油槽，可注油润滑。

当镗杆速度超过 20m/min 时，可采用回转式镗套。回转式镗套带有可旋转部

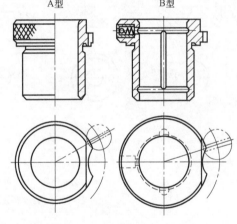

图 5-51 固定式镗套

分，镗杆与镗套之间只有相对移动而无相对转动，大大降低了镗套的磨损。根据回转部分安装的位置不同，回转式镗套可分为内滚式和外滚式两种。图 5-52 所示为一根镗杆上采用两种回转式镗套的结构，其中左端为内滚式镗套，右端为外滚式镗套。

图 5-52 中，镗套 2 固定不动，镗杆 4、轴承和导向滑套 3 可在镗套 2 内轴向移动，加工时镗杆 4 和轴承内环一起转动。镗套 5 装在轴承内孔上，镗杆 4 与镗套 5 之间为间隙配合并通过键联接，可以一起回转，又可以使镗杆在镗套内轴向移动。

二、对刀装置

对于铣床或刨床夹具，为了确定刀具相对于夹具定位元件的位置，以保证工件加工

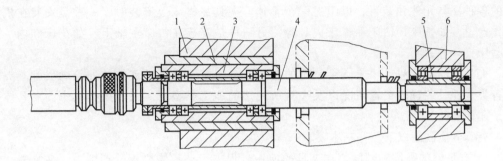

图 5-52 回转式镗套

1、6—导向支架 2、5—镗套 3—导向滑套 4—镗杆

表面的位置要求，需要设置对刀装置。

图 5-53 所示为几种常见的对刀装置。对刀时移动机床工作台，使刀具靠近对刀块。为便于操作，避免刀具与对刀块直接接触而损坏切削刃或造成对刀块过早磨损，通常在刀具与对刀块之间塞进一规定尺寸的塞尺，让切削刃轻轻靠紧塞尺，抽动塞尺感觉到有一定的阻力时，即得到刀具在该对刀方向上的正确位置。抽去塞尺，就可以开动机床进行加工。

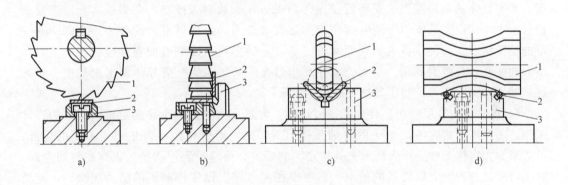

图 5-53 铣刀的对刀装置

1—铣刀 2—塞尺 3—对刀块

常用的对刀块和塞尺已标准化，可以直接选用。特殊形式的对刀块也可以自行设计。图 5-53a 所示为标准的圆形高度对刀块，用于加工平面；图 5-53b 所示为标准的直角对刀块，可在两个方向上对刀，用于加工槽或台肩面；图 5-53c、d 所示为成形对刀块，用于加工成形表面。

对刀装置应设置在工件切入的一侧且便于对刀的位置。在批量加工中，为简化夹具结构，采用标准工件对刀或试切法对刀。第一个工件对刀后，保持机床工作台该方向上的位置不动，后续工件就不再对刀，此时可以不设置对刀装置。

三、夹具体及夹具与机床的连接装置

夹具体是夹具的基础元件。夹具体的安装基面与机床连接，其他工作表面则安装前

述的各种夹具元件和装置，以组成一个整体。夹具在机床上安装时，一种是安装在机床工作台上，如铣床、钻床和镗床夹具等，另一种是安装在机床主轴上，如车床和内、外圆磨床夹具等。

夹具体的形状和尺寸应满足一定的要求，它们主要取决于工件的外轮廓尺寸、夹具上各类元件及装置的布置情况以及夹具所用于的加工类型等。在专用夹具中，夹具体一般是非标准的。

夹具体应满足以下一些基本要求：

1）有足够的强度和刚度。在夹具的使用过程中，夹具体要承受切削力、夹紧力、惯性力、工件重力，以及切削引起的冲击和振动，因此夹具体应有足够的强度和刚度。如夹具体要有足够的壁厚，并根据受力情况适当布置加强肋或采用框式结构。一般铸造夹具体的壁厚取 15～30mm，焊接夹具体的壁厚取 8～15mm。肋的厚度取壁厚的 70%～90%，肋的高度不大于壁厚的 5 倍。

2）有良好的结构工艺性。夹具体的结构应做到工艺性好，以便于制造、装配和维修。对于需要机械加工的用于安装各元件的表面，一般应铸出 3～5mm 高的凸台，以减小加工面积。铸造夹具体壁厚要均匀，转角处应有适当的圆角。

3）有一定的精度和精度稳定性。夹具体上有三部分表面决定着夹具制造装配后的精度，即夹具体的安装基面、安装定位元件的表面和安装对刀或导向装置的表面。夹具制造过程中往往以夹具体的安装基面作为加工其他表面的定位基准，这些表面之间应有一定的位置精度。夹具体各主要表面本身要有一定的形状精度和表面粗糙度。铸造夹具体不同的壁厚处过渡要和缓、均匀，以免产生过大的残余应力。夹具体制造过程中也要通过热处理来消除应力，防止其加工后发生变形。

4）有适当的容屑空间和良好的排屑性能。为防止切屑影响工件的定位和夹具的正常工作，夹具体结构应考虑切屑的容纳和排出的问题。对于切削时产生切屑不多的情况，可适当加大定位元件工作表面与夹具体之间的距离，或增设容屑沟槽，以增加容屑空间。对于切削时会产生大量切屑的情况，应考虑在夹具体上设置排屑用的斜面和缺口，使切屑自动滑落而排到夹具体外。

5）质量尽可能小，以便于操作。在保证强度和刚度的情况下，夹具体的结构应尽量简单、紧凑，尽可能减小其体积和质量，如在面积较大的平板上可开设斜角、凹槽或窗口。对于需要移动或翻转的夹具，应控制夹具的总质量，特别是夹具体的质量，必要时需在夹具体上设置手柄或手扶部位，以便于操作。大型夹具的夹具体上应设有起吊孔、起吊环等结构。

6）在机床上的安装要稳定可靠。放置在机床工作台上的夹具，应使其重心尽量低，夹具体支承面积足够大。夹具越高，支承面积应越大。如果夹具在机床的工作台上不固定，则夹具的重心和切削力的作用点应落在夹具体在机床上的支承面积范围内。夹具体底面中部一般应挖空，使夹具体与机床工作台呈周边接触、两端接触或四角接触的形式，保证其接触稳定、可靠。

为了保证夹具（含工件）相对于机床运动导轨、机床主轴（或刀具）有准确的位置和方向，夹具上需要有与机床相连接的装置。对于铣床类夹具，在夹具体底面的对称中心线上开设定位键槽，两端各安装上一个定位键，通过定位键与机床工作台 T 形槽的配合来保证夹具在工作台上的正确方向。夹具体两端还常设有 U 形耳座，供 T 形槽螺栓穿过，将夹具紧固在工作台上，如图 5-54 所示。对于宽度较大的夹具体，需在宽度方向设置两组 U 形耳座，使夹具的固定更可靠。两组 U 形耳座之间的距离取决于机床工作台 T 形槽的间距。

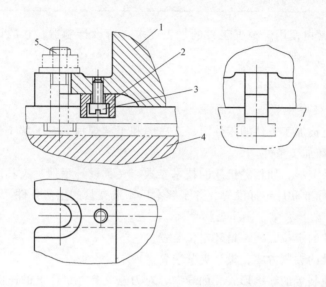

图 5-54　夹具在机床工作台上的连接

1—夹具体　2—定向键　3—螺钉　4—工作台　5—T 形槽螺栓

车床类夹具与机床主轴的连接结构取决于所使用机床的主轴端部结构、夹具的体积及精度要求，常见的有图 5-55 所示的几种形式。图 5-55a 中夹具体以锥柄安装在主轴锥孔内，这种方式安装迅速方便，定位精度高，但刚性较差，适用于轻切削的小型夹具。图 5-55b 中夹具以圆孔 D 和端面 A 在主轴上定位，由螺纹 M 联接和压板防松，这种方式制造方便，但定位精度不高。图 5-55c 中夹具以短锥面 K 和端面 T 定位，由螺钉固定，这种方式不但定心精度高，而且刚性也好，但这种方式是过定位，因此要求夹具的制造精度高。

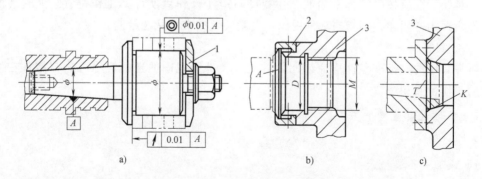

图 5-55　夹具在机床主轴上的连接

1—开口垫圈　2—压板　3—夹具体

一、设计的一般方法

专用夹具通常由使用厂根据工件的加工要求自行设计制造,它的设计方法是其他机床夹具设计方法的基础。

（一）专用夹具的设计步骤

1. 明确设计任务,收集设计资料

1）分析研究被加工工件的零件图、工序图和工艺规程等,了解工件的生产类型、本工序的加工要求和加工条件。

2）收集有关资料,如相关机床的技术参数、夹具设计手册、夹具图册、同类夹具的设计图样、企业标准和厂定标准等,并了解本厂制造夹具的生产条件。

2. 拟定夹具结构方案,画出结构草图

1）确定工件的定位方案,设计定位装置。

2）确定工件的夹紧方案,设计夹紧装置。

3）确定其他装置的结构形式,如导向、对刀及夹具在机床上的连接装置。

4）确定夹具总体布局和夹具体的结构形式。

这一过程中一般应考虑几种不同的方案,经分析比较后选择最佳方案。设计中需进行必要的分析计算,如工件加工精度分析、夹紧力的计算、部分夹具零件结构尺寸的校核计算等。

3. 绘制夹具总装配图

夹具装配图的绘制步骤:用双点画线画出工件轮廓,并布置图面;绘制定位元件;绘制对刀或导向元件;绘制夹紧装置;绘制其他元件或装置;绘制夹具体;标注尺寸及公差、其他各项技术要求;编制明细栏。

夹具装配图应按国家标准绘制,主视图对应于操作者实际的工作位置。夹具装配图上工件应视为透明体,不遮挡夹具视图。夹紧装置按夹紧状态绘制。

4. 绘制夹具零件图

对夹具中的非标准零件均应绘制零件图,零件图视图的选择应尽可能与零件在装配图上的工作位置相一致。

（二）夹具装配图上技术要求的制订

1. 夹具装配图上应标注的尺寸和公差

1）夹具外形轮廓尺寸。

2）保证工件定位精度的有关尺寸和公差。如定位元件与工件的配合尺寸和配合代号,各定位元件之间的位置尺寸和公差等。

3）保证刀具导向精度或对刀精度的有关尺寸和公差。如导向元件与刀具之间的配合尺寸和配合代号，各导向元件之间、导向元件与定位元件之间的位置尺寸和公差，或者对刀用塞尺的尺寸，对刀块工作表面到定位表面之间的位置尺寸和公差。

4）保证夹具安装精度的有关尺寸和公差。如夹具与机床工作台或主轴的连接尺寸及配合处的尺寸和配合代号，夹具安装基面与定位表面之间的位置尺寸和公差。

5）其他影响工件加工精度的尺寸和公差。主要指夹具内部各组成元件之间的配合尺寸和配合代号，如定位元件与夹具体之间、导向元件与衬套之间、衬套与夹具体之间的配合尺寸和配合代号等。

2. 夹具装配图上应标注的技术要求

1）各定位元件的定位表面之间的相互位置精度要求。

2）定位元件的定位表面与夹具安装基面之间的相互位置精度要求。

3）定位元件的定位表面与导向元件工作表面之间的相互位置精度要求。

4）各导向元件的工作表面之间的相互位置精度要求。

5）定位元件的定位表面或导向元件的工作表面与夹具找正基面之间的位置精度要求。

6）与保证夹具装配精度有关的或与检验方法有关的特殊的技术要求。例如，有些夹具的部分表面要求配磨。

3. 夹具装配图上公差与配合的确定

对于直接影响工件加工精度的夹具公差，如夹具装配图上应标注的第2）、3）、4）三类尺寸，其公差取 $T_J = (1/5 \sim 1/2) T_G$，其中 T_G 为与 T_J 相对应的工件尺寸公差或位置公差。当工件精度要求低，批量大时，T_J 取小值，以便延长夹具的使用寿命，又不增加夹具制造的难度；反之取大值。当工件的加工尺寸为未注公差时，夹具上相应的尺寸公差值按IT11～IT9选取；当工件上的位置要求为未注公差时，夹具上相应的位置公差值按IT9～IT7选取；当工件上的角度为未注公差时，夹具上相应的角度公差值为 $\pm 3' \sim \pm 10'$。

对于直接影响工件加工精度的配合，应根据配合公差（间隙或过盈）的大小，通过计算或类比来确定其类型，尽量选用优先配合。

对于与工件加工精度无直接关系的夹具公差与配合，其中位置尺寸一般按 IT11～IT9 选取，夹具的外形轮廓尺寸可不标注公差，按 IT13 确定。其他的几何公差数值、配合类别可参考有关的夹具设计手册或机械设计手册确定。

二、典型机床夹具及设计要求

（一）钻床夹具

钻床夹具习惯上又称为钻模，它可用在钻床上钻孔、扩孔、铰孔、锪孔或攻螺纹。钻模按其结构特点可分为以下几种类型：

（1）固定式钻模 这类钻模在加工中相对于机床工作台的位置保持不变，常用于在立式钻床上加工单个孔，或在摇臂钻床、多轴钻床上加工平行孔系。

如图 5-56 所示的轴套零件钻孔夹具就是固定式钻模。工件以内孔及端面作为定位基准，内孔与定位销 2 的圆柱面配合，左端面与定位销 2 的轴肩保持接触，使工件得到定位。螺母 3 通过开口垫圈 4 将工件夹紧，采用开口垫圈可以实现工件的快速装卸。定位销轴固定于夹具体 1 上，两者之间设置了键 9，以防止拧紧螺母 3 时定位销发生转动。钻套 7 用来引导钻头，确定钻孔位置并防止钻头偏斜。定位销 2 上对应工件钻孔的位置处开设一个通孔，可作为钻头越程和容屑之用。钻模板 5 通过两个圆柱销和适当数量的螺钉固定在夹具体 1 上，快换钻套 7 通过衬套 6 安装在钻模板 5 上，可实现钻套的快速更换，从而完成工件孔的钻、扩、铰等加工内容。

固定式钻模在立式钻床的工作台上安装时，通常先通过移动钻模的位置，使装在主轴上的刀具（精度要求高时用心轴）能伸入钻模上的钻套中，并能非常顺利地进出，即得到钻模在工作台上的正确位置。然后利用钻模夹具体底板上供夹压用的凸缘或凸边，用压板将钻模压紧在工作台上。

（2）回转式钻模　这类钻模有分度、回转装置，能够绕一固定轴线回转。回转式钻模主要用于加工围绕某一轴线分布的轴向或径向孔系，工件一次安装，经夹具分度装置转位而顺序加工各孔。

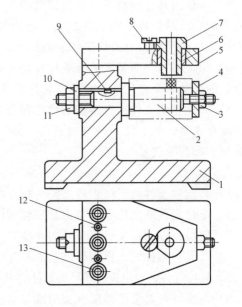

图 5-56　固定式钻模

1—夹具体　2—定位销　3、11—螺母　4—开口垫圈　5—钻模板　6—衬套　7—钻套　8—螺钉　9—键　10—垫圈　12—圆柱销　13—内六角圆柱头螺钉

图 5-57 所示为加工扇形工件上三个有角度关系的径向孔的回转式钻模。工件以内孔、键槽和右侧面为定位基准，分别在定位销 6、键 7 和圆支承板 3 上定位，由螺母 5 和开口垫圈 4 夹紧。工件上三个孔的加工是通过夹具上的分度装置带动工件回转，先后使要加工孔的位置位于钻套下方来完成的。分度装置由分度盘 9、等分定位套 2、拔销 1 和锁紧手柄 11 组成。工件分度时，拧松锁紧手柄 11、拔出拔销 1、旋转分度盘 9 带动工件回转，当转至拔销 1 对准下一个定位套时，将拔销 1 插入而实现分度定位，拧紧锁紧手柄 11 锁紧分度盘 9 后，即可加工另一个孔。

（3）翻转式钻模　这类钻模在加工中由手工操作连同工件一起翻转，主要用于加工批量不大的小型工件上几个不同方向上的孔。

图 5-35a 所示夹具为一翻转式钻模，用于加工工件上方的 ϕ8F8 孔和右侧的 ϕ5F8 孔。当在图示位置加工完工件上的 ϕ8F8 孔后，将钻模连同工件一起逆时针翻转 90°，即可加工 ϕ5F8 孔。钻模左右两侧设置了支脚，便于翻转时用手把握以及翻转后钻模在钻床工作台上进行安放。

与回转式钻模相比，翻转式钻模没有分度装置，结构比较简单；但每次翻转后加工时都需要找正钻套相对于钻头的位置，延长了辅助时间。由于加工时的切削力小，钻模

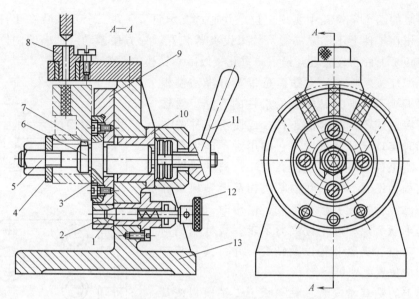

图 5-57　回转式钻模

1—拔销　2—等分定位套　3—圆支承板　4—开口垫圈　5—螺母　6—定位销　7—键

8—钻套　9—分度盘　10—套筒　11—锁紧手柄　12—拔销手柄　13—夹具体

在钻床工作台上可以不用压紧，直接用手扶持即可方便地进行加工。而加工过程中需要手工翻转，因此翻转式钻模连同工件一起的质量不能太大。

（4）盖板式钻模　这类钻模没有夹具体，其定位、夹紧元件和钻套直接安装在钻模板上。使用时将其覆盖在工件上，定位、夹紧后即可加工。它适用于中批以下、大而笨重的工件在摇臂钻床上加工孔的情况。

图 5-58 所示为箱体零件多个小孔加工用的盖板式钻模。它利用圆柱销 2 和菱形销 3

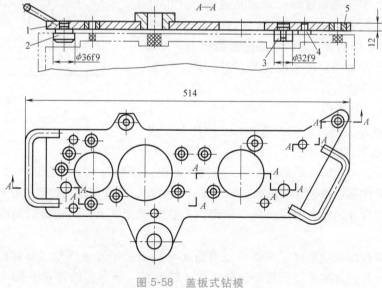

图 5-58　盖板式钻模

1—钻模板　2—圆柱销　3—菱形销　4—支承钉　5—钻套

插入工件上的两个定位孔中实现定位，并通过支承钉 4（共三个）放置在工件的上平面上。该钻模在工件上不需要夹紧，故未设夹紧装置。为方便搬动，钻模的两侧设置了把手。钻模板 1 上面积较大处开设了减重孔，以减小钻模的质量。

（5）滑柱式钻模　这类钻模是带有升降钻模板的通用可调夹具。通过钻模板沿滑柱的升降，滑柱式钻模可以适应不同尺寸的工件，或便于工件的装卸，或同时实现定位和夹紧。它适用于不同生产类型的中小型工件上一般精度的孔加工。滑柱式钻模的一些结构如滑柱、传动和锁紧机构甚至钻模板和夹具体等已经标准化并形成系列，使用时只需要根据工件的形状、尺寸和定位夹紧要求，设计制造与其相配的定位、夹紧装置以及钻套，并将其安装在夹具的相应位置上即可。

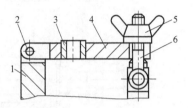
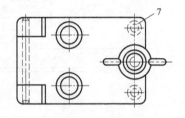

图 5-59　铰链式钻模板

1—夹具体　2—销轴　3—钻套　4—钻模板　5—螺母　6—螺杆　7—支柱

钻模上的钻套常安装在钻模板上。钻模板按其与夹具体的连接方式不同，可分为固定式、铰链式、分离式和悬挂式等几种。使用时可以根据工件的大小、工件的装卸是否方便及操作空间等进行选择。

图 5-56、图 5-57 所示的钻模板为固定式钻模板。固定式钻模板通常用定位销和螺钉固定联接于夹具体上，也可与夹具体做成一体。采用固定式钻模板时，所钻孔的位置精度较高。

图 5-59 所示为铰链式钻模板。钻模板 4 通过铰链与夹具体 1 相连接，可绕销轴 2 转动。钻模板 4 与右下方两个支柱 7 相接触，确定其位置，并由可转动的螺杆 6 和翼形螺母 5 固定。拆卸工件时，拧松螺母 5，向右转动螺杆 6，向左打开钻模板 4，即可将工件从上方取出。由于铰链处存在间隙，因而这种用钻模板所钻的孔位置精度不高，一般是为了方便工件的装卸而采用。

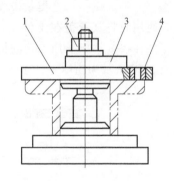

图 5-60　分离式钻模板

1—钻模板　2—螺母
3—压板　4—钻套

图 5-60 所示为分离式钻模板。当工件加工完成后，拧松螺母 2、取下压板 3，即可拆下钻模板 1，从而取出工件。与铰链式钻模板一样，分离式钻模板也是为了工件装卸的方便而设计的。但如果对分离式钻模板进行了正确定位，工件孔的加工精度可以比铰链式钻模板高。

在钻模的设计过程中，需要确定钻套引导孔的尺寸及偏差、钻套的高度以及钻套与工件之间的间隙。

钻套引导孔的尺寸及极限偏差应根据所引导的刀具尺寸来确定。通常取刀具的上极限尺寸为引导孔的公称尺寸；孔径偏差按加工精度要求确定，钻孔和扩孔时可取 F7，粗铰时取 G7，精铰时取 G6。若钻套引导的不是刀具的切削部分，而是刀具的导向部分，则常取配合 H7/f7、H7/g6 或 H6/g5。

钻套的高度 H（见图 5-61）直接影响钻套的导向性能，同时又影响刀具与钻套之间的摩擦情况，因此其值应适当。通常取 $H = (1 \sim 2.5)D$，孔径小、加工精度要求较高时取较大值。

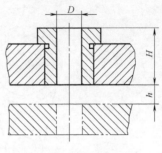

为了满足排屑的需要，钻套与工件之间一般应留有间隙。此间隙不宜过大，以免影响导向效果。一般取 $h = (0.3 \sim 1.2)D$，加工铸铁和黄铜等脆性材料时可取较小值，加工钢等韧性材料时应取较大值。当待加工孔的位置精度要求很高时，也可以取 $h = 0$。

图 5-61 钻套的相关尺寸

（二）铣床夹具

铣床夹具主要用于在铣床上加工平面、槽及成形表面等。铣床夹具大都与工作台一起做进给运动，因此按照铣削的进给方式，铣床夹具可分为直线进给式、圆周进给式和仿形进给式三类。直线进给式铣床夹具用得最多，它又可分为单件加工铣床夹具和多件加工铣床夹具，或单工位铣床夹具和多工位铣床夹具。圆周进给式铣床夹具通常用在具有回转工作台的铣床上，工作台圆周上安装多套夹具，并实现连续圆周进给，在切削区加工的同时，非切削区进行工件的装卸，生产率较高。仿形进给式铣床夹具在机床做基本进给运动的同时，由靠模获得一个辅助进给运动，通过两个运动的合成可加工出成形表面。

图 5-62 所示为一连杆铣槽夹具。图 5-62a 所示的连杆大端两侧面需铣削八个槽，采用图 5-62b 所示的铣床夹具进行安装。工件以一个侧面和两端的大、小头孔即一面两孔组合定位，夹具上采用平面和一个圆柱销 5、一个菱形销 1 定位。工件的夹紧采用两个移动压板 6 进行，止动销 8 可防止夹紧时压板 6 发生转动。夹具左右两侧各有一个菱形销，从而可实现一个工件在夹具两侧先后两次安装，每次加工工件一个侧面上呈一直线的一组槽。工件翻过身后，按同样方法依次加工另一侧面上的两组槽。利用直角对刀块 2 并结合塞尺实现铣刀 7 在两个方向上的对刀，以保证所铣槽的深度尺寸和槽宽对称面相对于大头孔中心线的位置。

设计铣床夹具时，应考虑到铣削加工的切削力较大，又是断续切削，加工中易引起振动，因此夹具的受力元件要有足够的强度和刚度，夹紧机构所提供的夹紧力应足够大，并要求有较好的自锁性能。为了提高夹具的工作效率和降低工人的劳动强度，应尽可能采用机动夹紧和联动夹紧机构，并在可能的情况下采用多件夹紧进行多件加工。铣削的切屑较多，夹具上应有足够的容屑空间并有一定的排屑通道，定位支承面应高出周围的平面，在夹具体内尽可能做出便于清除切屑和排出切削液的出口。铣床夹具一般均设置对刀装置和定位键，夹具体底板两端设置 U 形耳座。

（三）镗床夹具

镗床夹具广泛用于一般镗床和高效的组合镗床，还可用于在通用机床上加工出高精度的孔系。镗床夹具一般带有镗套，因此习惯上也将其称为镗模。

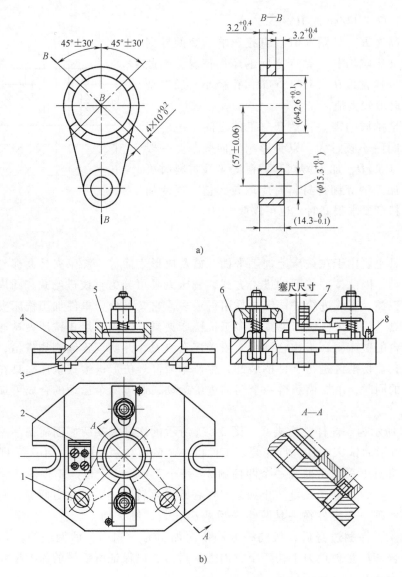

图 5-62　连杆铣槽夹具

a）连杆铣槽工序图　b）夹具

1—菱形销　2—对刀块　3—定位键　4—夹具体　5—圆柱销　6—压板

7—铣刀　8—止动销

镗模根据其镗套支架的布置形式可分为单面导向和双面导向两大类。单面导向是只在工件一侧有导向支架，若布置在刀具前面，则称为前导向；若布置在刀具后面，则称为后导向。双面导向是在工件两侧都布置有导向支架。较常用的导向形式有以下几种：

（1）单支承前导向　即在刀具前面设置一个支承的导向形式，如图 5-63 所示，主要用于镗直径 $D>60\text{mm}$，$l/D<1$ 的通孔。这类导向形式在装卸工件时刀具的引进和退出行程较长。

（2）单支承后导向　即在刀具后面设置一个支承的导向形式，如图 5-64 所示，主要用于镗不通孔和直径 $D<60\text{mm}$ 的通孔。被加工孔的 $l/D<1$ 时，采用图 5-64a 所示的结构，镗杆导向部分的直径 d 可大于工件孔径 D，以便镗杆和镗刀穿过镗套孔，此时镗杆的刚性较好。当被加工孔的 $l/D>1$ 时，采用图 5-64b 所示的结构，镗杆直径为同一尺寸，使镗杆的导向部分也能进入孔中。此时镗杆导向部分直径 d 小于工件孔径 D，镗套内应有引刀槽，使镗刀能通过镗套孔。

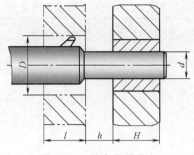

图 5-63 单支承前导向

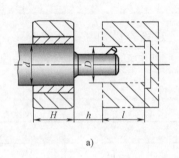

a)

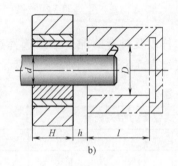

b)

图 5-64 单支承后导向

（3）前后单支承双面导向 即在刀具前后各设置一个支承的导向形式，如图 5-65 所示，主要用于镗直径较大、$l/D>1.5$ 的通孔，或箱体上的一组孔径和位置精度要求很高的同轴孔。当前后导向支承距离 L 过大（如 $L>10d$）时，一般还应在中间适当位置再加一个导向镗套及其支架。

（4）双支承后导向 即在刀具后面设置两个支承的导向形式，如图 5-66 所示，主要用于某些因条件限制而不能使用前后各设置一个支承的双面导向的情况。

当一根镗杆上有两个或两个以上的导向支承时，如图 5-65 所示的前后单支承双面导向和图 5-66 所示的双支承后导向，镗杆与机床主轴应采用浮动连接。

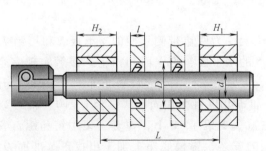

图 5-65 前后单支承双面导向

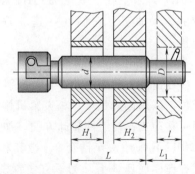

图 5-66 双支承后导向

上述几种导向形式中的镗套高度 H 和排屑间隙 h 见表 5-2。

表 5-2　常用导向形式的镗套高度 H 和排屑间隙 h

尺寸	单支承前导向	单支承后导向	前后单支承双面导向	双支承后导向
镗套高度	$H=(1.5\sim3)d$	$H=(1.5\sim3)d$	固定式镗套： $H_1=H_2=(1.5\sim2)d$ 滑动式镗套： $H_1=H_2=(1.5\sim3)d$ 滚动式镗套： $H_1=H_2=0.75d$	$H_1=H_2=(1\sim2)d$
排屑间隙	$h=(0.5\sim1)D$，应不小于 20mm	卧式镗 $h=60\sim100$mm 立式镗 $h=20\sim40$mm		

镗套与镗杆以及衬套的配合必须选择适当，过紧容易相互研坏或咬死，过松则不能保证加工精度。表 5-3 所示为固定式镗套与镗杆、衬套之间的配合及衬套与支架孔之间的配合。

表 5-3　固定式镗套的相关配合

配合表面	镗套与镗杆		镗套与衬套		衬套与支架孔	
	粗镗	精镗	粗镗	精镗	粗镗	精镗
配合代号	$\dfrac{H7}{h6}$	$\dfrac{H6}{h5}$	$\dfrac{H7}{g6}\left(\dfrac{H7}{h6}\right)$	$\dfrac{H6}{g5}\left(\dfrac{H6}{h5}\right)$	$\dfrac{H7}{n6}$	$\dfrac{H6}{n5}$

镗套安装在镗套支架中，镗套支架应设计成单独体，而不与夹具底座设计成一体，这样便于制造，并有利于位置精度的获得。镗套支架是主要的支承件，其刚度和稳定性要求很高，因此镗套支架不宜采用焊接结构，以避免因内应力引起蠕变而失去精度。也不允许安装夹紧元件，避免承受夹紧反力，防止受力变形而造成加工误差。

镗套支架和镗模底座的典型结构及尺寸可参阅相关的夹具设计手册。

图 5-67 所示为一支架壳体的孔加工工序图，工序要求加工 $2\times\phi20H7$、$\phi35H7$ 和 $\phi40H7$ 共四个孔。其中 $\phi35H7$ 和 $\phi40H7$ 孔采用粗、精镗，$2\times\phi20H7$ 孔采用钻、扩、铰的方法加工，它们在一道工序中一套夹具上完成。图 5-68 所示为其加工所用的镗模。

工件采用 a、b、c 面作为定位基准，定位元件为两块带侧立面的支承板 5 和挡销 7。工件在镗模上利用 a、b、c 面分别与支承板 5 的水平面、侧立面和挡销 7 接触实现完全定位。采用四套螺旋压板夹紧机构实现夹紧，夹紧力指向主要定位基准面 a。压板 6 为开槽可移动式，使工件装卸方便。加工 $\phi35H7$ 和 $\phi40H7$ 孔采用固定式镗套 1、10，加工 $2\times\phi20H7$ 孔采用快换钻套 9，镗套和钻套装在镗套支架 4、8 上，镗套支架用销和螺钉安装在镗模底座 3 上。为了方便镗模在镗床上的安装，镗模底座上加工出找正基准面 D。底座下部采用多条十字加强肋，以增加刚度。底座上设置四个手柄 2，便于镗模的搬运起吊。

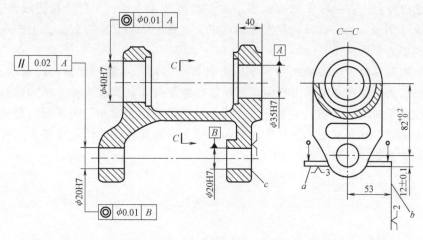

图 5-67　支架壳体的孔加工工序图

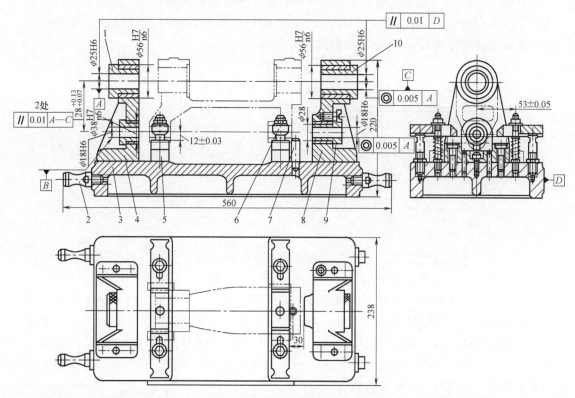

图 5-68　支架壳体加工用镗模

1、10—固定式镗套　2—手柄　3—镗模底座　4、8—镗套支架　5—支承板　6—压板　7—挡销　9—快换钻套

（四）车床夹具

车床夹具安装在车床主轴端，带动工件旋转，主要用于加工工件的回转面、端面等。
车床夹具有以工件外圆定位的（如各类卡盘、夹头），有以工件内孔定位的（如各类心轴），有以工件顶尖孔定位的（如顶尖、拨盘），这三类车床夹具有些已经标准化、通用化。除此以外，还有一些车床夹具用于加工非回转体工件，工件定位面较复杂或有其他特殊要求（例如，为了获得高的定位精度或大批量生产中要求有较高的生产率），这一类车床夹具多为专用夹具。

设计车床夹具时，应考虑到由于车床夹具带动工件与主轴一起做回转运动，因此夹紧力必须足够大，并且必须有可靠的自锁性能。必须保证夹具与工件整体回转时的平衡，通常可以设置平衡块（配重）进行平衡。夹具的结构应尽量紧凑，外形尽可能呈圆柱状，重心靠近主轴端，悬伸长度小于外形直径。夹具上所有元件或机构不应超出其外形轮廓，必要时应加防护罩，以保证安全。

三、设计实例

（一）设计要求

在图 5-69 所示的轴上铣槽，要求设计大批量生产时所需的铣夹具。其他表面均已加工好，本工序的加工要求：槽宽 12H8mm，槽深控制尺寸 64mm，长度 282mm，槽侧面对 $\phi70h6$ 轴线的对称度为 0.10mm，平行度为 0.08mm。

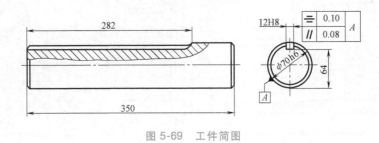

图 5-69　工件简图

（二）夹具结构设计

按照本工序的加工要求，工件定位时需限制五个自由度。为此以 $\phi70h6$ 外圆在两块短 V 形块上定位，端面加止推销，如图 5-70 所示。

为便于夹紧并提高生产率，可采用两个工件同时装夹。加工时在卧式铣床的水平刀杆上装两把铣刀，同时铣削两个工件。由于工件较长，用两块铰链压板在两处夹紧工件外圆，并采用联动夹紧机构。设计时应保证夹紧力作用点位于 V 形块所形成的稳定受力区内，夹紧力的作用线与垂直方向的夹角应尽量小，以使夹紧稳定可靠。通过转动手柄带动偏心轮，实现两个工件两处的联动夹紧。

铣槽时铣刀需两个方向对刀，故应采用直角对刀块。操作时只需对其中的一把铣刀进行对刀，两把铣刀之间的距离等于夹具上两定位 V 形块 V 形对称面之间的距离，它由刀杆上铣刀间的轴套长度来保证。选用塞尺的厚度尺寸为 $5h6(^{\ 0}_{-0.009})$mm。

为了安装联动夹紧机构，夹具体内部应有较大的空间，因而夹具体有一定的高度。为保证夹具在机床工作台上安装稳定，夹具体应有适当的宽度，并在两端设置两组耳座，以便夹具的可靠固定。为了保证所铣槽的对称度、平行度要求，夹具体底面设置两个定

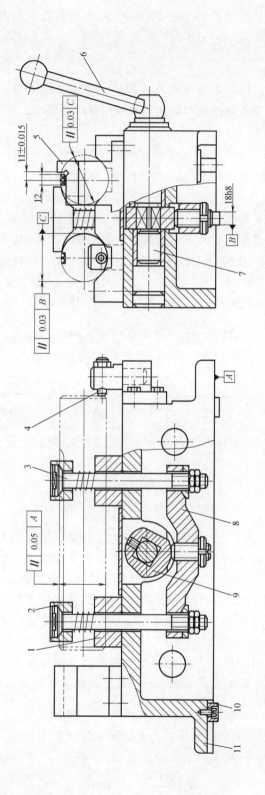

图 5-70　铣槽夹具

1—V形块　2—压板　3—拉杆　4—止推销　5—对刀块　6—手柄　7—轴　8—杠杆　9—偏心轮　10—定向键　11—夹具体

位键，定位键的侧面应与 V 形块的对称面平行。为减小夹具的安装误差，宜采用有沟槽的方形定位键，定位键尺寸为 18h8（T 形槽尺寸为 18H8）。

（三）夹具精度验算

本工序加工中，槽宽由铣刀本身宽度尺寸保证，槽深和长度为未注公差，可不进行精度验算。槽两侧面对 ϕ70h6 轴线的对称度和平行度有较高要求，应进行精度验算。

1. 验算对称度的加工精度

（1）定位误差 Δ_D　由于对称度的工序基准和定位基准都是 ϕ70h6 轴线，即基准重合，故 $\Delta_B = 0$，由于 V 形块定位的对中性，$\Delta_Y = 0$，因此，$\Delta_D = 0$。

（2）安装误差 Δ_A　即由夹具在机床上安装时的误差引起的对称度误差。夹具在机床上安装时，定位键在机床 T 形槽中有两种极限位置，如图 5-71 所示。图 5-71a 位置即两定位键与 T 形槽同一侧面接触，此时不会造成对称度误差。图 5-71b 位置即两定位键分别与 T 形槽的不同侧面接触，引起工件轴线相对于进给方向最大的位置偏斜，而位置的偏斜会造成对称度误差。由图可知

$$X_{max} = (0.027 + 0.027)\,mm = 0.054mm$$

$$\Delta_A = \frac{0.054}{400} \times 282mm = 0.038mm$$

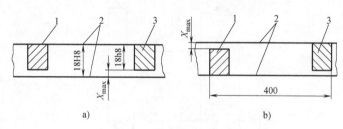

图 5-71　铣槽夹具的安装误差

1—左定位键　2—工作台 T 形槽边　3—右定位键

（3）对刀误差 Δ_T　即对刀过程带来的对称度加工误差。该夹具在水平方向对刀时由于塞尺厚度的误差，会使铣刀的宽度方向上的对称面水平偏离工件的垂直对称面，从而造成槽的对称度误差。对称度的对刀误差等于塞尺厚度的公差，即 $\Delta_T = 0.009mm$。

（4）夹具误差 Δ_Z　即由夹具本身零件的制造和安装误差引起的对称度加工误差。该夹具中影响对称度的此类因素有 V 形块设计心轴轴线对定位键侧面 B 的平行度误差和对刀块水平位置尺寸（图 5-70 中的 11mm±0.015mm）误差，前者将引起工件轴线相对于进给方向的位置偏斜，后者引起铣刀宽度方向上的对称面水平偏离工件的垂直对称面，从而造成槽的对称度误差。上述两项影响因素对应的公差都为 0.03mm，故

$$\Delta_Z = (0.03 + 0.03)\,mm = 0.06mm$$

（5）加工方法误差 Δ_G　其包括机床、刀具的精度及工艺系统的受力、受热变形等因素造成的对称度加工误差，一般可取工件公差的 1/3，即

$$\Delta_G = 0.1 \times \frac{1}{3}mm = 0.033mm$$

应用概率法叠加得总加工误差为

$$\Sigma\Delta = \sqrt{\Delta_D^2+\Delta_A^2+\Delta_T^2+\Delta_Z^2+\Delta_G^2}$$
$$= \sqrt{0.038^2+0.009^2+0.06^2+0.033^2}\,\text{mm}$$
$$= 0.079\text{mm}<0.1\text{mm}$$

因此，该夹具能保证槽两侧面对 ϕ70h6 轴线的对称度加工精度要求，并还有一定的精度储备。

2. 验算平行度的加工精度

（1）定位误差 Δ_D　由于两 V 形块一般在装配后一起精加工 V 形面，它们的相互位置误差极小，可取 $\Delta_D = 0$。

（2）安装误差 Δ_A　类似对称度的安装误差，平行度的安装误差为

$$\Delta_A = \frac{0.054}{400}\times 282\text{mm} = 0.038\text{mm}$$

（3）对刀误差 Δ_T　由于平行度不受塞尺厚度的影响，故 $\Delta_T = 0$。

（4）夹具误差 Δ_Z　影响平行度的因素是 V 形块设计心轴轴线与定位键侧面 B 的平行度误差，故 $\Delta_Z = 0.03\text{mm}$。

（5）加工方法误差 Δ_G　取工件公差的 1/3，即

$$\Delta_G = 0.08\times\frac{1}{3}\text{mm} = 0.027\text{mm}$$

因此，总加工误差为

$$\Sigma\Delta = \sqrt{\Delta_D^2+\Delta_A^2+\Delta_T^2+\Delta_Z^2+\Delta_G^2}$$
$$= \sqrt{0.038^2+0.03^2+0.027^2}\,\text{mm}$$
$$= 0.055\text{mm}<0.08\text{mm}$$

即该夹具也能保证槽两侧面对 ϕ70h6 轴线的平行度加工精度要求，并还有一定的精度储备。

第六节　现代机床夹具的发展趋势

随着科学技术的进步和市场需求的变化，现代机械制造业得到了较快的发展。多品种、小批量生产方式将成为今后的主要生产形式，制造系统正向着柔性化、集成化、智能化方向发展，机床越来越多地采用先进的技术，加工效率不断提高。机械产品的加工精度日益提高，高精度的机床大量出现。为了适应生产发展的需要，机床夹具必须朝着柔性化、高效化、自动化、精密化、标准化方向发展。

一、柔性化

机床夹具应既能在一定范围内适应不同形状及尺寸的工件，又能适用于不同的生产

类型和不同的机床加工。可调夹具和组合夹具就是具有这一功能的柔性化夹具。

（一）可调夹具

可调夹具只要更换或调整个别定位、夹紧或导向元件，即可用于多种零件的加工，从而使多种零件的单件小批量生产变为一组零件在同一夹具上的成批生产。由于可调夹具具有较强的适应性和良好的继承性，因此使用可调夹具可大大减少专用夹具的数量，缩短生产准备周期，降低成本。

可调夹具分为通用可调夹具和成组夹具（又称为专用可调夹具）两类。

通用可调夹具是在通用夹具的基础上发展形成的一种可调夹具，常见的结构有通用可调台虎钳、通用可调自定心卡盘和通用可调钻模等。其可调部分的调整方式一般有更换式、调整式和综合调整式三种，常采用综合调整式。通用可调夹具的加工对象较广，有时加工对象不确定，可用于不同的生产类型中。但其调整的环节比较多，调整较费时间。

成组夹具是成组工艺中为一组零件的某一工序而专门设计的夹具，在同一成组生产单元内使用。图5-72所示为一种成组车床夹具，用于成组加工中车削一组阀片的外圆。定位套4与心轴体1按H6/h5配合，由键3紧固。多件阀片以内孔和端面为定位基准在定位套4上定位，由气压动力源传动拉杆，经滑柱5、压圈6、开口垫圈7使工件夹紧。加工成组零件中具有不同内孔直径的阀片时，可以更换具有不同定位直径的定位套。

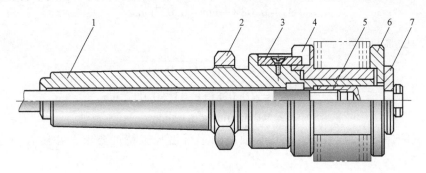

图 5-72　成组车床夹具

1—心轴体　2—螺母　3—键　4—定位套　5—滑柱　6—压圈　7—开口垫圈

成组夹具由基础部分和可调部分组成。基础部分是一组工件共同使用的部分，包括夹具体、动力装置和控制机构等，如图5-72中的1、2、5及气压夹紧装置等。基础部分的设计决定了成组夹具的结构、刚度、生产率和经济效果。可调部分是成组夹具的专用部分，可根据加工需要进行调整，它包括可调整的定位元件、夹紧元件和导向、分度装置等，如图5-72中的3、4、6。可调部分是成组夹具的重要特征标志之一，直接决定了夹具的精度和效率。

（二）组合夹具

组合夹具是一种根据工件的加工工艺要求，利用一套标准化的夹具元件及合件组装而成的夹具。图5-73所示为在转向臂零件上钻、扩、铰侧孔用的组合夹具，工件以孔及端面在圆形定位销7、圆形定位盘6及菱形销3上定位，限制全部六个自由度；工件用螺旋夹紧机构夹紧，使用开口垫圈 10 便于工件的快速装卸；安装在钻模板 8 上的快换钻套 9 用于引导孔加工刀具。各定位、夹紧和导向元件通过支承座 2、5 及垫板 4 安装在基础板 1 上，组合成一个整体，元件之间通过 T 形槽连接时一般都采用定位键和槽用螺栓。

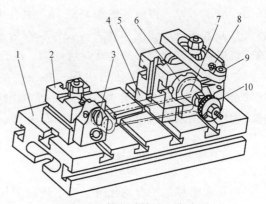

图 5-73 转向臂钻孔组合夹具
1—长方形基础板 2—方形支承座 3—菱形销
4—长方形垫板 5—长方形支承座 6—圆
形定位盘 7—圆形定位销 8—钻模板
9—快换钻套 10—开口垫圈

按照用途的不同，组合夹具的元件分为以下八大类：

1）基础件。一般有方形、长方形和圆形基础板及基础角铁等。它为组合夹具的基础元件，主要用作夹具的夹具体，通过它将其他各元件或合件组装成一套完整的夹具。

2）支承件。包括各种垫片、垫板、支承、角铁垫板、菱形板和 V 形块等。它是组合夹具的骨架元件，主要用作不同高度的支承和各种定位支承平面。一般情况下，支承件和基础件共同组成夹具的夹具体，在组装小型夹具时有些支承件也可作为基础件用。

3）定位件。包括定位键、定位销、定位盘、各种定位支座、定位支承和各种顶尖等。主要用于工件的定位及保证各元件之间的相互位置精度和刚度。

4）夹紧件。包括各种压板，如平压板、伸长压板、叉形压板等。主要用来夹紧工件，保证工件定位后的正确位置。

5）导向件。包括各种结构和规格的钻模板、钻套和导向支承等。主要用来确定孔加工刀具与工件之间的相对位置，在加工时起引导刀具的作用，有时也可作为定位元件使用。

6）紧固件。包括各种螺栓、螺钉、螺母和垫圈。主要用来连接组合夹具中的各种元件以及紧固工件。

7）辅助件。凡是难以归入上述几类元件的组合夹具元件，都并入辅助件一类。包括连接板、回转压板、浮动块、各种支承钉、支承帽、支承环、二爪支承、三爪支承和球头手柄等。辅助件在组合夹具中没有固定用途，可根据需要灵活使用。

8）组合件。它是由若干个元件组成的不允许拆散使用的独立部件，包括定位组合件（如顶尖座、可调 V 形块、可调定位盘）、支承组合件（如可调支承、可调角度支承）、夹紧组合件（如侧支承钉、浮动压头）、分度组合件（如端面分度台）和导向件组合件（如折合板）等。使用组合件可以扩大组合夹具的使用范围，加快组装速度，简化结构，减小夹具体积。

组合夹具是机床夹具中标准化、系列化和通用化程度最高的一种夹具。组合夹具既可组装成某一专用夹具，也可组装成通用可调夹具或成组夹具。这种组装的夹具使用完毕后，可方便地将其元件和合件拆卸，经清洗后存放，待再次组装时重新使用。因此，组合夹具把一般专用夹具的设计、制造、使用、报废的单向过程变为设计、组装、使用、拆散、清洗入库、再组装的循环过程。组合夹具设计的主要工作已不是图样设计，而是将夹具方案构思、装配、检测等设计、制造及调试的全过程融为一体，一般可用几小时的组装周期代替几个月的设计制造周期。组合夹具适合于小批量或非重复性的生产。

组合夹具在1940年便已出现，并在一些工业发达国家得到了迅速的发展。我国从1950年开始推广使用组合夹具，到目前为止已形成了自己较为完整独立的组合夹具系统。随着柔性加工系统的出现和发展，组合夹具也得到了新的发展。

二、高效化、自动化

在实现机械加工自动化时，为了适应现代机床的需要，缩短辅助时间，提高生产率，同时减轻工人的劳动强度，夹具也必须实现高效化、自动化。目前，除了在生产流水线、自动线上配置相应的自动化夹具外，在数控机床上也配置了自动化夹具，数控加工中心上出现了各种自动装夹工件的夹具和自动更换夹具的装置，柔性制造系统的发展不但出现了刀具库，而且出现了夹具库。

夹具的高效化、自动化可表现在定位、夹紧、分度、转位、翻转、上下料和工件输送等各种动作上。另一方面，专用夹具的设计也在向自动化方向发展。

（一）磁性夹具

与传统的机械夹持方法相比，磁性夹具在性能方面有明显的优势。磁性吸盘能在最短的调整时间内使工件达到较高的定位精度，确保达到最大的吸紧力，并且使夹紧力分布均匀。由于整个工件都是暴露的，不会使工件的部分部位受到夹具的限制，因而有可能通过一次装夹完成全部加工。矩形磁性吸盘可以将多件工件很方便地装在一个夹具上，以充分利用机床工作台台面，进行大批量的磨削、铣削等。

今天的磁性夹具通过应用最新和最强有力的稀土磁性材料（主要是钕铁硼和钴化钐），已经具有比以往任何时候更好的工件夹紧性能。其夹紧力明显比其他类型电磁夹具的夹紧力大得多，即使对一个工件进行五面强力铣削也能不产生振动。还能适应更高的进给速度，在某些情况下所适应的进给速度是机械夹紧状态下的三倍。将其用于板材的铣削，由于避免了原来所需的工件搬运和重复装夹，使装夹更快，生产率得到了提高。

（二）数控夹具

数控夹具具有按数控程序对工件进行定位和夹紧的功能。工件一般采用一面两孔定位，夹具上两个定位销之间的距离根据需要所做的调节、定位销插入和退出定位孔，以及其他的定位和夹紧动作均可按程序自动实现。相应的动作元件由步进电动机或液压传动驱动。

数控夹具比一般可调夹具或组合夹具具有更好的柔性，在加工中心或柔性制造单元上使用时，可显著地提高自动化程度和机床的利用率。

（三）自动夹具

自动夹具是指具有自动上下料机构、能自动定位夹紧的专用夹具，如果工件需人工定向，则称为半自动夹具。使用自动夹具可缩短辅助时间，降低工人的劳动强度，提高生产率，适用于批量大、形状规则的工件。在普通机床上装上自动夹具，即可实现自动加工。

图 5-74 所示为钢套钻孔半自动夹具，工件由人工定向后靠自重滚入料道 1。图示状态钻床主轴 4 带动悬挂式钻模板 5 下降，钻模板 5 下方的 V 形块使工件 3 定位并夹紧。主轴 4 继续下降，完成对工件 3 的钻孔。然后主轴 4 上升，带动钻模板 5 及压杆 6 上升，限位板 7 在弹簧 9 的作用下也上升，已加工工件 3 向左滚动并受限位板 7 的阻挡，使工件 2 向左滚动进入预定位位置。当主轴 4 带动钻模板 5 及压杆 6 再次下降时，压杆 6 将限位板 7 压下，上一个已加工工件可在钻模板 5 左侧的斜面推动下进入下料滚道 8。

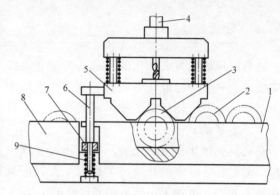

图 5-74　钢套钻孔半自动夹具

1—料道　2、3—工件　4—主轴　5—悬挂式钻模板
6—压杆　7—限位板　8—下料滚道　9—弹簧

该夹具料道与料仓合一，隔离器、下料机构和定位、夹紧元件合一，并且节省动力，限位、隔离、定位、夹紧、下料的动力均来自主轴的上下运动，而上料和下料又利用工件自重在斜滚道中实现，从而使夹具结构得到简化。

（四）夹具设计的自动化

传统的人工设计夹具，设计效率低，周期长，一般都采用经验设计，很难实现必要的工程计算，设计精确性差，所设计的夹具结构典型化、标准化程度低，不仅使设计本身效率低，也给制造带来困难，提高了成本。

由于计算机辅助设计（CAD）的广泛应用，机床夹具的 CAD 技术也已逐渐应用于生产。计算机辅助夹具设计就是在设计者设计思想的指导下，利用计算机系统辅助来完成一部分或大部分夹具设计工作。设计者的任务是为设计系统准备设计的原始资料，用一定语言描述它，然后将其输入计算机，并回答设计系统在人机对话工作状态下提出的各种问题。

在国外的一些柔性制造系统中，可以直接在生产过程中利用计算机进行组合夹具或可调夹具的组装方案分析、比较，直接选出理想的方案并显示打印出总装配图。

通过应用计算机辅助夹具设计，可以大大提高夹具设计工作的效率，缩短生产准备周期；可以提高设计质量，使传统的主要靠经验类比和估算的夹具设计方法逐渐向科学的、精确的计算和模拟方法转变；可以改善夹具的管理等工作；还可以为夹具的计算机辅助制造提供必要的信息，有利于实现设计与制造的集成。

三、精密化

为了适应机械产品的精密度不断提高的需要，不仅需要高精度的机床，还需要高精度的机床夹具与之相配套。目前，高精度自动定心夹具的定心精度可以达到微米级甚至亚微米级，高精度分度台的分度精度可达±0.1"。在孔系组合夹具基础板上，采用调节粘接法，孔间距的调整精度可达几微米。

四、标准化

夹具的标准化是柔性化的基础，为了实现夹具的柔性化，夹具的结构必须向标准化方向发展。夹具的标准化可以实现夹具生产的专业化，从而提高夹具在设计、制造和使用上的经济效益，还可促进技术现代化。世界各国都很重视这项工作，我国在这方面也已有了一定基础。

在夹具标准化和组合化的基础上还可发展为模块化夹具，目前国外已在基础件、支承件、动力合件等方面开发出了模块化夹具的雏形。如模块式台虎钳采用不同规格的钳口和动力合件，可加工不同形状和尺寸的工件。

习题与思考题

5-1 机床夹具的作用是什么？它一般有哪些组成部分？

5-2 何谓六点定位？工件在夹具中定位时，若有六个定位支承点，即为完全定位；若定位支承点超过六个就是过定位，不超过六个就不会出现过定位；若定位支承点少于六个，即为欠定位。这几种说法对不对？为什么？

5-3 欠定位和过定位是否均不允许存在？为什么？

5-4 图 5-75 所示为镗削连杆小头孔工序的定位简图。定位时在连杆小头孔中插入削边定位销，夹紧后拔出定位销，就可进行加工。试分析各个定位元件所限制的自由度。

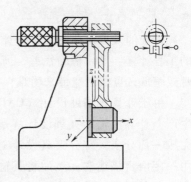

图 5-75 习题 5-4 图

5-5 图 5-76a 所示为过三通管中心 O 加工一孔，应保证孔中心线与管中心线 Ox、Oz 垂直相交；图 5-76b 所示为车外圆，应保证外圆与内孔同轴；图 5-76c 所示为车阶梯轴外圆，应保证两外圆柱面的同轴度；图 5-76d 所示为在圆盘中心处钻孔，应保证孔与外圆同轴；图 5-76e 所示为钻铰连杆小头孔，应保证大、小头孔的中心距及平行度。试分析图示各定位方案，指出各定位元件所限制的自由度，判断有无欠定位或过定位，对不合理的方案提出改进意见。

5-6 有无理论上只需限制两个、一个自由度的定位情况？如有请举例说明。

5-7 试分析图 5-77 所示各工件必须限制的自由度，选择定位基准和定位元件，并在图中示意画出。（图中粗实线为工件要加工的表面）

5-8 辅助支承在夹具上起什么作用？

5-9 一面两孔定位时，其中一个定位销采用削边销有什么好处？怎样确定削边销的安装方向？

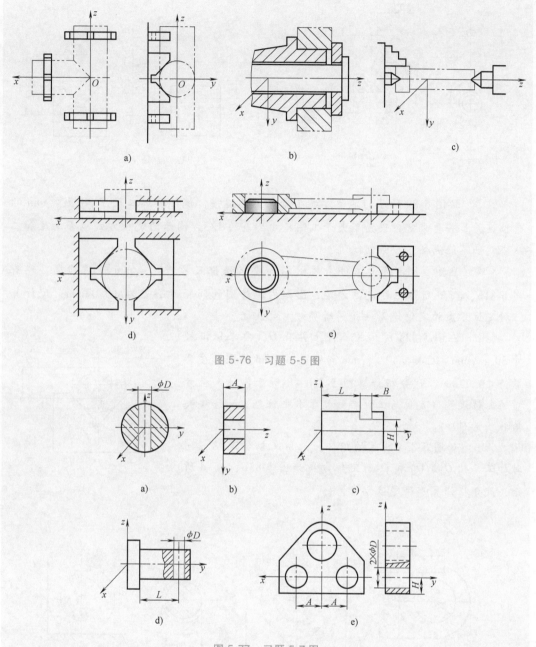

图 5-76　习题 5-5 图

图 5-77　习题 5-7 图

5-10　何谓定位误差？造成定位误差的原因是什么？

5-11　按图 5-78 所示的定位方式铣削连杆小头的两个侧面，试计算加工尺寸 $12^{+0.3}_{0}$ mm的定位误差。

5-12　按图 5-79 所示的定位方式在阶梯轴上铣槽，V 形块夹角 $\alpha = 90°$，试计算加工尺寸 74mm±0.1mm 的定位误差。

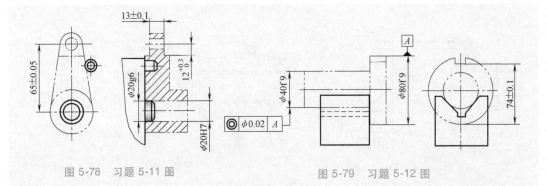

图 5-78 习题 5-11 图

图 5-79 习题 5-12 图

5-13 按图 5-80 所示的定位方式在齿坯上插键槽，试计算加工尺寸 $38.5^{+0.2}_{0}$mm 的定位误差。若要求定位误差不大于工件尺寸公差的 1/3，图示的定位方式能否满足加工要求？若不能满足，应如何改进？

5-14 在图 5-81a 所示工件上铣键槽，要求保证尺寸 $54^{0}_{-0.14}$mm 及对称度。现有图 5-81b、c、d 所示三种定位方案，已知内、外圆的同轴度公差为 $\phi0.02$mm，试计算三种定位方案的定位误差，并判断哪种方案最优。

5-15 在图 5-82a 所示的工件上钻孔 O，要求保证尺寸 $30^{0}_{-0.11}$mm。已知 $\phi40^{0}_{-0.03}$mm 与 $\phi35^{0}_{-0.02}$mm 的同轴度公差为 $\phi0.02$mm，试分析计算图 5-82b~h 所示各种定位方案的定位误差（定位后工件轴线处于水平位置，V 形块夹角 α 均为 $90°$）。

5-16 如图 5-83a 所示的工件，采用三轴钻及钻模同时加工三孔 O_1、O_2 和 O_3。定位方案如图 5-83b、c、d 所示，试分析计算哪种定位方案较好。

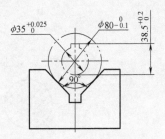

图 5-80 习题 5-13 图

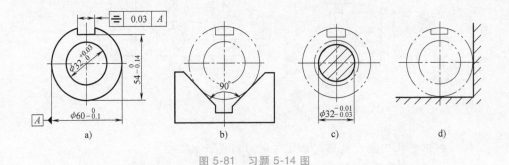

图 5-81 习题 5-14 图

5-17 夹紧与定位有何区别？对夹紧装置的基本要求有哪些？

5-18 分析图 5-84 所示各夹紧方案，判断其合理性，说明理由并提出改进意见。

5-19 试比较斜楔、螺旋、偏心夹紧机构的优缺点。

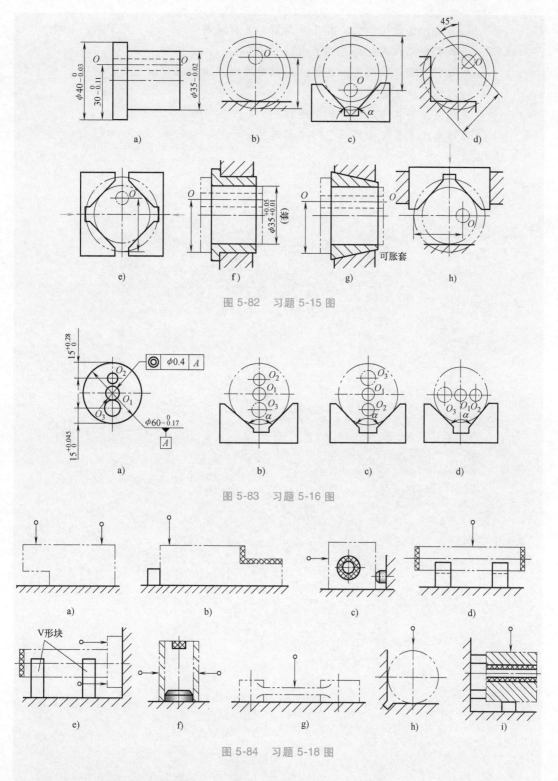

图 5-82　习题 5-15 图

图 5-83　习题 5-16 图

图 5-84　习题 5-18 图

5-20　何谓联动夹紧机构？采用联动夹紧机构有什么好处？

5-21 钻套起什么作用？它有哪几种类型？怎样选用？

5-22 镗套有哪几种类型？怎样选用？

5-23 对刀块有哪几种类型？怎样选用？对刀块应设置在什么位置？

5-24 对刀时为什么要使用塞尺？

5-25 铣床夹具与机床工作台如何连接？

5-26 设计车床夹具时必须注意哪些问题？

参 考 文 献

[1] 戴曙. 金属切削机床 [M]. 北京：机械工业出版社，1995.

[2] 顾熙棠，等. 金属切削机床：上、下册 [M]. 上海：上海科学技术出版社，1995.

[3] 吴祖育，等. 数控机床 [M]. 上海：上海科学技术出版社，1990.

[4] 廖效果，等. 数字控制机床 [M]. 武汉：华中理工大学出版社，1995.

[5] 杨荣柏. 金属切削机床 [M]. 武汉：华中工学院出版社，1987.

[6] 黄鹤汀，金属切削机床：上、下册 [M]. 2 版. 北京：机械工业出版社，2011.

[7] 黄鹤汀，吴善元. 机械制造技术 [M]. 北京：机械工业出版社，1997.

[8] 李华. 机械制造技术 [M]. 北京：机械工业出版社，1997.

[9] 朱正心. 机械制造技术 [M]. 北京：机械工业出版社，1999.

[10] 毕承恩. 现代数控机床：下册 [M]. 北京：机械工业出版社，1993.

[11] 关慧贞，冯辛安. 机械制造装备设计 [M]. 3 版. 北京：机械工业出版社，2010.

[12] 张福润，等. 机械制造技术基础 [M]. 武汉：华中理工大学出版社，1999.

[13] 翁世修，等. 机械制造技术基础 [M]. 上海：上海交通大学出版社，1999.

[14] 廉元国. 加工中心设计与应用 [M]. 北京：机械工业出版社，1996.

[15] 全国数控培训网天津分中心. 数控机床 [M]. 北京：机械工业出版社，1998.

[16] 范祖尧，等. 现代机械设备设计手册：第 3 卷 [M]. 北京：机械工业出版社，1996.

[17] 《机床设计手册》编写组. 机床设计手册：第 3 册 [M]. 北京：机械工业出版社，1986.

[18] 乐兑谦. 金属切削刀具 [M]. 北京：机械工业出版社，1993.

[19] 袁哲俊. 金属切削刀具 [M]. 上海：上海科学技术出版社，1993.

[20] 崔永茂，叶伟昌，等. 金属切削刀具 [M]. 北京：机械工业出版社，1991.

[21] 陆剑中，孙家宁. 金属切削原理与刀具 [M]. 5 版. 北京：机械工业出版社，2011.

[22] 吴道全，等. 金属切削原理及刀具 [M]. 重庆：重庆大学出版社，1994.

[23] 韩荣第，等. 金属切削原理与刀具 [M]. 哈尔滨：哈尔滨工业大学出版社，1998.

[24] 王爱玲，等. 现代数控机床结构与设计 [M]. 北京：兵器工业出版社，1999.

[25] 吴善元，等. 机械加工工艺装备 [M]. 北京：机械工业出版社，1995.

[26] 王先逵. 机械制造工艺学 [M]. 3 版. 北京：机械工业出版社，2013.

[27] 哈尔滨工业大学，上海工业大学. 机床夹具设计 [M]. 上海：上海科学技术出版社，1989.

[28] 秦宝荣. 机床夹具设计 [M]. 北京：中国建材工业出版社，1997.

[29] 于骏一，邹青. 机械制造技术基础 [M]. 2 版. 北京：机械工业出版社，2009.

[30] 吴林禅. 金属切削原理与刀具 [M]. 北京：机械工业出版社，1999.

[31] 韩步愈. 金属切削原理与刀具 [M]. 北京：机械工业出版社，2001.

[32] 贾亚洲. 金属切削机床概论 [M]. 2 版. 北京：机械工业出版社，2011.

[33] 全国数控培训网天津分中心. 数控编程 [M]. 北京：机械工业出版社，1998.